Das Geographische Seminar

Herausgegeben von
PROF. DR. RAINER GLAWION
PROF. DR. HARTMUT LESER
PROF. DR. HERBERT POPP
PROF. DR. KLAUS ROTHER

KLAUS ROTHER

Deutschland –
Die östliche Mitte

westermann

Klaus Rother, 1932 in Chemnitz geboren, Studium in Leipzig und Tübingen. 1961/62 Erstes Staatsexamen für das Lehramt an Gymnasien (Geographie, Biologie und Chemie) und Promotion zum Dr. rer. nat. 1962-70 Wiss. Assistent bei H. Wilhelmy in Tübingen und A. Leidlmair in Karlsruhe und Bonn. 1970 Habilitation in Bonn, Privatdozent. 1971 Wiss. Rat und Professor, 1974 ordentlicher Professor am Geographischen Institut der Universität Düsseldorf. Seit 1982 Inhaber des Lehrstuhls für Geographie der Universität Passau. Hauptarbeitsgebiet: Ländlicher Raum (Italien, Chile und Australien). Jüngere Buch-Veröffentlichungen: Die mediterranen Subtropen (1984); Der Mittelmeerraum (1993).

1. Auflage 1997
© Westermann Schulbuchverlag GmbH, Braunschweig 1997

Verlagslektorat: Theo Topel
Herstellung: Hans-Georg Weber
Satz und Layout: Sachsen-Typo, Wolfenbüttel
Druck und Bindung: westermann druck GmbH, Braunschweig

ISBN 3 - 14 - **16 0326** - X

Inhalt

Vorwort

In allen Studiengängen der Geographie beschäftigt sich die akademische Lehre, insbesondere bei Veranstaltungen im Gelände, überwiegend mit dem heimatlichen Deutschland. Es mangelt aber - sowohl für das ganze Land in seinen heutigen Grenzen als auch für seine größeren Teilräume - an modernen landeskundlichen Überblicksdarstellungen, die als vorbereitende Lektüre für die Examina und für die berufliche Tätigkeit z.B. der Lehramtskandidaten geeignet sind. Dieses offensichtliche Defizit stellt sich in den Prüfungsgesprächen bedauerlicherweise immer wieder heraus. Mit der auf vier Bände ausgelegten Deutschland-Reihe des Westermann Schulbuchverlags soll der vielfach geäußerte Wunsch nach mehr Information über den eigenen Lebensraum wenigstens vorläufig befriedigt werden; denn nach wie vor erweist sich eine zeitgemäße und umfassende Monographie des „neuen Deutschlands" als besonders dringliche Gemeinschaftsaufgabe unseres Faches.

Den Teilband über Die östliche Mitte - das frühere Mitteldeutschland - zu übernehmen, war für mich nicht nur eine Verpflichtung als Mitherausgeber des Geographischen Seminars. Vor allem die aus Kindheit und Jugend stammende Erinnerung an die alte Heimat, die lange Zeit ein Schattendasein geführt hatte und nun in das Rampenlicht einer breiten Öffentlichkeit getreten war, bewog mich zur Mitarbeit. Der Status des „westlichen" Beobachters, dessen geistige und persönliche Bindung an Sachsen und Thüringen nie abgerissen ist, schafft überdies den nötigen Abstand, um die sich bietenden Entwicklungschancen beim allgemeinen Aufbruch in der Gegenwart realistisch einschätzen zu können.

Der Text ist aus verschiedenen Lehrveranstaltungen - nicht zuletzt aus Exkursionen - erwachsen, die nach der politischen Wende auf großes Interesse bei der Passauer Studentenschaft gestoßen sind. Die Fragen der jungen Generation haben zur Klärung und genaueren Fassung mancher Abschnitte wesentlich beigetragen. Dafür möchte ich mich hier ausdrücklich bedanken.

Ich danke auch für die vielfältige Unterstützung des Westermann Schulbuchverlags, insbesondere Herrn DR. ULF ZAHN, Braunschweig, der die Anregung zu diesen Bänden gern aufgegriffen hat, für den Rat der mitschreibenden Autoren und der Herausgeber-Kollegen und für die technische Hilfe meiner Mitarbeiter, Herrn Dipl.-Ing. (FH) ERWIN VOGL, der die Kartographie betreut, und Herrn Dipl.-Kaufmann MICHAEL BUCHER, der das Manuskript kritisch gelesen und für den Satz eingerichtet hat.

In der Hoffnung auf eine bessere Zukunft widme ich das Büchlein meinen Landsleuten. Möge es helfen, in Deutschland das Verständnis füreinander zu vertiefen!

Passau, im Frühjahr 1997   KLAUS ROTHER

1 Einleitung

1.1 „Die östliche Mitte", „Mittel-" oder „Ostdeutschland"?

Unser geographischer Überblick behandelt einen Teil Deutschlands, welcher die Länder Sachsen, Thüringen und (südliches) Sachsen-Anhalt einschließlich ihrer Randgebiete umfaßt. Für diese Region wird der Name „Die östliche Mitte" gewählt; er soll den bekannten Terminus „Mitteldeutschland" vorläufig ersetzen. Ein solcher Namensvorschlag bedarf der Begründung, zumal im folgenden die ältere wie die jüngere Bezeichnung nebeneinander benutzt werden müssen und von „Ostdeutschland" des allgemeinen Sprachgebrauchs Abstand genommen wird.

Die Problematik der Nomenklatur ergibt sich aus der politisch-geographischen Entwicklung seit dem Ende des Zweiten Weltkriegs, insbesondere aus der damit zusammenhängenden Unsicherheit bei der Verwendung des Regionalbegriffs „Ostdeutschland". Seit 1990 besitzt Deutschland eine neue völkerrechtlich gültige Ostgrenze, durch die der faktische Verlust der früheren Ostgebiete in den Jahren 1945/49 juristisch besiegelt worden ist. Das Staatsgebiet ist kleiner geworden; infolgedessen haben sich seine geographische Lage und seine Binnengliederung verschoben.

Was aber heißt „Ostdeutschland" heute? Seit der politischen Wende 1989/90 verbindet mit diesem Wort jedermann die ehemalige DDR; nur die ältere Generation denkt dabei an das historische Ostdeutschland östlich von Oder und Neiße. Indes erhebt sich die Frage, ob sich die Fachsprache die seit dem Ende des Zweiten Weltkriegs übliche Gegenüberstellung von *West Germany* und *East Germany* zu eigen machen und „West-" und „Ostdeutschland" ebenfalls als Ersatzbegriffe für „Bundesrepublik" und „DDR" verwenden soll. Es kann kein Zweifel bestehen, daß sie anders verfahren muß, um über die aktuelle politische Situation nach der Wiedervereinigung hinaus die tatsächliche Raumgliederung objektiv wiedergeben zu können, obwohl politische und geographische Begriffsbildung nicht immer einwandfrei voneinander zu trennen sind. Von vornherein sollte dem Leser auch bewußt sein, daß in diesem Buch nicht die ehemalige DDR, sondern nur ihr südlicher Teil – allerdings über die politische Entwicklung der jüngsten Vergangenheit zeitlich weit zurückgreifend – behandelt wird.

Wenn von Sachsen, Sachsen-Anhalt und Thüringen die Rede ist, muß man sich weiterhin fragen, ob es nicht nützlich wäre, den bewährten Terminus „Mitteldeutschland" wieder aufzunehmen, oder ob dieser Praxis die geographische Lage des „neuen Deutschlands" entgegensteht. Eine Lösung des Problems ist nur durch die Kenntnis von Geschichte und Inhalt des Begriffs zu gewinnen (vgl. u.a. H. G. STEINBERG 1967; H. WOLF 1968; H. MÖLLER 1979).

Zur Entstehung des Begriffs: Der Terminus „mitteldeutsch" taucht zuerst in der Sprachwissenschaft auf. Spätestens im 18. Jh. gelangen ihre frühen Vertreter zu der Ansicht, daß sich zwischen das nieder- und oberdeutsche Sprachgebiet als breiter, west-östlich verlaufender Streifen – von Luxemburg über das Mosel- und Rheinland, Hessen, Thüringen und Sachsen bis nach Schlesien – das „mitteldeutsche Sprachgebiet" schiebt; die Wasserscheide zwischen Fulda und Werra trennt es in ein „westmitteldeutsches" und „ostmitteldeutsches" Teilsprachgebiet (Abb. 1; vgl. W. KÖNIG 1991).

In den Regionalwissenschaften kommt das Wort viel später auf. Erst vor etwas mehr als 100 Jahren prägte A. PENCK (1887) den ebenfalls zonal aufgefaßten physischen Begriff „mitteldeutsche Gebirgsschwelle", der – nach anfänglichem Gebrauch für ihren westlichen Teil – bald auf die ganze Mittelgebirgsregion vom Rheinischen Schiefergebirge bis zu den Sudeten Anwendung fand.

Die weitere Entwicklung zeigt indessen, daß „Mitteldeutschland" auch anders verstanden werden kann, wenn historisch-landeskundliche und wirtschaftsgeographische Kriterien einbezogen werden. Bei den Gesprächen zur Neugliederung der Weimarer Republik (Reichsreform) gewann die Auffassung, daß „Mitteldeutschland" ein kompaktes Gebilde inmitten des Deutschen Reiches sei, immer mehr Anhänger. Der geographische Regionalbegriff bezeichnete in der Folge den thüringisch-obersächsisch-anhaltischen Raum (z.B. O. SCHLÜTER 1927, 1929)[1]; die Nationalökonomen faßten den Terminus noch enger und gebrauchten ihn für den zentralen deutschen Wirtschaftsraum in der Leipziger Tieflandsbucht (z.B. G. AUBIN 1924). Durch die öffentliche Diskussion neuer Verwaltungsgrenzen wurde das Wort jedenfalls populär und stützte das Regionalbewußtsein seiner Bewohner: Thüringer, Sachsen und Anhaltiner empfanden sich jetzt auch als „Mitteldeutsche" (Abb. 2).

---

[1] Eine Ausnahme macht die von N. KREBS herausgegebene dreibändige „Landeskunde von Deutschland". Aus praktischen Gründen teilt sie Mitteldeutschland längs der Elbe-Saale-Linie und schlägt es dem „Nordwesten" (H. SCHREPFER 1935/1969) bzw. dem „Nordosten" (B. BRANDT 1931) zu, so daß der innere Zusammenhang unserer Region wenig zur Geltung kommt. Der Prager Geograph BRANDT benutzt für sein gesamtes Bearbeitungsgebiet ausschließlich den Terminus „Ostdeutschland".

Abb. 1: Die mitteldeutschen Mundarten um 1900 (nach KÖNIG 1991)

Abgesehen davon, daß verschiedene Interessengruppen damals eine größere administrative Einheit verhinderten (Kap. 1.3), unterdrückte die Gleichschaltung aller Länderregierungen in der nationalsozialistischen Zeit und der entsprechende Zentralismus der DDR den traditionellen Föderalismus. „Mitteldeutschland" wurde nach 1945 bis etwa Mitte der 60er Jahre fast nur noch im Westen benutzt, jedoch in einem ganz anderen Wortsinn. Der Terminus hatte sich zu einem politischen Begriff gewandelt und umfaßte jetzt den mittleren, meridional verlaufenden Streifen des dreigeteilten Deutschlands zwischen Westdeutschland und den (ehemaligen) deutschen Ostgebieten. Außerdem vermied man mit Ihm im bundesdeutschen Sprachgebrauch lange Zeit Ausdrücke wie „SBZ" (Sowjetische Besatzungszone), „Ostzone" und „DDR". Erst als Folge der Ostpolitik der sozialliberalen Regierung, die den Verzicht auf das historische Ostdeutschland enthielt, verschwand in den 70er Jahren die Ausweichlösung „Mitteldeutschland" an Stelle von DDR.

Nach der Wende 1989/90, als die Menschen ihre Bindung an die alten Territorien zum Ausdruck brachten, wurde deutlich, daß sich das Regionalbewußtsein trotz diktatorischer Regime über mehr als ein halbes Jahrhundert latent erhalten hatte. Man fühlt sich heute wieder als Thüringer, Sachse, Lausitzer, Anhaltiner, Erzgebirgler, Vogtländer, Eichsfelder u. dgl. Zugleich lebt der seit den 20er Jahren stärker aufgekommene Begriff „Mitteldeutschland"

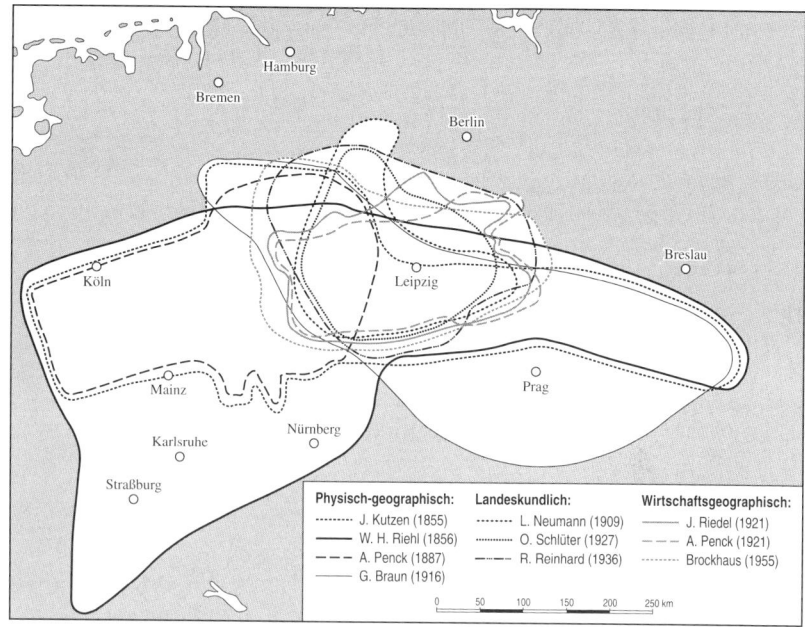

Abb. 2: Mitteldeutschland als geographischer Begriff (nach WOLF *1968,* KÖNIG *1991)*

in der Gegenwart fort, wenn die größere, länderübergreifende Zusammengehörigkeit gemeint ist. Dies belegen eine Reihe von Namen aus Pressewesen und Privatwirtschaft, denen aber recht unterschiedliche Gebietsvorstellungen zugrundeliegen dürften. Auch in wissenschaftlichen Veröffentlichungen taucht der Terminus seit 1990 wiederholt auf, meist in Verbindung mit dem Wirtschaftsraum der Leipziger Tieflandsbucht. Über die weitere Verwendbarkeit des Begriffs „Mitteldeutschland" entscheidet vor allem sein *Bedeutungsgehalt*. Handelt es sich um eine inhaltsleere Lagebezeichnung für einen Teilraum Deutschlands oder verbirgt sich dahinter mehr?

Ohne Zweifel ist der Terminus nicht allein topographisch zu verstehen. Auf Grund der zentralen Lage in Mitteleuropa verkörpert er eine eigenständige Region, einen mehr oder weniger durchgängigen Binnenraum, der im Laufe seiner Kulturgeschichte stets zwischen West und Ost bzw. Nord und Süd vermittelt hat. Dieser Grundfunktion des Ganzen steht indes eine Ausstattung gegenüber, deren Einheitlichkeit sich in den inneren Gegensätzen niederschlägt. Sie betreffen die vertikale wie die horizontale Komponente:

● Das naturräumliche Gefüge umfaßt sowohl niederschlagsreiche, sommerkühle Mittelgebirge als auch relativ trockene, warme Talräume, Becken und Ebenen, die fast gänzlich zum Einzugsgebiet der mittleren Elbe mit dem natürlichen Fußpunkt Magdeburg gehören.

• Den siedlungsgeographischen Gegensatz bringt das Altsiedelland auf altem Reichsboden westlich der Saale und das Kolonialland der Marken östlich des Flusses zum Ausdruck. So besteht z.b. bis heute ein Kontrast der Siedlungsformen im west-östlichen Sinn.

• In politisch-territorialer Hinsicht hat das Fürstengeschlecht der Wettiner zwar einigend gewirkt und ist letztlich für die sprachlich-kulturelle Einheit „Mitteldeutschlands" verantwortlich gewesen. Doch sind der dynastischen Politik auch die zersplitterten Territorien Thüringens einerseits und das große Kursachsen andererseits zuzuschreiben, die einen weiteren West-Ost-Kontrast bilden.

• Die innere Gegensätzlichkeit in Nord-Süd-Richtung betrifft die sozioökonomische Situation. Unser Raum vereint bis zur Jahrhundertmitte hochentwickelte Großlandwirtschaft und bodenständige Großindustrie im Norden und Kleinlandwirtschaft und bodenentfremdete Klein- und Mittelindustrie im Süden (H. Schrepfer 1935/1969). Beide sind innig verflochten; der interne Austausch ist größer als die Orientierung nach außen, die Wirtschaftsräume ergänzen sich gegenseitig.

Was ist von diesen geographischen Grundzügen heute raumwirksam geblieben? Bestand haben zweifellos das naturräumliche Gefüge, das siedlungsgeographische Grundmuster und die historisch-territorialen Bezüge. Dagegen haben sich die wirtschaftlich gesteuerten geographischen Strukturen ebenso geändert, wie dies für die geographische Lage und die geopolitische Wahrnehmung im Bezug auf die neue Ostgrenze Deutschlands von vornherein feststeht. Auf Grund der jüngeren und jüngsten Entwicklung wird man unschwer erkennen können, daß „Mitteldeutschland" seit dem Ende des Zweiten Weltkriegs seine in vielerlei Hinsicht bevorzugte Stellung verloren hat und seine sozioökonomische Struktur nicht mehr so beschaffen ist wie bis 1945. Die alte Mitte „funktioniert" nicht mehr, weil sich durch die politische Teilung neue „Mitten" im Westen Deutschlands entwickelt haben.

Daraus könnte man die Konsequenz ziehen und den politischen Begriff „Ostdeutschland" auch als geographische Bezeichnung für das alte „Mitteldeutschland" gelten lassen. Aber bei genauer Betrachtung stellt sich rasch heraus, daß das Gebiet der ehemaligen DDR schon vor der Existenz des sozialistischen Staates aus mindestens zwei unterschiedlichen Teilen bestanden hat. Sie sind über alle Veränderungen der jüngeren Vergangenheit hinaus weiterhin raumstrukturell maßgebend geblieben.

So müssen für den *Norden*, den Großraum zwischen Südlichem Landrücken und Ostseeküste, d.h. für das nördliche Sachsen-Anhalt (Altmark), Brandenburg (natürlich mit Ausnahme Berlins) und Mecklenburg-Vorpommern, im Vergleich zum Süden mehrere Merkmale hervorgehoben werden, die über das niederdeutsche Sprachelement hinaus seine Zugehörigkeit zu Nord(ost)deutschland erweisen:

● in demographischer Hinsicht die weitaus geringere Bevölkerungsdichte und die damit verbundene kleinere Städtezahl;

● in wirtschaftlicher Hinsicht die agrarische Prägung und – wegen der Armut an Bodenschätzen – die Konzentration der Industrie auf wenige Hafenstädte sowie die auch ins Binnenland reichende Orientierung zur Küste mit Handelsverkehr und Tourismus;

● in historisch-geographischer Hinsicht Flächenterritorien, koloniale Plansiedlungen mit slawischem Substrat und Gutswirtschaft ohne Ausnahme;

● im Naturraum die wald- und sumpfreiche jungglaziale Seen-, Hügel- und Plattenlandschaft.

Das sind gewiß genügend Belege dafür, den *Süden* „Ostdeutschlands" von seinem Norden zu unterscheiden und nach wie vor als eine selbständige Raumeinheit aufzufassen. Das Problem seines Namens ist damit aber nicht gelöst.

Es gibt bereits *neue Vorschläge* für die Benennung. Beispielsweise versucht D. RICHTER (1991), die traditionellen Namen Nord-, West-, Mittel-, Ost- und Süddeutschland wiederzubeleben, indem er sie teilweise anders abgrenzt als dies früher üblich gewesen ist. So soll sich „Ostdeutschland" aus Brandenburg (ohne Prignitz und Uckermark), Berlin, dem östlichen Sachsen-Anhalt und Ostsachsen zusammensetzen; unter „Mitteldeutschland" möchte er Nordhessen, Südniedersachsen, das südliche Sachsen-Anhalt, Thüringen und Westsachsen verstanden wissen. Hierbei wird aber mit der Elbe als Grenze Gleichartiges getrennt und im Westen „Fremdes" hinzugenommen, so daß die Gliederung nicht in jedem Fall schlüssig erscheint. Ebensowenig kann die von verschiedenen Seiten vorgeschlagene Gliederung „Ostdeutschlands" in einen nördlichen und südlichen Teil unter den Bezeichnungen „Nordostdeutschland" und „Südostdeutschland" befriedigen, wobei mit letzterem das alte „Mitteldeutschland" gemeint ist. Der Begriff „Südostdeutschland" ist bislang – als Gegenbegriff zu „Südwestdeutschland" – für das östliche Süddeutschland, insbesondere für Alt-Bayern, gängig, so daß sich diese Lösung als nicht geeignet erweist.

Bei einer 1993 durchgeführten Befragung von Studenten der Geographie an der Universität Passau hat sich herausgestellt, daß sie mit dem Begriff „Mitteldeutschland" nichts anfangen können (K. ROTHER 1994). Weder historisch-politische, herkömmlich geographische noch linguistische Aspekte werden erwogen; nicht einmal „Mitteldeutschland" als Austauschbegriff für „DDR" ist bekannt. Die Studenten fassen den Regionalbegriff vielmehr wörtlich auf und entscheiden sich ungefähr im Sinne der oben genannten sprachwissenschaftlichen Gliederung für einen breiten, west-östlich verlaufenden Streifen zwischen Nord- und Süddeutschland, der vom Nordfuß der Mittelgebirgsschwelle bis zum Main bzw. vom Rhein bis zur Neiße reicht (Abb. 3).

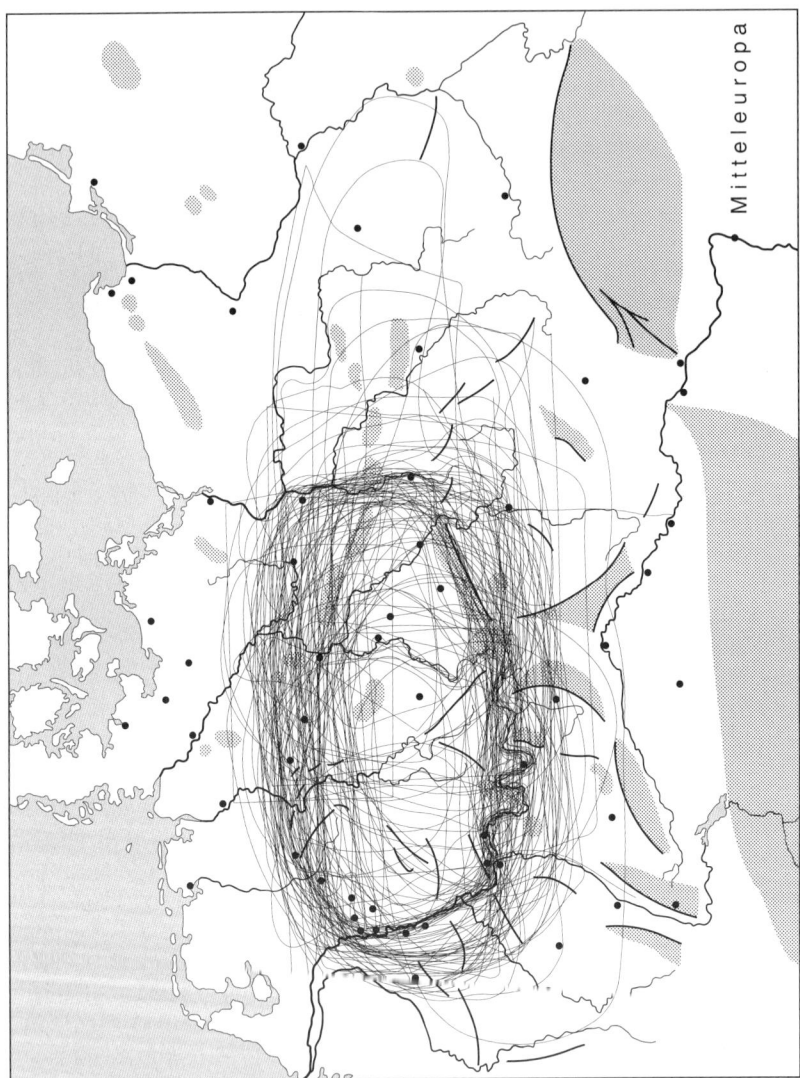

Abb. 3: Mental map zum Begriff „Mitteldeutschland" (aus ROTHER 1995a)

Am Anfang des Sommersemesters 1993 wurden vor Beginn der Vorlesung „Mitteldeutschland" die 111 anwesenden Studentinnen und Studenten der Geographie des 2. bis 8. Semesters, davon 83 % Lehramtskandidaten, nach ihrem Wissensstand befragt. Die Aufgabe lautete: „Umgrenzen Sie auf der Ihnen vorliegenden stummen Karte Mitteldeutschland im geographischen Sinne mit einer Linie!"

Abgesehen von der großzügigen oder genauen Linienführung, die sich häufig an die Flußläufe anlehnt, bewies das bestürzende Ergebnis, vor allem hervorgerufen durch die „Ausreißer" von der Maas bis zur Weichsel, daß die eingehende Auseinandersetzung mit Begriff und Region nottat. Letztlich war es die Motivation zu diesem Buch.

Nach unseren Ausführungen besteht allerdings kein Anlaß, „Mitteldeutschland" auf Grund der studentischen Meinung (in Abänderung der Definitionen aus den 20er Jahren) wieder auszuweiten. Im Gegenteil, nach unserer Auffassung kann der alte Regionalbegriff als aktueller Fachterminus nicht mehr aufrechterhalten werden. Er ist gewissermaßen besetzt und erweckt fest umrissene Leitbilder. Wir verwenden ihn für unsere deutsche Region deshalb ausschließlich im historisch-geographischen Kontext, wenn vom thüringisch-obersächsisch-anhaltischen Raum bis zur Mitte des 20. Jahrhunderts die Rede ist. Da wir den Stoff nach den Phasen der Raumentwicklung gegliedert haben, steht der Benutzung für einen Teil unserer Ausführungen nichts im Weg.

Für die Gegenwart erscheint es indessen ratsam, semantisch auszuweichen. Unter der Voraussetzung, daß Norddeutschland als „Der Norden" das ganze Tiefland umfaßt und Süddeutschland als „Der Süden" in seinen herkömmlichen Grenzen zwischen Alpen und Mittelgebirgsschwelle feststeht, soll der mittlere Streifen Deutschlands analog der sprachwissenschaftlichen Gliederung als „Die Mitte" bezeichnet werden. Entsprechend der Mundartengrenze an der hessisch-thüringischen Landesgrenze wird dieser Streifen in „Die westliche Mitte" und „Die östliche Mitte" Deutschlands geteilt. Der pragmatische Terminus *Die östliche Mitte* vertritt dabei das frühere Mitteldeutschland und kann selbstverständlich, was die funktionale Mitte angeht, auch als ein Programm für die Zukunft aufgefaßt werden.

1.2   Die äußeren Grenzen

Abgesehen von den höheren Mittelgebirgen im Süden besitzt die östliche Mitte von Natur aus keine wirklich trennenden Schranken. Fast überall bestehen mehr oder weniger breite Durchlässe, werden Einflüsse aus den Nachbarräumen maßgebend und wirkt unser Raum in diese hinein, so daß die Mittelstellung der ehemals zentralen Region Deutschlands, in der sich in der Vergangenheit gewissermaßen Strömungen aus allen Richtungen gebündelt haben, leicht verständlich ist. Von vornherein bietet es sich an, keine scharfen Grenzen zu ziehen, sondern Übergänge nach allen Seiten hin offen zu lassen, um das Raumkontinuum nicht zu verfälschen. Die folgenden Bemerkungen dienen deshalb mehr der groben Orientierung als einer für alle Belange bindenden Festlegung. Sie folgt teilweise Konventionen, teilweise praktischen Erwägungen, vor allem im Hinblick auf die anderen Bände dieser Deutschland-Reihe, mit denen sich in den jeweiligen Randgebieten zwangsläufig Überschneidungen ergeben (müssen).

Im *Süden* gehen wir nicht über jenes Gebiet hinaus, das von den zwei im Winkel zueinander geneigten Flügeln der deutschen Mittelgebirgsschwelle begrenzt wird. Wir folgen ungefähr den Kammlinien von Thüringer Wald,

Frankenwald und Fichtelgebirge im Westen und Erzgebirge und Lausitzer Gebirge im Osten, die bekanntlich nicht genau mit der fränkisch(bayerisch)-thüringischen Landesgrenze bzw. der deutsch-tschechischen Staatsgrenze zusammenfallen. Südthüringen an der oberen Werra bleibt weitgehend außer acht, weil es trotz der territorialen Bindung an die östliche Mitte in seinen geographischen Wesenszügen, angefangen von der Zugehörigkeit zum Schichtstufenland bis hin zur fränkischen Mundart, von jeher zum Süden tendiert hat, während das oberste Saalegebiet um Hof-Münchberg einbezogen wird.

Im *Norden* und *Nordosten* halten wir uns an die geomorphologisch unauffällige, breite Schwelle von Fläming und Lausitzer Grenzwall (Südlicher Landrücken), die nicht nur das jungpleistozäne Tiefland Brandenburgs und Niederschlesiens einleitet, sondern auch in kulturgeographischer Hinsicht eine Scheidelinie bildet (Kap. 1.1). Die Niederungen an der mittleren Elbe und Schwarzen Elster werden also ein-, der Spreewald ausgeschlossen; teilweise muß jedoch auf die Niederlausitz Bezug genommen werden. Im *Nordwesten* dient der unscheinbare Flechtinger Höhenzug südlich der Ohre traditionell als Grenze; die Altmark mit der Colbitz-Letzlinger Heide ist ein Teil Norddeutschlands.

Im *Westen* trennt der Höhensaum von Hainich, Eichsfeld und Ohmgebirge ebenso wie der Harz die östliche Mitte vom hessisch-niedersächsischen Berg- und Schollenland an Werra und Leine, das im Band „Der Norden" behandelt wird. Obwohl die Grenze der mundartlichen Großräume mittel-/niederdeutsch überschritten wird, schließen wir aus praktischen Gründen den ganzen Harz ein, weichen aber weiter im Norden von der Landesgrenze Sachsen-Anhalt/Niedersachsen nicht mehr ab und beschränken uns auf das (östliche) Harzvorland an der Bode.

Im *Osten* folgen wir der neuen deutsch-polnischen Staatsgrenze an der Neiße.

Die so abgegrenzte östliche Mitte umfaßt mit ungefähr 50 000 km^2 ein Siebentel der Fläche Deutschlands. Auf ihr lebten 1994 rund 9,5 Mio. Menschen, das sind knapp zwölf Prozent der Gesamtbevölkerung unseres Staates. Die durchschnittliche Bevölkerungsdichte betrug 188 Einw./km^2 (Deutschland: 228 Einw./km^2).

1.3   Probleme der Neugliederung

Obgleich der Rahmen für unsere Erörterungen hauptsächlich nach dem Relief abgesteckt ist, fällt er zum größten Teil mit den heutigen Ländern Sachsen, Sachsen-Anhalt und Thüringen zusammen. Die stärksten Abweichungen betreffen die Altmark und Südthüringen; unbedeutend sind die Überschneidungen mit anderen deutschen Ländern. Durch die Verteilung auf drei Länder ist die administrative Binnengliederung also reichhaltig. Der oben in seiner Gegensätzlichkeit als weitgehend einheitlich geschilderte Raum fällt in die Zuständigkeit verschiedener Behörden, was für jede moderne Raumentwicklung und -planung zweifellos ein großes Hindernis ist. Doch sollte man bedenken, daß der heutige Zustand schon das Ergebnis von „Flurbereinigungen" im 20. Jahrhundert darstellt.

Das einzige geschlossene *historische Territorium* ist der aus dem (durch Preußen dezimierten) Königreich von 1815 hervorgegangene Freistaat Sachsen. Die anderen Länder sind sehr junge Gebilde. Die thüringischen Kleinstaaten[2] bildeten 1920 den Freistaat Thüringen, dem sich 1944 der Regierungsbezirk Erfurt der ehemaligen preußischen Provinz Sachsen anschloß; das Land Sachsen-Anhalt formierte sich 1947 aus den ehemaligen anhaltischen Fürstentümern und Teilen der preußischen Provinz Sachsen (Abb. 4; Kap. 3.1).

Diese administrative Zersplitterung Mitteldeutschlands löste die erwähnten Bemühungen um die *Neugliederung* der 20er Jahre aus. Es ging darum, eine praktikable Lösung für den recht einheitlichen, aber territorial zerrissenen zentralen deutschen Wirtschaftsraum im Verdichtungsgebiet Leipzig-Halle zu finden wie auch an anderen strittigen Stellen Grenzkorrekturen durchzuführen. Die verschiedenen „teil-", „klein-" und „großmitteldeutschen" Vorschläge (H. G. STEINBERG 1971) blieben indes ohne ein faßbares Resultat. Die Vorhaben, einen mitteldeutschen Teilstaat zu etablieren, scheiterten nicht zuletzt deshalb, weil Preußen durch die geplanten Gebietsabtretungen eine Schwächung seiner staatstragenden Rolle und die (weitere) Zerstückelung des Reiches befürchtete und weil Städte und Gemeinden der fraglichen Grenzgebiete Partikularinteressen vertraten. Den Überlegungen zur Stärkung des Föderalismus setzte das zentralistisch organisierte „Dritte Reich" mit der „Gleichschaltung" der Länderregierungen ein jähes Ende. Die DDR-Regierung löste die nach dem Zweiten Weltkrieg (wieder)erstandene Länderhoheit erneut auf; an ihre Stelle trat 1952 die schematische, straff von oben organisierte Bezirksgliederung, um letzte demokratische Regungen zu unterdrücken. Die DDR-Bezirke bildeten ziemlich einheitliche Wirtschaftsregionen und stellten ein oktroyiertes zentralörtliches System mit „geplantem" Bedeutungsüberschuß dar (G. FUCHS 1992, Anhang).

Nach der politischen Wende tat sich zum ersten Mal wieder eine reelle Chance für die Neugliederung auf, als durch die Umbruchsituation alles in Bewegung geriet. Tatsächlich wurden 1990 in rascher Folge Konzepte im Anschluß an die Vorstellungen der 20er und der 50er Jahre entwickelt, die

---

2) 1826-1918: Sachsen-Weimar-Eisenach, Sachsen-Meiningen, Sachsen-Coburg-Gotha, Sachsen-Altenburg, Schwarzburg-Rudolstadt, Schwarzburg-Sondershausen, Reuß ältere Linie und Reuß jüngere Linie (Heimat und Welt, TH 14/1).

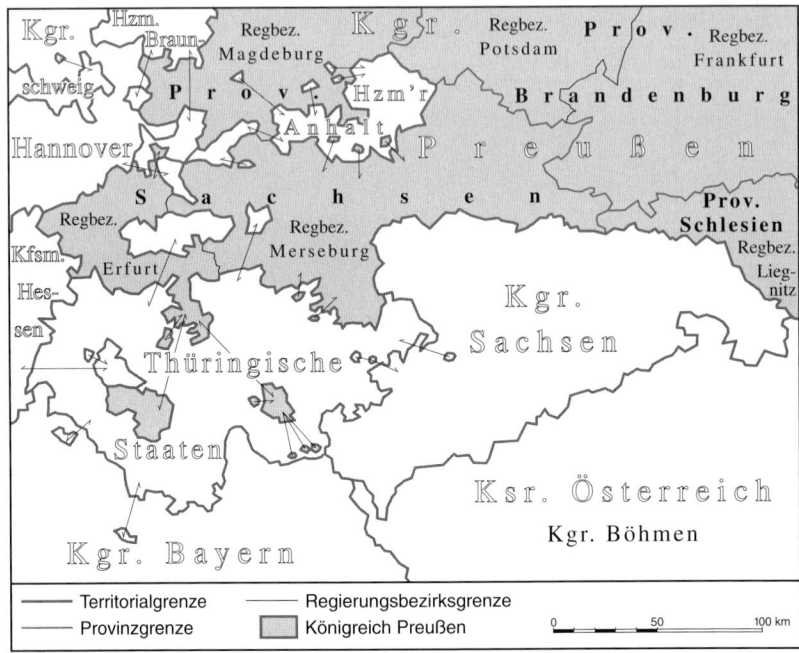

Abb. 4: Die Territorien in der ersten Hälfte des 19. Jahrhunderts (nach RUTZ u. a. 1993)

zwei bis vier neue Länder für die ehemalige DDR vorsahen (W. MÜNCH-
HEIMER 1954; W. RUTZ u.a. 1993). Mehrheitlich wurde für unsere Region eine
„großmitteldeutsche" Lösung, d.h. die Vereinigung der Bezirke Sachsens,
Thüringens und des südlichen Sachsen-Anhalts zu *einem* neuen Land der
Bundesrepublik Deutschland favorisiert.

Dafür gab es gute, neben einigen neuen Aspekten seit langem bekannte
Argumente, die immer wieder beschworen wurden, um die entwicklungspo-
litischen Zielsetzungen, z.B. die Durchführung von Raumordnung und Landesplanung, die von Grund aus neuformuliert werden mußten, leichter verwirklichen zu können (z.B. H. SCHMIDT und D. SCHOLZ 1991; W. RUTZ u.a.
1993):

● die Angleichung an die Größenordnung der „Flächenstaaten" in der alten
Bundesrepublik, die allein als leistungs- und lebensfähig galten,

● die Beseitigung von administrativen Grenzen in gewachsenen Wirt-
schaftsräumen,

● die landsmannschaftlich-historische Zusammengehörigkeit bzw. die
sprachlich-kulturelle Einheitlichkeit,

● die Ähnlichkeit in Wirtschafts- und Sozialstruktur und, weniger wichtig,

● die naturräumliche Gleichartigkeit.

Die Eile und der politische Druck vor den Landtagswahlen 1990, als die Bevölkerung die endlich wiedergewonnenen Länder lautstark begrüßte und sich um örtliche Zugehörigkeiten rangelte, verdeckten das größere Gemeinsame und brachten schließlich die bis heute geltende administrative Dreigliederung als Kompromißlösung zustande, wie sie schon bis 1952 Realität gewesen war. Die große Lösung erwies sich als politisch nicht durchsetzbar.

Die neuen Ländergrenzen lehnen sich größtenteils an die alten von 1952 an; stärkere Abweichungen davon in Nordsachsen/Südost-Sachsen-Anhalt/Südbrandenburg folgen nach Bürgerbefragungen und Kreistagsbeschlüssen vor allem den jüngeren Bezirksgrenzen.

Ob in Zukunft neue Initiativen für die Bildung eines „mitteldeutschen Großstaates" heranreifen werden, ist nach dem Scheitern des Plans, ein neues Land Berlin-Brandenburg ins Leben zu rufen, höchst zweifelhaft geworden. Nach aller Erfahrung in der alten Bundesrepublik haben administrative Grenzen eine große Erhaltungstendenz (z.B. E. ERNST 1993).

Nur die interne Gliederung der Länder ist zwangsläufig in Angriff genommen worden. Die *Kreisgebietsreform*, bei der die Landkreise – in Anpassung an „westliche" Relationen – aus leicht einsehbaren Erwägungen erheblich vergrößert und neu benannt wurden, erfolgte 1993/94 (Heimat und Welt, S 14/3, SA 14/1, TH 14/3). Bis auf den vereinzelten Wechsel von Gemeinden blieben die Grenzen der wiedererstandenen Länder dabei unangetastet. Die *Gemeindegebietsreform*, die auf größere Gemarkungen und Einwohnerzahlen der Kommunen abzielt, ist erst teilweise verwirklicht worden (Thüringen: 1996, Sachsen: 1997).

1.4 Zum Aufbau des Buches und zur Literatur

Im folgenden wird – wie eingangs erwähnt – ein Gesamtbild der östlichen Mitte angestrebt. Einzelräume sind nicht Gegenstand der Betrachtung; sie dienen hin und wieder als Beispiele für die Beschreibung und Erklärung allgemeiner Sachverhalte der behandelten Makroregion. Nach der Beschreibung der physischen Grundlagen als Rahmen des menschlichen Handelns (Kap. 2) und der älteren kulturlandschaftlichen Entwicklung als Basis für das Verständnis der heutigen Raumgliederung (Kap. 3) folgt die Schilderung von Strukturen und Prozessen des Kulturraums der Gegenwart in drei zeitlichen Querschnitten, allerdings mit unterschiedlichem Textumfang: im Industriezeitalter, in der sozialistischen Phase und seit der Wiedervereinigung (Kap. 4, 5 und 6). Diese Vorgehensweise folgt der Erkenntnis, daß sich das heutige Raummuster Mitteldeutschlands bzw. der östlichen Mitte nach langem Verharren innerhalb von einem Jahrhundert (ca. 1815-1925) herausgebildet, dann kaum mehr verändert hat, ja in vielerlei Hinsicht geradezu erstarrt ist (1949-1989) und erst jetzt wieder in heftige Bewegung gerät.

Ein weiterer Anlaß für ein solches Konzept ist aber auch die besondere Situation, die das fachliche Schrifttum über unsere Region mit sich bringt. Die Grundlage für das Buch bildet – neben der eigenen Anschauung – vielfach die ältere Literatur, insbesondere der 30er und 50er Jahre, soweit sie ein regionalgeographisches Anliegen hat. Spätestens vom Ende der 50er Jahre an gibt es in der DDR keine landeskundliche Forschung herkömmlichen Stils mehr; allenfalls die physiogeographischen bzw. landschaftsökologischen Untersuchungen (Schule von E. NEEF) sind auf den heimatlichen Raum bezogen. Die staatliche Auftragsforschung, der sich vor allem die „Ökonomische Geographie" zu fügen hatte, verfolgte andere, insbesondere raumplanerische Zielsetzungen (L. GRUNDMANN und I. HÖNSCH 1992). Nicht zuletzt war für diesen Mangel die Auflösung der geographischen Universitätsinstitute in Jena, Leipzig und Dresden im Rahmen der III. Hochschulreform der DDR 1968/69 verantwortlich, so daß als einzige kompetente Einrichtungen im Süden das neu formierte Akademie-Institut in Leipzig – in welchem auch das *Deutsche Institut für Länderkunde* (gegr. 1896) aufging – und das (vergrößerte) geographische Institut in Halle·verblieben.

Gleichwohl wurden in dieser Epoche von beiden Institutionen zwei wichtige raumbezogene Informationsquellen erarbeitet, die für uns eine große Stütze sind: einmal der „Atlas des Saale- und mittleren Elbegebietes" (1959-61), herausgegeben von O. SCHLÜTER und seinem Mitarbeiter O. AUGUST, der – neben den siedlungshistorischen Belangen – die räumliche Situation des Industriezeitalters ausgezeichnet dokumentiert (Titel der 1. Auflage: „Mitteldeutscher Heimatatlas", 1935 ff.), zum anderen der „Atlas Deutsche Demokratische Republik" (1978-81) unter der Leitung von E. LEHMANN für die jüngste Vergangenheit. Wertvolle Hinweise für Einzelheiten enthalten auch „Die Ergebnisse der heimatkundlichen Bestandsaufnahme", die in den seit 1957 erscheinenden Bänden der Reihe „Werte der Deutschen/unserer Heimat" niedergelegt sind. Im übrigen überwiegt jene Fachliteratur, die einen bestimmten Aspekt DDR-weit analysiert oder den ganzen Staat nach seiner „Territorialstruktur" im Auge hat, aber immer ideologisch gefärbt ist (z.B. Autorenkollektiv 1974, 1977; H. KOHL u.a. 1981). Sie konnte naturgemäß nur ausschnittsweise verwendet werden. Eine Ausnahme bildet das Stichwort-Buch von J. F. GELLERT und H. J. KRAMM (1977). Erst in den 80er Jahren wurde die regionale Forschung wiederbelebt und eine „gesellschaftsgeographisch" orientierte Gesamtdarstellung der „Wirtschafts- und Lebensgebiete" der DDR erarbeitet (B. BENTHIEN u.a. 1990).

Forschungen von Geographen aus der alten Bundesrepublik über einzelne Räume oder Probleme in der DDR waren nach dem Mauerbau 1961 nicht mehr möglich; allenfalls landeskundlich-historische Fragestellungen konnten verfolgt werden, wenn sich die dazu erforderlichen Quellen im Westen befanden oder auf Umwegen aus der DDR beschaffen ließen (z.B. durch den von der Bundesregierung geförderten *Mitteldeutschen Arbeitskreis*). Immerhin wurden u.a. zwei geographische Überblickswerke über die DDR veröffentlicht, in deren Mittelpunkt die damals aktuelle Raumstruktur steht (D. GOHL 1986; K. ECKART 1989).

Seit der Wende gibt es keine Beschränkungen mehr; die Freiheit der Forschung ist im „Osten" wie bislang im „Westen" gesichert. Naturgemäß besteht ein großer Nachholbedarf, der nun durch die Wieder- oder Neueinführung der Geographie in Erfurt, Jena, Leipzig, Dresden und Chemnitz und das 1992 wiedergegründete *Institut für Länderkunde (IfL)* in Leipzig mit vereinten Kräften gedeckt werden kann. In der kurzen Zeit nach der Wiedervereinigung haben die Quellen reichlich zu fließen begonnen, und die Ergebnisse von heute können wegen des raschen Tempos der Entwicklung morgen schon überholt sein. Ein klares Bild für die jüngste Phase zu zeichnen, erweist sich deshalb im Augenblick als schwierig.

Neu geschriebene Einführungen in die Geographie der östlichen Mitte gibt es bislang nicht; leicht verständliche Zusammenfassungen für die einzelnen Länder bieten die „Kleinen Landeskunden" von Sachsen (L. GRUNDMANN u.a. 1992), Sachsen-Anhalt (N. PROTZE 1993) und Thüringen (W. BRICKS 1993); vgl. auch die als Sammelwerke erschienenen historisch-politischen Landeskunden (S. GERLACH 1993; H. HECKMANN 1990; 1991) und mehrere Themenhefte der „Geographischen Rundschau" und von „Praxis Geographie" (Reihe: Bundesrepublik Deutschland) sowie die vom IfL seit 1993 herausgegebene Zeitschrift „Europa Regional". Im übrigen muß derzeit die Berichterstattung der Tagespresse u.ä. herangezogen werden, um manche Wissenslücke über die jüngsten Entwicklungen zu füllen.

Die im fortlaufenden Text nicht erwähnte, aber verwendete Literatur wird am Ende der Abschnitte in Kurzform zitiert. Für die Vertiefung des Stoffes seien das nach Kapiteln gegliederte Schriftenverzeichnis und die annotierte Auswahlbibliographie zur Landeskunde der DDR (W. SPERLING 1978, 1984, 1991) empfohlen. Da nur eine beschränkte Zahl von Karten, Diagrammen usw. beigegeben werden kann, sind zur Veranschaulichung des Textes Hinweise auf die leicht zugänglichen Atlaswerke des Westermann Schulbuchverlags (DIERCKE Weltatlas; Heimat und Welt) eingefügt.

2 Die naturräumlichen Grundlagen

2.1 Die orographische Gliederung

Jede Atlaskarte gibt für die östliche Mitte Deutschlands drei Relief-Stockwerke wieder: die Mittelgebirge (> 800 m) und die Berg- und Hügelländer (> 500 bzw. > 200 m) als vorwiegende Abtragungsgebiete sowie die Tief- und Flachländer (< 200 m) als vorwiegende Aufschüttungsgebiete (Abb. 5).

Wie auch sonst in Mitteleuropa werden die *Mittelgebirge* vom Gegensatz hochliegender Flachformen und scharf eingeschnittener Talkerben beherrscht. Der herzynisch (NW-SO) streichende *Thüringer Wald*, der sich mit markanten Landstufen über seine Vorländer im N und S erhebt, vertritt diesen Typus allerdings am wenigsten. Er ist im W ein schmales, symmetrisch aufgebautes Kammgebirge mäßiger Höhe (Gr. Beerberg 982 m, Gr. Inselsberg 916 m), dem Hochflächen fehlen.

Das dichte Netz der Abdachungstäler, die im N über Ohra, Gera und Ilm zur Unstrut/Saale entwässern und im NW und S zum Einzugsbereich von Hörsel/Werra gehören, hat die älteren Flachformen aufgezehrt. Erst von der Linie Gehren-Schleusingen an verbreitert sich der Höhenzug zum *Thüringer Schiefergebirge* (Bleßberg 866 m), das ostwärts unmerklich in das etwas tiefer gelegene *Vogtländische Schiefergebirge* übergeht (600-700 m), und gibt von da an Raum für ausgedehnte Hochflächen. Das *Saalische Schiefergebirge*, unter dem Thüringer und Vogtländisches Schiefergebirge – analog zum Rheinischen Schiefergebirge – neuerdings zusammengefaßt werden, ist asymmetrisch aufgebaut: im S fällt es wie der Thüringer Wald steil ins Vorland am Obermain ab (auch: *Frankenwald*) bzw. wird – weiter im O – von der Waldsteinkette des Fichtelgebirges begrenzt; im N vermittelt eine sanfte Abdachung zum Tiefland, die im Einzugsgebiet von Saale und Weißer Elster liegt.

Mit scharfen Rändern auf drei Seiten setzt sich der *Harz* als am weitesten nach N vorgeschobener Vorposten der deutschen Mittelgebirgsschwelle von seiner Umgebung ab. Das breite, asymmetrisch herausgehobene Höhengebiet

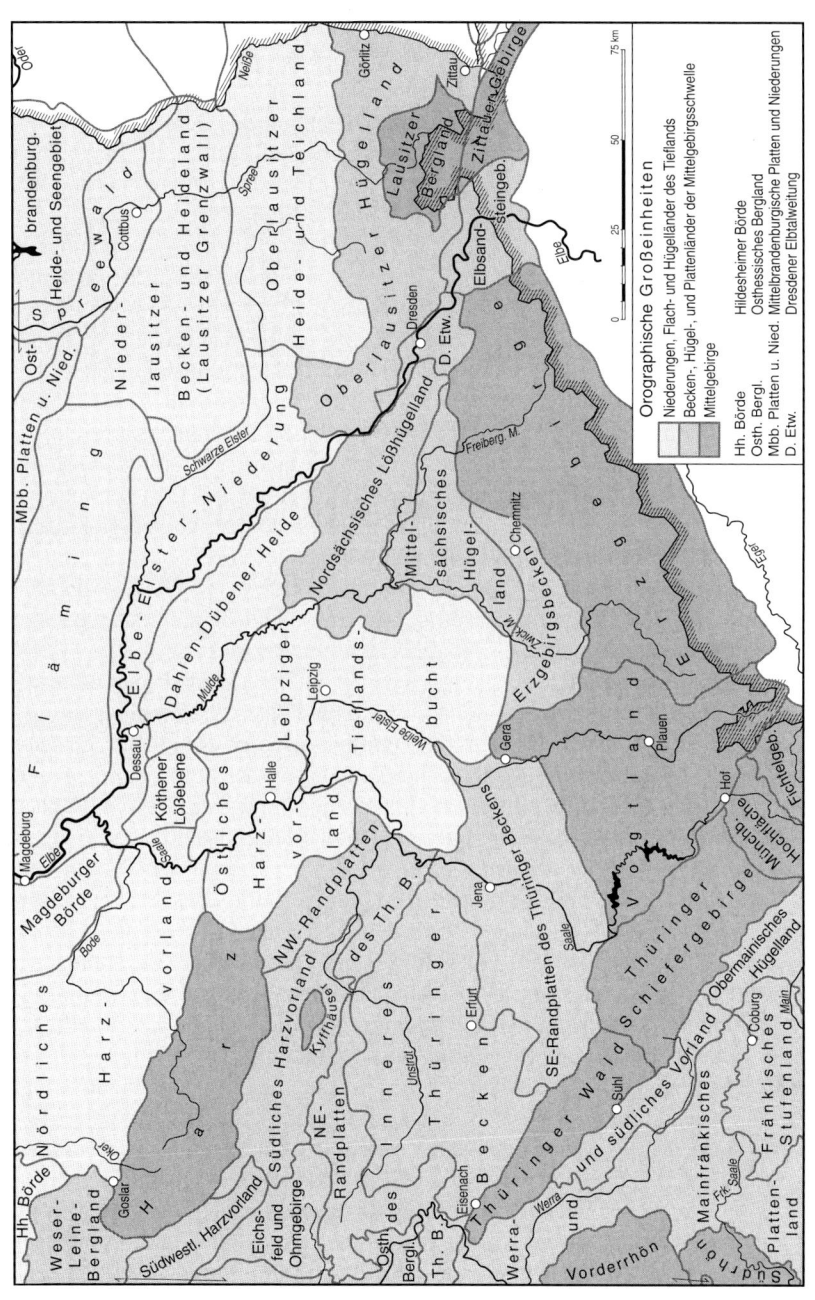

Abb. 5: Die naturräumliche Gliederung (nach MEYNEN u. a. 1952-1963, SCHULTZE 1955, GELLERT, KRAMM 1977)

– mit jähem Abfall im NW und allmählichem Abtauchen im SO – hat ausge-
prägten Hochflächencharakter. Sowohl im Ober-/Mittelharz (auch: Westharz)
mit der weithin sichtbaren Erhebung des Brockens (1142 m) als auch im
Unterharz/Ostharz (Ramberg 582 m) wird der Rand des Gebirgskörpers von
tiefen Talkerben zerschnitten, deren Gewässer radialstrahlig, d.h. nach allen
Himmelsrichtungen streben und Weser wie Elbe als Vorfluter haben. Der
Harz besitzt somit die „typische" Gestalt eines Mittelgebirges.

   Ähnliches gilt für das variskisch (SW-NO = erzgebirgisch) streichende
und sehr einförmige *Erzgebirge*, das mit dem tieferen und etwas bewegteren,
von ihm durch eine Geländestufe abgesetzten *Elstergebirge* im W (Hoher
Brand 801 m) eine Reliefeinheit bildet. Es hat wie das Saalische Schiefergebirge zwei sehr unterschiedliche Abdachungen. Allein die steile, auf tsche-
chischem Staatsgebiet gelegene Südflanke, die durchschnittlich 500 m über
der nordböhmischen Senke aufragt und von steilen Stirntälern zerfurcht ist,
besitzt Gebirgscharakter. Die schwach geneigte sächsische Nordabdachung,
die bis auf das Kulminationsgebiet um Fichtelberg (1214 m) und Keilberg
(1244 m) keine hervorstechenden Gipfelbauten aufweist, verliert sich dagegen allmählich ins Vorland. Nur die tiefen Kerbtäler von Zwickauer Mulde,
Zschopau, Flöha, Freiberger Mulde und der Weißeritzen gliedern die aus-
druckslosen Hochflächen in einzelne Abschnitte. Gewöhnlich unterscheidet
man zwischen höherem West- und niedrigerem Osterzgebirge.

   Östlich des Erzgebirges erhebt sich beiderseits des Elbetals das *Elbsandsteingebirge*, eigentlich ein Tafelland mittlerer Höhe (Gr. Zschirnstein 561
m), und im SO-Zipfel Sachsens das unruhig-kuppige Relief des *Zittauer
Gebirges* (Lausche 793 m), das auf die sudetische Richtung einschwenkt,
hauptsächlich aber auf böhmischem Gebiet (hier: Lausitzer Gebirge) liegt.

   Die *Hügel- und Bergländer* sind im W vielgestaltig. Während das Hügelland der *Werrasenke* das niedrige Vorland zwischen Thüringer Wald und Vor-
der-Rhön bildet (Südthüringen), liegt im weiten Raum zwischen Thüringer
Wald und Harz schüsselförmig das von der Unstrut entwässerte flache Hügelland des *Thüringer Beckens* (150-300 m) mit Offenland im Kernraum und
bewaldeten Randhöhen. Zu den schmalen Höhenzügen der Umrandung in
vornehmlich herzynischer Erstreckung gehören Hainleite, Windleite,
Schmücke, Schrecke und Finne im N und Hainich im SW (alle um 400-500
m); im W (> 500 m) liegt der bogenförmig verlaufende Dün; Ohmgebirge und
Eichsfeld sind breitflächiger entfaltet. Mehrere bewaldete Höhenrücken gliedern auch das Beckeninnere (z.B. Hörselberge, Drei Gleichen). Im O
schließen sich – unterbrochen von der Orlasenke – weitgespannte bewaldete
Hochflächen an (Holzland) und vermitteln zum Saalischen Schiefergebirge
im thüringisch-sächsischen Grenzraum; durch den allmählichen Abfall der
Höhen fehlt im NO gleichfalls eine deutliche Trennlinie des Beckens zur
Leipziger Tieflandsbucht.

Zwischen der nördlichen Umrandung des Thüringer Beckens und dem Unterharz schaltet sich das eher flache als hügelige, von der Helme entwässerte *südliche Harzvorland* ein, dessen tiefster Teil die Goldene Aue (< 200 m) ist; aus ihr ragt weithin sichtbar der Fremdkörper des *Kyffhäusers* (477 m) auf. Das ebenfalls hügelige *nördliche Harzvorland* zwischen Harz und Großem Bruch/Bode leitet endgültig zum Tiefland über, erhält aber durch mehrere kleine Höhenzüge in Harznähe (z.b. Huy 314 m, Hakel 240 m) eine eigene Note.

Im O wird das tiefere Höhenstockwerk – zu dem im strengen Sinn auch das Elbsandsteingebirge gehört – von je zwei Becken- und Hügellandregionen vertreten. Die *Elbtalweitung* zwischen Pirna und Meißen (120-100 m) ist als langgestrecktes Aufschüttungsgebiet, in dem sich Ebenen und flache Hügel mehrfach abwechseln, in die zurückweichenden Randhöhen deutlich eingesenkt. Eine nicht so auffällige Mulde bildet das *Erzgebirgsbecken* zwischen Chemnitz und Zwickau (250-350 m), das die gleichsinnige Abdachung des Erzgebirges auf 10-20 km Breite unterbricht. Das *Mittelsächsische Hügelland* (300-480 m) im Winkel zwischen Zwickauer und Freiberger Mulde setzt diese dagegen fort und geht unmerklich ins Tiefland über. Das *Oberlausitzer Hügel- und Bergland* zwischen Elbe und Spree ist nur wenig höher (Valtenberg 586 m) und besteht aus breiten Höhenzügen und Kuppen.

Junge Aufschüttungen bauen das im W weithin offene, im O bewaldete mitteldeutsche Tiefland (50-100 m) zwischen Elbe und Neiße auf, das nach N von *Hohem* und *Niederem Fläming* (201 m) und vom *Lausitzer Grenzwall/Landrücken* (183 m) abgeschlossen wird, während es südwärts allmählich mit dem höheren Land verschmilzt. Am weitesten stößt es in der *Leipziger Tieflandsbucht* (auch: Mitteldeutsche Tieflandsbucht) nach S – bis Altenburg – vor. Der breiten, zentralen Tiefenfurche folgen die Vorfluter Schwarze Elster und mittlere Elbe. Die Flußniederungen umschließen die nur wenig höheren Talebenen (z.B. Magdeburger Börde, Köthener Lößebene) und niedrige Hügelländer (Dübener, Annaburger Heide u.a.). Größere Höhen werden von Durchragungen des Felsuntergrundes hervorgerufen (z.B. Petersberg bei Halle 250 m, Hohburger Berge bei Wurzen 240 m, Collmberg bei Oschatz 316 m).

Literatur: GELLERT, KRAMM 1977; MEYNEN u.a. 1952-63; SCHULTZE 1955

2.2   Bau und Oberflächenformen

2.2.1   Die Höhengebiete

Der Hauptträger des Reliefs, gewissermaßen die Felsbasis, ist die *mitteldeutsche Großscholle*. Als nordwestlicher Teil des Kratons der Böhmischen Masse tritt sie im O flächenhaft an die Erdoberfläche, während sie im W mit Flechtinger Höhenzug, Harz und Thüringer Wald mehrere Ausläufer („wie drei Finger einer Hand") hat, deren Zwischenräume durch jüngere Sedimente verdeckt sind (Abb. 6). Die tektonisch höchste Lage (mit den ältesten Gesteinen) erreicht sie im Erzgebirge. Ihre Außengrenzen sind durch morphologisch wirksame Bruchstufen gekennzeichnet. Am deutlichsten treten die herzynisch streichende Fränkische Linie am Südrand von Thüringer Wald/Saalischem Schiefergebirge/Fichtelgebirge und der variskisch streichende Südabbruch des Erzgebirges zum Egergraben hervor; am nördlichen Außenrand verhüllen die Aufschüttungen des Tieflandes die gleichfalls große Sprunghöhe (Abbruch von Haldensleben am Flechtinger Höhenzug). Der allgemeinen S-N-Abdachung der Großscholle (mit Kippungen nach NW und NO)

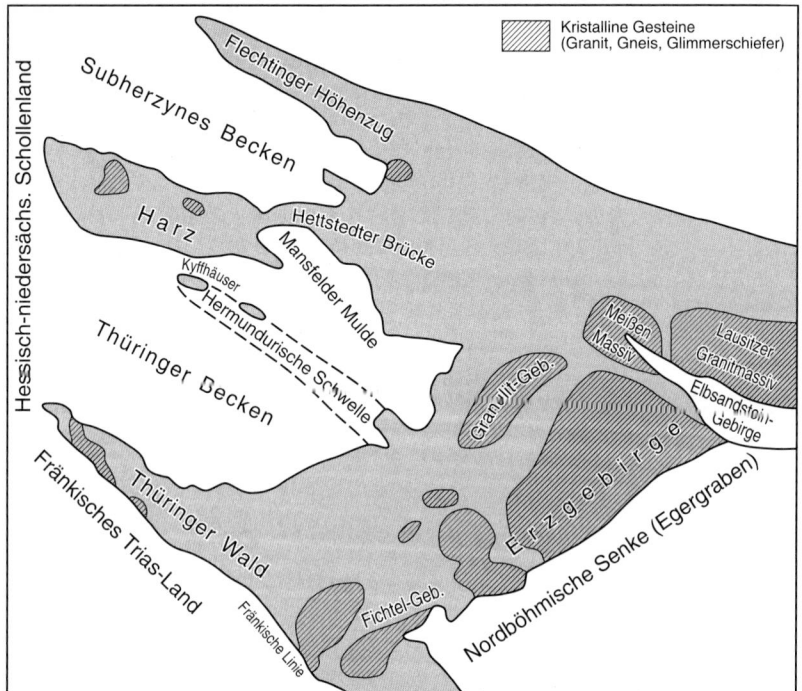

Abb. 6: Die mitteldeutsche Großscholle (nach HAEFKE 1957)

folgt das weitgehend einheitliche Gewässernetz mit dem tiefsten Punkt der Elbe bei Magdeburg (40 m). Nur der äußerste SW (Werra/Weser) und ein schmaler Streifen im O (Neiße/Oder) gehören zu anderen Flußsystemen.

Die *Strukturbildung* der mitteldeutschen Großscholle geht auf die variskische Orogenese im Gebiet ihrer rheno-herzynischen und saxo-thuringischen Zone zurück, als vor allem in der Sudetischen Phase (Grenze Unter-/Oberkarbon) ein SW-NO streichendes Falten- und Deckengebirge aus paläozoischen Sedimenten (Tonschiefern) und metamorphen Gesteinen (kristallinen Schiefern, Gneisen) zusammen mit synorogen intrudierten Tiefengesteinen (Graniten u.ä.) entstand, das im unteren Perm (Rotliegendes) abgetragen wurde. Die Abtragungsmassen (Molasse) wurden in die Senken (Saar-Selke-Trog, Oos-Saale-Trog) zwischen den Gebirgsketten/-schwellen bei gleichzeitig tätigem, d.h. postorogenem sauren bis basischen Vulkanismus (Quarzporphyr; Melaphyr) geschüttet, das Gesamtrelief wieder ausgeglichen (permische Rumpffläche). Vom Zechstein (oberes Perm) über das Mesozoikum (Trias, Jura, Kreide), teilweise bis ins Tertiär, gehörten große Teile zum Germanischen Becken. In diesem Sedimentationstrog wechselten sich marine und terrestrische Ablagerungsbedingungen mehrfach ab; das eingerumpfte variskische Gebirge wurde sukzessive von den jüngeren Schichten zugedeckt (Atlas des Saale- und mittleren Elbegebietes, 2, I).

Die heutigen Oberflächenformen sind das Ergebnis der kretazisch-tertiären Tektonik, bei der im Rahmen der germanotypen (auch: saxonischen) Gebirgsbildung ein *Rumpfschollenrelief* entstanden ist. Die vornehmlich vertikalen Erdkrustenbewegungen entlang herzynisch und erzgebirgisch streichender Verwerfungen und Flexuren (Bruch und Bruchfaltung), die teilweise bis heute aktiv sind, erfaßten sowohl die variskische Basis – das Grundgebirge – als auch die jüngeren Deckschichten – das Deckgebirge (auch: Tafeldeckgebirge) – mit unterschiedlicher Intensität.

Das Grundmuster des Reliefs besteht somit aus Hoch- und Tiefschollen. In den *Hochschollen* tritt der variskische Unterbau unverhüllt zutage, der mesozoische Oberbau ist (bis auf Reste) abgetragen. Dazu gehören vor allem die Horste des Thüringer Waldes und des Harzes sowie die Pultschollen des Saalischen Schiefergebirges und des Erzgebirges. Bei den *Tiefschollen* sind die mesozoischen Schichten, die den variskischen Unterbau verhüllen, je nach tektonischer Höhenlage mehr oder weniger gut erhalten geblieben. Beispiele hierfür sind das Thüringer Becken, die Harzvorländer und das Elbsandsteingebirge.

Im W ist die geologische Geschichte seit dem Jungpaläozoikum durch zwei senkrecht aufeinander stehende Leitlinien von Struktur und Skulptur dokumentiert: Harz, Thüringer Wald und Saalisches Schiefergebirge haben eine variskische Struktur ihrer (paläozoischen) Gesteinszonen, d.h. sie verlaufen SW-NO, während die heutige Kontur des Reliefs, senkrecht dazu, herzynisch ausgerichtet ist (NW-SO); letzteres wird – weniger deutlich – auch im Thüringer Becken und im nördlichen Harzvorland sichtbar. Im O ist die Kontur – bis auf die Elbtalzone – dagegen variskisch; im Erzgebirge und in seiner östlichen Fortsetzung fehlen aber durch die tiefere Aufschließung des Unterbaus (Gneise, Glimmerschiefer, Granite) die jüngeren Gesteinszonen mit entsprechender Anordnung. Die dennoch variskischen Strukturlinien sind schwerer faßbar (s.u.).

In der Abfolge von Hoch- und Tiefschollen bestehen regional erhebliche Unterschiede: Im Westflügel der mitteldeutschen Großscholle gibt es ein mehrfaches Auf und Ab, in ihrem Ostflügel dominiert eine (scheinbar) einheitliche, nach N gerichtete Abdachung. Diese zwei Reliefmuster werden an den folgenden Profilen veranschaulicht.

2.2.1.1   Ein Süd-Nord-Profil im Westen

Der Westflügel der mitteldeutschen Großscholle liegt tektonisch tiefer, so daß die Oberflächenformen vielfältiger sind (Abb. 7). Jäh erhebt sich über der Tiefscholle seines südlichen Vorlandes (Werrasenke) die Hochscholle des *Thüringer Waldes*, eines Aufpressungshorstes, dessen mesozoische Deckschichten bis auf letzte Reste abgetragen sind. Sein NW-Teil ist am stärksten herausgehoben: Es handelt sich um das von Kerbtälern tief zerfurchte 70 km lange, aber nur 10-20 km breite Kammgebirge des *Thüringer Waldes im engeren Sinn*, dem die Hauptwasserscheide zwischen Saale und Werra folgt (Rennsteig). Die erzgebirgisch streichenden Gesteinszonen geben die ursprüngliche Ketten- und Senkenstruktur des variskischen Gebirges wieder. Abhängig von der tektonischen Höhenlage treten – je weiter man nach SO kommt – um so ältere Gesteine auf. Das vorherrschende Rotliegende bedingt mit seiner vulkanischen und sedimentären Fazies die quer über den schmalen Kamm verlaufenden rezenten Härtlings- und Muldenzonen im tektonisch tieferen NW. Vornehmlich an die Granitintrusionen sind hier die verbreiteten Eisenerz-Vorkommen der Südseite (Ruhla, Schmalkalden, Zella-Mehlis, Suhl) gebunden.

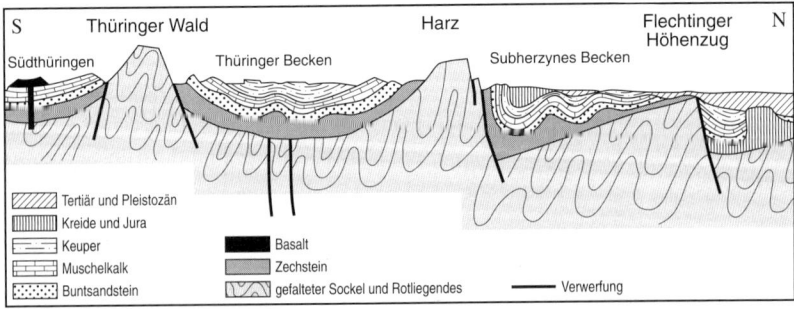

Abb. 7: Ein geologisches S-N-Profil im Westen (nach GELLERT, KRAMM *1977)*

Im tektonisch höher liegenden südöstlichen Teil, dem pultschollenartig angelegten *Thüringer Schiefergebirge* mit steilem SW-Abfall und ausladender Nordabdachung, dominieren die altpaläozoischen Gesteine vom Kambrium bis zum Unterkarbon, welch letztere wegen ihrer guten Spaltbarkeit als Dach-, Tafel- (z.B. bei Lehesten), Griffel- (Sonneberg) und Wetzschiefer (Lauenstein) gewonnen werden; aus dem Ordovizium stammen die Chamosite (oolithische Eisensilikate) von Schmiedefeld. Anders als im Nordwesten bestimmen hier die flachwelligen Hochflächen den Charakter des breiten Mittelgebirges. Ähnlich wie im Harz (s. dort) ist die Genese der treppenartig angelegten Flächensysteme kontrovers diskutiert worden.

Nach N schließt sich die tektonische und morphologische Tiefscholle des *Thüringer Beckens* an, die durch SO-NW streichende Störungen in sich weiter gegliedert ist (Abb. 8; Heimat und Welt, TH 16/1). Der variskische Unterbau wird auf Grund seiner Schwellen- und Muldenstruktur vom Deckgebirge in verschiedener Mächtigkeit verhüllt; das Beckentiefste liegt in der Goldenen Aue (Tab. 1).

Tab. 1: Die Schichtenfolge im Thüringer Becken

Geologische Formation	Ablagerungs-bedingungen	Mächtigkeit (m)	Fazies
Keuper	terrestrisch	470 – 600	Ton, Mergel, Sand, (Salz)
Muschelkalk	marin	200 – 290	Kalk, Mergel, Salz
Buntsandstein	terrestrisch	540 – 780	Sandstein, Sand, Ton, Gips
—————————— Grenze Paläozoikum/Mesozoikum ——————————			
Zechstein	marin	60 – 800	Kalk, Gips, Salz

Quelle: G. Seidel 1978 (vereinfacht)

Die Schichten sind flach gelagert und zu den Rändern hin aufgebogen. Weil außerdem widerstandsfähige und weniger widerstandsfähige Gesteinspartien wechseln, sind die Voraussetzungen für die Ausbildung einer Synklinal-*Schichtstufenlandschaft* mit ringförmig angeordneten Gesteinszonen gegeben. Die Schichtstufen weisen nach außen zu den Antiklinalen, die Stufenflächen neigen sich ins Beckeninnere. An den Störungszonen haben sich stellenweise steil aufgerichtete *Schichtrippen* entwickelt (Finne, Hörselberge).

Von innen nach außen folgen in Umkehrung des geologischen Alters der Trias die Sedimente des Keupers, Muschelkalks und Buntsandsteins sowie jene des Zechsteins (oberes Perm) aufeinander. Das weithin vom – teilweise lößbedeckten – *Keuper* eingenommene Beckeninnere mit oft ausdruckslosem, ebenen Relief ist großflächiges Kulturland (Thüringer Becken im engeren Sinn). Allerdings werden die Schichten des Keupers bei Sattellage infolge der Mobilität der Salzhorizonte im Untergrund immer wieder von Aufwölbungen des Muschelkalks (Krahnberg bei Gotha, Fahner Höhe bei Bad Langensalza, Ettersberg bei Weimar) oder sogar des Buntsandsteins (Tannrodaer Gewölbe mit umlaufendem Streichen der Muschelkalk-Schichtstufe) „wie

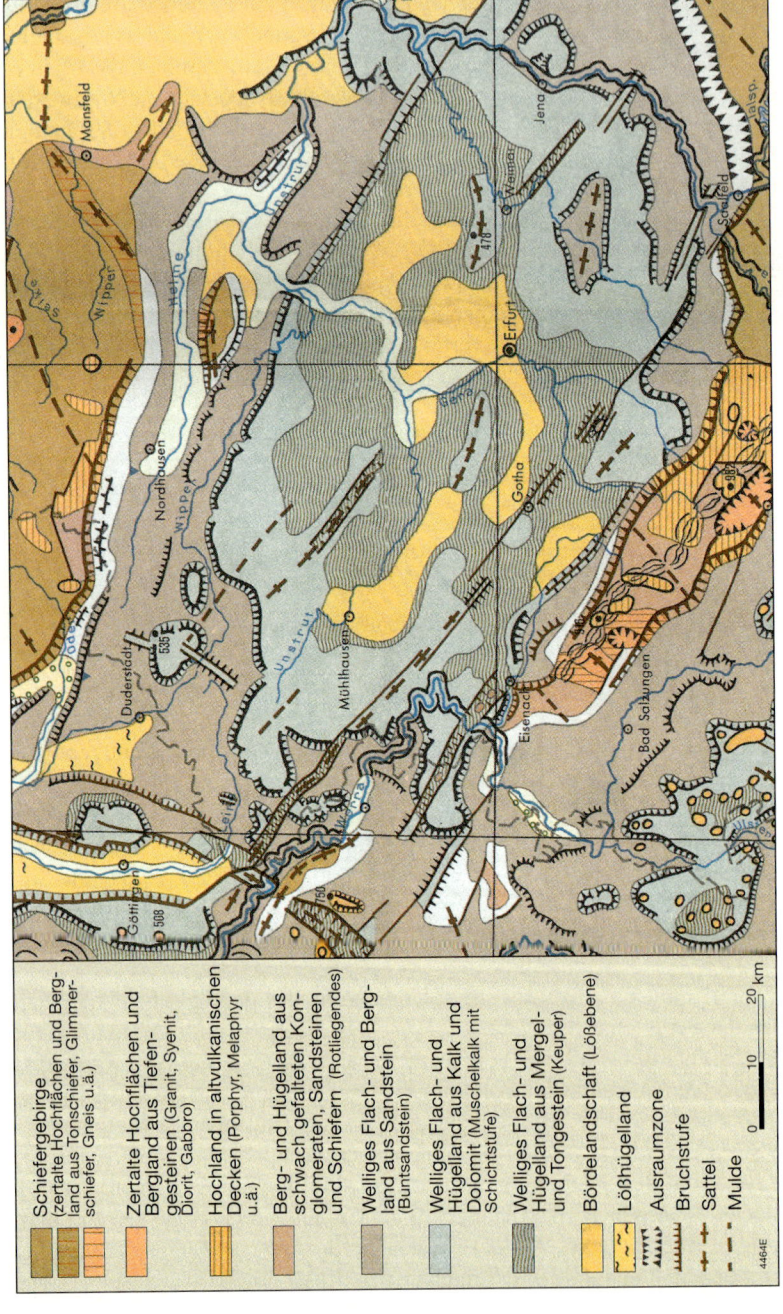

Abb. 8: Aufbau und Relief des Thüringer Beckens (nach GOHL 1972)

ein löchriges Tuch" durchragt, so daß örtlich markante Höhen hervortreten. Salzauslaugungen im Untergrund (Subrosion) – auch im mittleren Keuper und mittleren Muschelkalk – haben andererseits beckenartige Talweitungen (z.B. Großes Ried nördlich von Erfurt) erzeugt, deren geringes Gefälle den Abflußstau der Gewässer herbeiführt.

Hauptschichtstufenbildner ist der verkarstete Wellenkalk des unteren *Muschelkalks*, der den größten Teil der Höhenzüge der Beckenumrandung aufbaut. Sein zerlappter, felsgekrönter Stufenrand mit Ausliegern und Zeugenbergen (in Grabenlage: die Leuchtenburg über Kahla) begleitet z.b. das erst sub-, dann obsequent verlaufende Saaletal zwischen Rudolstadt und Naumburg und ist durch die große Schichtmächtigkeit und die tiefe Erosionsbasis der Werra zwischen Eisenach und Heiligenstadt (um 200 m hoch z.b. Heldrastein, Goburg) besonders eindrucksvoll.

Der *Buntsandstein*, bei dem die Stufenbildung aus stratigraphischen Gründen meist unterdrückt ist, folgt nach außen. Er hat zwei Hauptverbreitungsgebiete, einmal die waldigen Höhen östlich der mittleren Saale im Übergang zum Vogtland (Holzland), wo die Sandsteine seiner mittleren Partien überwiegen, zum anderen offene Senken und teilweise bewaldete Höhen in einem breiten Band südlich und südöstlich des Harzes. In der Goldenen Aue umgibt der tonige untere Buntsandstein die nach S gekippte Hochscholle des Kyffhäusers (im N Granit, im S Oberkarbon/Zechstein), den tektonisch höchsten Abschnitt der parallel zu Thüringer Wald und Harz streichenden Hermundurischen Schwelle, der als verkleinertes Abbild des Harzes gilt.

Der *Zechstein* wirkt je nach Fazies morphologisch verschieden: Am Südrand des Harzes sind seine verkarsteten Kalke und Dolomite in der Nähe der Antiklinale an einer Flexur schichttrippenartig zu Felsmauern aufgerichtet; herrschen Gips und Salz vor, entstehen durch Subrosion gefällsarme Ausraumzonen (Goldene Aue/Helme, Diamantene Aue/Unstrut, Orlasenke), im Gips auch Karstformen (Barbarossahöhle im Kyffhäuser). Vor allem im südlichen und östlichen Harzvorland, in der Orlasenke und an der oberen Werra enthält der Zechstein reiche Lagerstätten von Anhydrit bzw. Gips, Steinsalz, Kalisalzen, Eisen- und Kupfererzen. Die Salzvorkommen setzen sich nach N im Untergrund des Tieflandes fort.

Die südostwärts geneigte Hochscholle des *Harzes*, ein auf drei Seiten klar umgrenztes Mittelgebirge, ist von den mesozoischen Deckschichten restlos befreit. Seine variskisch streichenden Gesteinszonen bestehen aus unterschiedlich widerständigen paläozoischen Gesteinen (Devon, Unterkarbon), die sich – wie im Thüringer Wald – in mehreren Schwellen und Mulden anordnen. An zwei Stellen werden sie von synorogenen Granitplutonen (Brocken- und Rambergmassiv) durchragt, deren Erzreichtum in zahlreichen Ganglagerstätten schon im 10. Jh. die Bergbautradition von Goslar (Rammelsberg) begründete; später folgten zahlreiche Fundorte im ganzen Gebirge.

Die oberdevonischen Kalke des Unterharzes erzeugen ober- und unterirdische Karstformen (z.B. Tropfsteinhöhlen bei Rübeland).

Die Oberflächengestaltung des Harzes hat zu Forschungen Anlaß gegeben, die für die Genese der deutschen Mittelgebirge richtungsweisend geworden sind. Drei Fragenkomplexe schälen sich dabei heraus:

● Die *Rumpfflächenbildung:* Besonders im Oberharz tritt der Hochflächencharakter deutlich hervor. Das Gebirge weist hier mehrere Niveaus in unterschiedlicher Höhenlage auf, welche die petrographische Struktur kappen: es sind Abtragungsflächen. Am ausgedehntesten ist die Hauptrumpffläche bei 600 m. Weitere drei Niveaus reichen in Resten und schmalen Leisten bis 1000 m, dann folgt das Gipfelniveau im Brocken-Bruchberg-Ackergebiet (Abb. 9).

Im Gegensatz zu den älteren Vorstellungen sah W. PENCK (1924) darin den Idealfall des zentralen Berglandes mit konzentrisch angeordneten Abtragungsflächen und wendete darauf seine – im Fichtelgebirge aufgestellte – Theorie der *Rumpftreppe* auf: die (phasenhafte?) Heraushebung eines Gebietes mit wachsender Amplitude bei gleichmäßig beschleunigter Bewegung. Abgesehen von Widersprüchen in der Altersdatierung der Flächen und in der Mechanik des Hebungsprozesses kann an der Existenz der Abtragungsflächen, die nach jüngerer Ansicht unter wechselfeucht-tropischen Bedingungen im mittleren Tertiär gebildet (worauf die sehr tiefen Zersatzhorizonte des Gesteins hinweisen) und durch die pleisto-/holozäne Talbildung aufgezehrt worden sind, nicht gezweifelt werden. Allein die Interpretation der oft undeutlichen Geländestufen am Außenrand der Rumpfflächen sind nach wie vor umstritten. Handelt es sich tatsächlich um reine Denudationsstufen (im Sinne Pencks) oder werden sie von tektonischen Linien gestützt bzw. passen sie sich an unterschiedliche Gesteinswiderständigkeiten an? Anders ausgedrückt lautet die ungelöste Frage: Verkörpert der Harz ein Skulptur- oder ein Strukturrelief oder eine Kombination von beidem? (J. HÖVERMANN 1949; E. MÜCKE 1966).

● Der *periglaziale Formenschatz:* Das Vorkommen von *Blockmeeren, Blockströmen* und *Felsburgen (Klippen),* überwiegend im Granit und verwandten Gesteinen, regte im Harz – ebenso wie im Erzgebirge und Lausitzer Bergland oder in anderen deutschen Mittelgebirgen – die Beschäftigung mit den weit verbreiteten periglazialen Deckschichten an. Die Blockansammlungen werden heute als Mehrzeitformen gedeutet: 1. Blockbildung durch Verwitterung unter wechselfeucht-tropischen Bedingungen im Jungtertiär (Zersatzhorizont), 2. Bewegung in Fließerden während der Kaltzeiten des Pleistozäns (Solifluktion) und 3. Freilegung der Blöcke durch Ausspülen des Feinmaterials im Holozän. Ähnliches gilt für die Klippen, die freilich in situ entstanden sind (C. SCHOTT 1931; J. HÖVERMANN 1949, 1953; H. WILHELMY 1981).

● Die *pleistozäne Vergletscherung:* Bestanden an der elster-eiszeitlichen Inlandeisbedeckung des Unterharzes keine Zweifel (s.u.), blieb die Frage, ob der Oberharz im Pleistozän eigenständig vergletschert war, lange umstritten. Sie wurde erst von K. DUPHORN (1968) gelöst. Er wies im südseitigen Odertal die glaziale Serie eines weichsel-eiszeitlichen Plateaugletschers im Brockengebiet nach, dessen Schneegrenze bei nur 700 m Meereshöhe gelegen hat (ältere und ausgedehntere Vereisungen werden vermutet). Dies ist der einzige stichhaltige Beleg für die eiszeitliche Lokalvergletscherung eines Mittelgebirges in der östlichen Mitte; denn für das „Kar" im Kesselgrund am Keilberg (Erzgebirge) fehlt der Nachweis der glazigenen Formung, und im Thüringer Wald sind die vermeintlich glazigenen Spuren als periglaziale Schuttdecken identifiziert worden. Nach dem gegenwärtigen Wissensstand muß allerdings mit einer weitreichenden Verfirnung der Kammlagen aller Mittelgebirge gerechnet werden (vgl. K. ROTHER 1995 b).

Zwischen Harz und Flechtinger Höhenzug erstreckt sich im *nördlichen Harzvorland,* das ohne scharfe Grenze in die Magdeburger Börde übergeht,

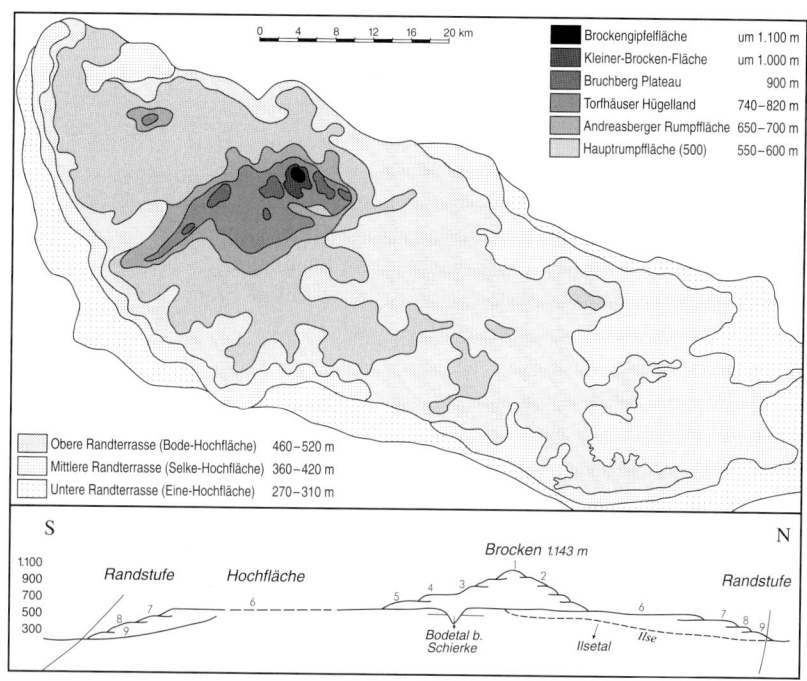

Abb. 9: Die Rumpftreppe des Harzes (nach HÖVERMANN 1950 aus GELLERT 1958, verändert)

eine weitere Tiefscholle mit schwacher Reliefenergie (geologisch: „Subher-zyne Kreidemulde"; Heimat und Welt, SA 13). Im Unterschied zum Thürin-ger Becken macht sich bei ihren NW-SO streichenden Strukturelementen, welche sich aus Sedimenten vom Zechstein bis zur Kreide aufbauen, die stär-kere Einwirkung der tertiären Bruchfaltung unter Beteiligung der Salztekto-nik bemerkbar. Weil sie linien- oder beulenartig herausgehoben sind, unter-scheidet man waldbedeckte Schmalsättel (Huy) und Breitsättel (Fallstein, Hakel), die – alle im Muschelkalk – durch breite lößbedeckte Mulden mit offenem Ackerland getrennt sind. Dieser Aufbau setzt sich westwärts fort (Harliberge, Asse; Elm). Am Harzrand sind die Quadersandsteine der Kreide stellenweise überkippt und bilden die Schichtrippe der Teufelsmauer bei Bad Blankenburg-Timmenrode, wo sich das Mittelgebirge auf das Vorland ge-schoben hat.

Eine letzte, aber sehr niedrige und unscheinbare Hochscholle ist der bewaldete *Flechtinger Höhenzug* (Bullerberg 141 m) ganz im NW, südlich der Niederungszone Drömling-Ohretal, die vom Mittellandkanal benutzt wird. In der nordwärts an einer großen Verwerfung (Bruchstufe) endenden, nach S gekippten Scholle tritt noch einmal die variskische Basis der mitteldeutschen Großscholle (hier: unterkarbonische Kulmgrauwacke) zutage, die unter den pleistozänen Ablagerungen nach SO weiterzieht.

2.2.1.2   Ein Süd-Nord-Profil im Osten

Im tektonisch höher liegenden Ostflügel der mitteldeutschen Großscholle ist der Aufbau einfacher und großzügiger. Die Gliederung in Hoch- und Tief-schollen wie im W bildet die Ausnahme. Weithin liegt die Landoberfläche im mehr oder weniger ungestörten Grundgebirge; die jüngeren Sedimente des Deckgebirges fehlen – abgesehen von der Elbtalzone und dem Zittauer Becken – so gut wie gänzlich. Indem der tiefere Untergrund an die Oberfläche gelangt ist, pausen sich bei einem morphologischen S-N-Schnitt durch West-sachsen vielmehr die Strukturen des variskischen Gebirges mit seinen Fal-tenachsen und -mulden zumindest teilweise durch und geben Anlaß, fünf SW-NO-streichende Teilzonen zu unterscheiden (Abb. 10):
- die Antiklinale des Erzgebirges,
- die Mulde des Erzgebirgsbeckens,
- die Aufwölbung des Mittelsächsischen Hügellandes,
- die Nordsächsische Mulde und
- den Nordsächsischen Sattel.

Erzgebirgsbecken und Mittelsächsisches Hügelland werden geographisch auch als Erzgebirgsvorland zusammengefaßt.

Das *Erzgebirge* hat seine heutige Gestalt durch die bruchtektonischen Vor-gänge im Tertiär erhalten, als es in zwei Phasen um mehr als 1000 m aufge-wölbt wurde: Zunächst trennte es eine Flexurstufe von der sich absenkenden nordböhmischen Mulde, so daß das ursprünglich von dort nach N weisende Gewässernetz zerschlagen wurde, ehe sich die Krustenbewegungen bis zur Bruchbildung steigerten, was mit heftiger vulkanischer Tätigkeit verbunden war (vgl. die Vulkanruinen des Duppauer und des Böhmischen Mittelgebir-ges im Egergraben). Im O ruft ein einziger Abbruch zum nordböhmischen Becken die deutlich asymmetrische Gestalt des Gebirgskörpers als Pult-scholle hervor, dessen Kammlinie als Wasserscheide fungiert. Im W trennen Staffelbrüche das Gebirge von den Becken an der oberen Eger, so daß der Gegensatz zwischen Nord- und Südabdachung gemildert ist. Dementspre-chend folgt das Flußnetz im O in mehr oder weniger geradlinigem Verlauf konsequent dem nordwärtigen Gefälle, während im W auch subsequente Laufrichtungen (SW-NO) dazwischengeschaltet sind, wie z.B. der Oberlauf der Zwickauer Mulde oder die Läufe der Quellflüsse der Chemnitz, Würsch-nitz und Zwönitz. Den langen Laufstrecken mit mäßigem Gefälle auf der sächsischen Seite stehen am Erzgebirgsabfall kurze, gefällereiche Stirnflüsse gegenüber, die der Eger als Sammelader zueilen.

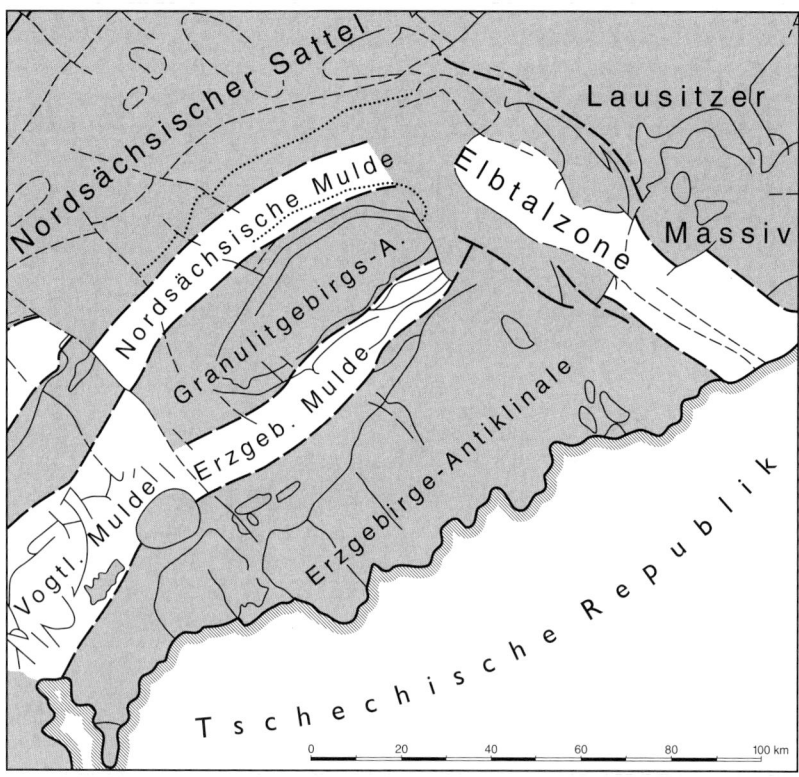

Abb. 10: Die variskischen Strukturen in Sachsen (nach KOHL *u. a. 1980)*

Die tertiäre Aufwölbung des Erzgebirges war so stark, daß auf weiten Strecken der variskische Gebirgskern freigelegt ist. Es handelt sich um z.T. kompliziert aufgebaute Gneiskomplexe mit (Glimmer-)Schieferhüllen, um Granitintrusiva (Eibenstock, Kirchberg, Greifensteine) und Porphyrergüsse (Altenberg). Ihre Erzhöffigkeit ist groß; am ergiebigsten sind die kontaktmetamorphen Ganglagerstätten. Sie bilden die Grundlage des blühenden mittelalterlichen und frühneuzeitlichen Bergbaus auf Edel- und Buntmetall- und Eisenerze, der dem damals auch als Böhmerwald bezeichneten Gebirge spätestens im 16. Jh. seinen heutigen Namen gegeben hat.

Die Oberfläche des Erzgebirges wird auf der sächsischen Seite von den gleichförmigen Rumpfflächen beherrscht, die von der Kulmination um Fichtel- und Keilberg nordwärts abfallen.

Auch hier ist versucht worden, eine Rumpftreppe mit fünf nach N spitzwinklig konvergierenden Niveaus um 500, 600, 800, 1000 m und in Gipfellage zu rekonstruieren und zu datieren, wobei erstmals der klimageomorphologische Ansatz eine Rolle spielte (J. BÜDEL

1935). Bestätigung und Widerspruch (auch hinsichtlich der Zahl der Flächensysteme) hielten sich lange die Waage, zumal der durch den Abbruch zum Egergraben fehlende Südflügel des Gebirges Schwierigkeiten bereitete. Inzwischen werden die klassischen Vorstellungen abgelehnt, und es wird „der Vorrang geologischer Vorgänge, petrographischer Unterschiede und jüngerer Abtragungsvorgänge" betont (z.B. R. KÄUBLER 1966, 1969; H. RICHTER 1966).

Im zentralen Erzgebirge werden die welligen Hochflächen stellenweise von weithin sichtbaren Kuppen oder Tafelbergen aus Basalt überragt (Pöhlberg, Scheibenberg, Bärenstein u.a.). Es handelt sich hierbei nicht um die Ruinen tertiärer Vulkanschlote wie im Kammgebiet und auf der Südabdachung des Gebirges oder in Ostsachsen. Es sind vielmehr Reste von Deckenergüssen, die über ein flachwelliges Tälerrelief *(präbasaltisches Relief)* von S nach N geflossen und dementsprechend von fluvialen Sedimenten unterlagert sind (Abb. 11). Bei ihrer Tieferschaltung durch Abtragung wurden die vulkanischen Talfüllungen aus der im Glimmerschiefer oder Gneis liegenden Umgebung als Härtlinge herauspräpariert. Sie erzeugen damit – weil die ehemaligen Täler jetzt als Höhen hervortreten – eine Reliefumkehr *(postbasaltisches Relief)*.

Die tektonische Mulde des *Erzgebirgsbeckens* ist nur in ihrem mittleren Teil zwischen Chemnitz und Zwickau auch eine weite, hügelige Senke. Als ein westwärts breiter werdender Sammeltrog, der von Hainichen bis zur Pleiße bei Crimmitschau-Werdau reicht, birgt sie den Abtragungsschutt des variskischen Gebirges in großer Mächtigkeit. Unter dem sedimentären Rot-

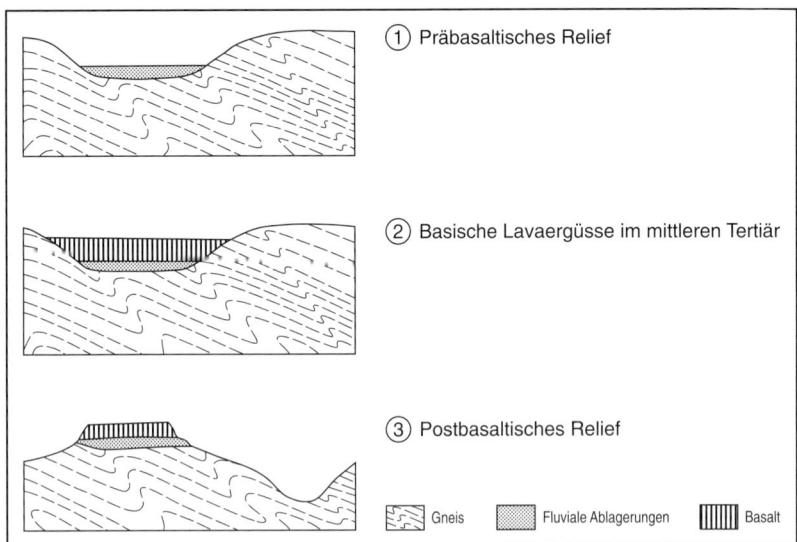

Abb. 11: Die Reliefumkehr der erzgebirgischen Basaltberge (nach WAGENBRETH, STEINER *1982)*

liegenden (Schieferletten, Sandsteine, Konglomerate u.a.), das die Oberfläche bildet und von vulkanischen Ergüssen durchsetzt ist (Melaphyr, Porphyr, Porphyrtuff), liegt – stellenweise stark verworfenes – produktives Karbon, welches die kleinen Steinkohlenreviere von Zwickau und Lugau-Oelsnitz begründet hat. Anders als im Erzgebirge mit tief eingeschnittenen Kerbtalstrecken haben die Gewässer in den weicheren Gesteinen breite Sohlentäler geschaffen, so etwa jenes der Zwickauer Mulde, die das Erzgebirgsbecken zwischen Zwickau und Glauchau quert.

Beim Eintritt in das *Mittelsächsische Hügelland* verengen sich die Täler wieder. Die ovale Sattelzone entspricht im Aufbau dem Erzgebirge; ihr erzarmer Granulitstock ist allerdings durch die Abtragung in eine orographisch tief liegende, offene Ausräumungszone mit dem Kern bei Burgstädt-Mittweida (um 300 m) umgewandelt worden, während die härtere Schieferhülle vor allem am Südrand als fast 500 m hohe, bewaldete Umwallung hervortritt und das Erzgebirgsbecken westlich von Chemnitz deutlich überragt.

Im Gegensatz zu den beschriebenen drei tektonischen Teilzonen erscheinen *Nordsächsische Mulde* und *Nordsächsischer Sattel* an der Oberfläche als solche so gut wie gar nicht, weil sie einmal von der vulkanischen Fazies des Rotliegenden beherrscht werden, deren morphologische Widerständigkeit insgesamt ein unruhiges Hügelland erzeugt. Porphyre und Porphyrtuffe, die auch als Bausteine gewonnen werden (z.B. Rochlitzer Berg), bedingen infolgedessen erneut steile Talhänge der Zwickauer und der Freiberger Mulde, bevor diese – als Mulde vereinigt – bei Wurzen breitsohlig ins Tiefland austreten. Zum anderen sind die variskischen Strukturen unter den neogenen Sedimenten weitgehend verborgen. Nur am Collmberg bei Oschatz (316 m) durchragt das alte Gebirge noch einmal die jungen Deckschichten.

Abweichend von diesem S-N-Profil verhält sich das Relief der *Elbtalzone* im östlichen Sachsen. Als Tiefscholle unterbricht sie die Hochschollen von Erzgebirge im W und Lausitzer Berg- und Hügelland (Granitmassiv) im O und besitzt dadurch eine geologisch-morphologische Sonderstellung. Einer sehr alten Störungszone folgend, an der Bewegungen bis heute andauern, beginnt die Elbtalzone SO Riesa und reicht über die Staatsgrenze weit nach Böhmen hinein. Im W wird sie – wenigstens teilweise – von der Mittelsächsischen Überschiebung, im O von der Lausitzer Überschiebung scharf begrenzt. In dem kompliziert aufgebauten tektonischen Graben, der u.a. metamorphe (Elbtalschiefer) und Massengesteine (Syenit, Porphyr bei Meißen) sowie ältere und jüngere Sedimentgesteine vom Kambrium bis zum Jura in flächen- bis fleckenhafter Verbreitung enthält (u.a. Steinkohlenlager im Rotliegenden des Plauenschen Grundes/Döhlener Beckens), liegen im SO-Teil als jüngstes Glied die marinen Ablagerungen der oberen Kreide.

Diese landschaftsprägenden Sedimente rufen zwei sehr gegensätzliche Talabschnitte der Elbe hervor: Zwischen Meißen und Pirna erzeugen kalkigmergelige Sedimente (Pläner) eine breite Ausraumzone, die Dresdner *Elbtalweitung*. Bei Pirna werden sie von den Quadersandsteinen abgelöst. Sie bauen das *Elbsandsteingebirge* („Sächsische Schweiz") auf, das sich nach Nordböhmen – noch breiter entwickelt als in Sachsen – fortsetzt (Abb. 12). Infolge zweier senkrecht aufeinanderstehender vertikaler Kluftsysteme und der horizontalen Bankung, die durch leicht zurückwitternde Mergelbänder hervorgerufen wird, entsteht die Quaderform der Sandsteinfelsen. Die waagerechte Lagerung der Kreideablagerungen im zentralen Teil ist für die Ausbildung eines *Schichttafellandes* verantwortlich, das von der Elbe in einem 120-130 m tiefen Durchbruchstal durchschnitten wird. Der besondere landschaftliche Reiz entsteht durch drei Relief-Stockwerke: Die etwa 200 m hohen „Ebenheiten" als mittleres Stockwerk (Schicht- oder Schnittflächen?) werden von den bis doppelt so hohen „Steinen", d.h. den Tafelbergen König-, Lilien-, Papst-, Zirkelstein, Schrammsteine u.a., überragt. Als unterstes Stockwerk durchschneiden die auf die Elbe eingestellten „Gründe", z.B. die Kerbtäler von Kirnitzsch, Polenz oder Biela und viele kleine Schluchten und Klammen, den gesamten Schichtenstapel. In dem als Baustein gut geeigneten gelben Kreidesandstein gibt es außer den Großformen (Felstürme, Zeugenberge, Felsstürze mit Blockhalden usw.) verschiedene Kleinformen der Verwitterung, so etwa schwarze Eisenkrusten, Bröckellöcher („Sanduhren"), Sandstein-Karren, Pilzfelsen, Halbhöhlen, Naturbrücken u.ä. An mehreren Stellen haben Ausläufer des jungtertiären nordböhmischen Basaltvulkanismus das kretazische Sedimentpaket in Schloten durchstoßen und die höchsten Berge (Gr. Zschirnstein 561 m, Gr. Winterberg 556 m) geschaffen. Im äußersten SW liegen die Kreidesandsteine der leicht geneigten Erzgebirgs-Rumpffläche ungestört auf und bilden eine Schichtstufe (Tyssaer Wände); im NO,

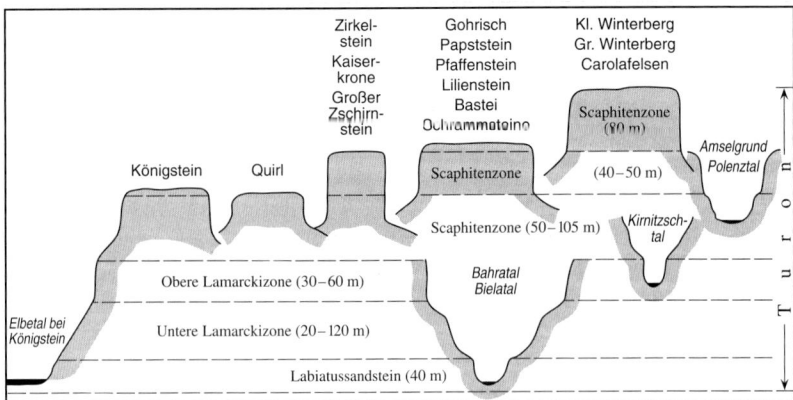

Abb. 12: Der Aufbau des Elbsandsteingebirges, Turon = obere Kreide (nach WAGENBRETH, STEINER 1982)

an der aktiven Überschiebungslinie (Dittersbach-Hohnstein-Hinterherms-dorf), wo das bizarre Sandsteinrelief und die welligen Ebenen im Grundge-birge der Oberlausitz unmittelbar aneinanderstoßen, werden sie indessen – oft ohne geomorphologisch wahrnehmbare Landstufe – von den Graniten des Lausitzer Massivs überlagert.

Auch das *Zittauer Gebirge* hat bei Oybin einen kleinen Anteil an den Qua-dersandsteinen der Kreide; die hohen Gipfel von Lausche (793 m) und Hoch-wald (749 m) sind ebenfalls Vulkanruinen, hier aber im Phonolith.

2.2.2   Das Tiefland

Das Tiefland nimmt den kleineren Teil der östlichen Mitte ein und verdankt seine Formung den Ereignissen im Pleistozän, als das nordische Inlandeis mehrfach nach Mitteleuropa vorgedrungen ist. Im ehemaligen Ablationsge-biet der Gletscher liegen die quartären Aufschüttungen als dünner Schleier (15-20 m) über dem älteren Untergrund, der sich aus den (z.t. marinen) Abla-gerungen des Tertiärs, die am Südrand – in der Leipziger Tieflandsbucht und im Zittauer Becken – teilweise an die Oberfläche treten, aus dem mesozoi-schen Deckgebirge und aus dem variskischen Sockel zusammensetzt.

Die unmittelbare Prägung Mitteldeutschlands durch die nordische Verei-sung betrifft nicht alle drei, sondern nur die beiden älteren Eiszeiten (Elster, Saale) des norddeutschen Pleistozäns. Die glazigenen Aufschüttungen stam-men aus dem Alt- und Mittelpleistozän und sind immer *Altmoränen*. Ihre durch nachträgliche Abtragungs- und Aufschüttungsprozesse ausgeglichenen Formen unterscheiden sich von den auffällig frischen Jungmoränen des Jung-pleistozäns (Weichsel-Eiszeit). Diese erreichte unsere Region nicht mehr; die östliche Mitte war – wie schon teilweise in der Saale-Eiszeit – damals Periglazialraum, in dem sich seither ein hierarchisch gegliedertes Flußnetz entwickeln konnte. Insgesamt wirkt das oft „topfebene" mitteldeutsche Tief-land somit flacher und einförmiger als das stärker bewegte und abwechs-lungsreiche Tiefland Brandenburgs und Mecklenburg-Vorpommerns.

Der Vorstoß des *Elster*-Eises hatte nach allen Befunden im Elbe-Saale-Gebiet die größte Ausdehnung. Die Südgrenze („Zwickauer Phase") läßt sich freilich nicht mehr an den Oberflächenformen ablesen; nur ein dünner Grund-moränen-Schleier mit lückenhafter Geschiebestreu reicht bis zum äußeren Rand *(Feuerstein-Linie)*. Sein Verlauf ergibt, daß sich das nordische Inlandeis über das heutige Tiefland hinaus auf die Nordabdachung der Mittelgebirge ausbreitete; nur die südlichen Hochregionen waren eisfrei. Im W wurden der Unterharz bis in eine Höhe von 450-480 m und der größere, nördliche Teil des Thüringer Beckens (bis zur Linie Mühlhausen – Bad Langensalza – Gotha – Erfurt – Weimar – Jena) in das vergletscherte Areal einbezogen. Im O reichte

Tab. 2: Die Reichweite der nordischen Vereisungen im Pleistozän (stark vereinfacht)

Jahre vor heute (ca.)	Eiszeit Stadium	Warmzeit	Vorstoß des Eises bis ca. ...° n. Br.
		Holozän	
10000			
	Weichsel (Würm)		52
	Pommern		53
	Frankfurt		52½
	Brandenburg		52
115000			
		Eem	
128000			
	Saale (Riß)		51
	Warthe		51½
	(Grenze Nord-/Mitteldeutschland)		
	Drenthe		51
>297000			
		Holstein	
502000			
	Elster (Mindel)		50⅓
	Markranstädt		51¼
	Zwickau		50⅓
688000?			
		Cromer	

Quelle: Zeitliche Gliederung nach H. LIEDTKE und J. MARCINEK (1994)

das Eis am Fuß von Saalischem Schiefergebirge und Erzgebirge bis ungefähr zur heutigen Städtereihe Gera – Zwickau – Chemnitz – Roßwein – Dresden, stieß an Elbe und Neiße weit nach Süden bis Bad Schandau bzw. Zittau vor und überdeckte das Lausitzer (Granit-)Hügelland fast zur Gänze. In letzterem zeugen in eindrucksvoller Weise zahlreiche Rundhöcker von der enormen Beanspruchung des Untergrundes durch die exarative Arbeit des Gletschereises – selbst in seinem Ablationsgebiet. Vor dem Eisrand bildeten die der natürlichen Abdachung nach N folgenden Gewässer mehrfach Eisstauseen (z.B. den Leipziger Eisstausee mit 750 km^2); nach dem Abschmelzen des Eises verlagerten sich die Flußläute in vielen Fällen (z.B. Unstrut, Ilm, Weiße Elster nördlich von Leipzig, Elbe nördlich von Dresden), weil ihre präglazialen Talbetten abschnittsweise verschüttet worden waren.

Die Ablagerungen der *Saale-Eiszeit*, herkömmlicherweise zweigeteilt, sind in ihrer ersten Hauptphase *(Drenthe-Stadium)*, die im NW Deutschlands deutliche Endmoränen hinterlassen hat, vereinzelt durch flache Endmoränenwälle hinter dem Maximalstand (z.B. zwischen Magdeburg und Leipzig die „Petersberger Phase"), sonst durch Grundmoräne vertreten. Das jüngere *Warthestadium* hat dagegen auffällig frische Endmoränenwälle hinterlassen, die – im Anschluß an die Altmärker Heiden – die bewaldeten Höhenzüge des Südlichen Landrückens, d.h. des Hohen bzw. Niederen Flämings und des

Lausitzer Landrückens oder Grenzwalls (auch: Niederlausitzer Höhen), bilden und sich über den Muskauer Faltenbogen (mit starken Stauchungen des präquartären Untergrundes) ebenso deutlich östlich der Neiße fortsetzen. Die etwa 100 m aufragende Geländeschwelle dient als geomorphologische Nordgrenze Mitteldeutschlands; denn jenseits von ihr erheben sich in geringer Entfernung über dem Glogau-Baruther Urstromtal die Moränenstaffeln des Brandenburger Stadiums der Weichseleiszeit. Damit beginnt das reliefreiche, jungpleistozän geformte nordostdeutsche Hügel-, Platten- und Seenland mit unausgereiftem Gewässernetz (Abb. 13).

Die mittelbaren Wirkungen der Kaltphasen des Pleistozäns auf die Oberflächenformen, insbesondere der letzten Eiszeit, wurden im jeweils eisfreien Tiefland durch glazifluviale, solifluidale und äolische Abtragungs- und Aufschüttungsprozesse hervorgerufen, als das eiserne Gebiet eine Löß-Tundra, das eisnahe Gebiet eine Frostschutt-Tundra war. In den Warmphasen wurden die Vollformen denudativ-fluvial zerschnitten. Wie im übrigen Mitteleuropa hatten diese Prozesse auf das Relief eine ausgleichende Wirkung; vor allem die Löß-Verkleidung milderte die Kontraste. In den Tälern (auch der Mittelgebirge/Berg- und Hügelländer) erzeugte der mehrfache Klimawechsel die für Mitteleuropa typische Terrassierung der Schotterkörper (Aufschüttung im Hochglazial, Zerschneidung im Früh- und Spätglazial), von denen die Niederterrasse als jüngster Akkumulationskomplex in der Regel am besten erhalten ist.

Infolge der unterschiedlichen Lage zum jüngsten Eisrand (Warthestadium) ist das Tiefland heute zweigeteilt. In zwei W-O ziehenden Streifen wechselnder Breite unterscheidet man das offene Lößland des Südens und das lößfreie Waldland des Nordens. Die breiten Talauen von Saale, Weißer Elster, Mulde, Elbe und Schwarzer Elster und ihrer Nebenflüsse zergliedern beide Gebiete zusätzlich (Abb. 13).

Das *lößreiche Tiefland* (im Obersächsischen: *Gefilde*, auch für das lößbedeckte Hügelland), bei etwa 100-200 m Meereshöhe gelegen, setzt mit scharfer Nordgrenze ein und ist im W etwa 60 km, im O nur 20 km breit; im mittleren Teil liegt zwischen Saale und Elbe die Lößrandstufe, an der die durchschnittliche Lößmächtigkeit von 1-3 m sprunghaft auf 10-20 m ansteigt. Der Lößgürtel umfaßt die Magdeburger Börde, die Köthener Lößebene, die Lößhügel- und Lößplattenländer der Leipziger Tieflandsbucht (um Halle, Weißenfels und Altenburg) und Nordsachsens (Lommatzscher und Großenhainer Pflege) und – jeweils voneinander isoliert – die Oberlausitzer Gefilde (um Kamenz, Bautzen, Görlitz und Zittau). Im weiter vom Eis entfernten W sind die tieferen Abschnitte meist lößbedeckte Geschiebelehmplatten, im gletschernahen O Sandlößflächen. In den höheren Abschnitten mit Hügelland-Charakter reicht der Löß auf wesentlich älterem Untergrund naturgemäß über das eigentliche Tiefland nach S hinaus (nördliches Harzvorland, Thürin-

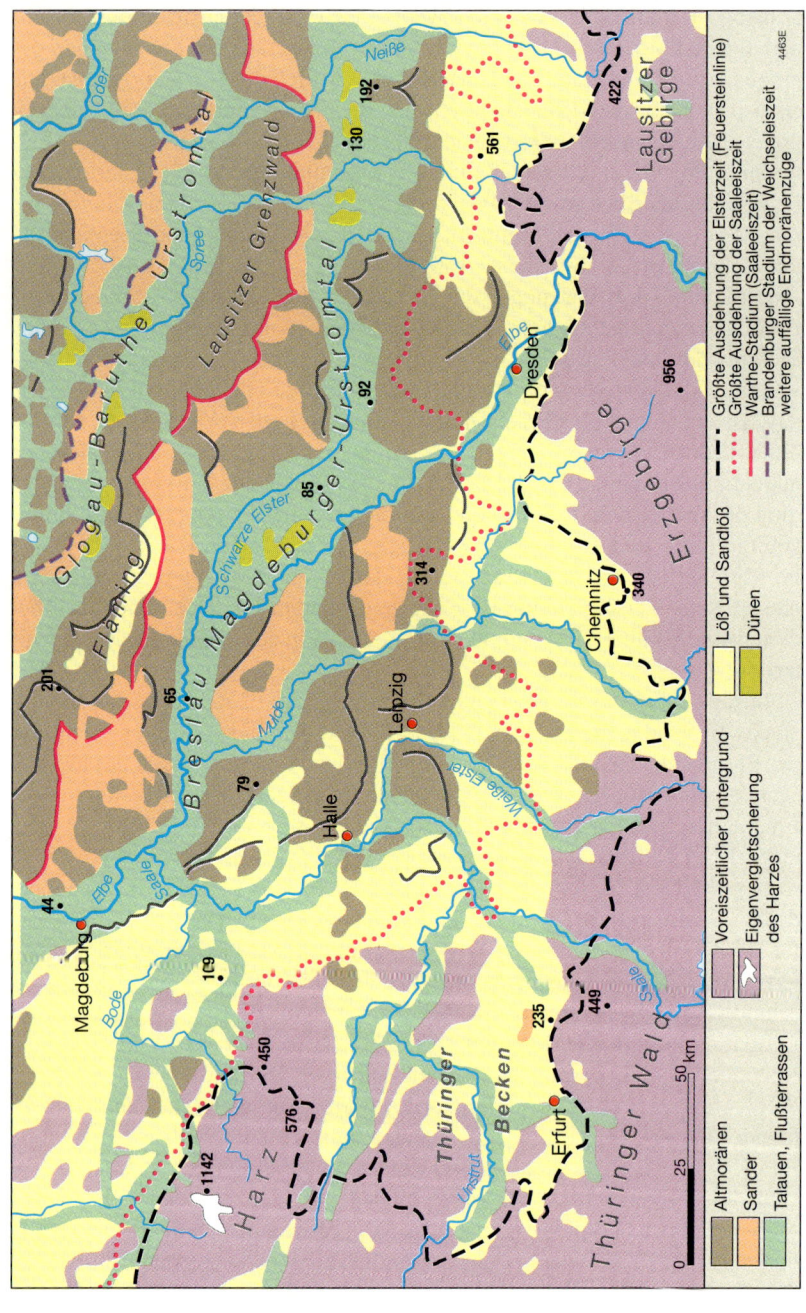

Abb. 13: Das Relief des Tieflands (nach LIEDTKE 1981)

ger Becken, Mittelsächsisches Hügelland u.a.) und geht schließlich in die Schuttdecken der Mittelgebirge über.

Das *lößfreie Tiefland* des Nordens (um 50-100 m) besteht aus Talsandebenen und -terrassen mit kleinen und großen Dünenfeldern und breiten Flußauen geringen Gefälles, in denen die Flüsse bis zur Eindeichung frei mäandrieren, ihre Laufstrecken häufig verlegen, vermoorte Stellen und langgezogene Altwässer (Seen) zurückgelassen haben. Es ordnet sich um die Leitlinie des Breslau-Magdeburg-Bremer Urstromtals des Warthestadiums (im O: Lausitzer Urstromtal) an, das ein gleichsinniges Gefälle nach NW hatte und als breite Schmelzwasserrinne zur (damaligen) Nordsee entwässerte. Ihm folgen heute Schwarze Elster, Elbe und – in entgegengesetzter Richtung – die Ohre. Die Elbe ist bei Magdeburg aus ihrer – auf den Eisrand bezogenen – ehemals peripheren Richtung schon im ausgehenden Warthestadium in die zentripetale Richtung abgelenkt worden. Auch Spree und Neiße haben die warthezeitlichen Endmoränen des Lausitzer Grenzwalls später – wahrscheinlich während des Weichsel-Maximums – durchbrochen.

Ein zur Hauptflußachse gezogenes Querprofil des Tieflands ist asymmetrisch gestaltet: Rechts/nördlich von ihr tritt weithin die Normalabfolge eines Teils der glazialen Serie hervor. Vor den Endmoränenstaffeln des Warthestadiums im Hohen und Niederen Fläming und im Lausitzer Grenzwall, die in Buckel, Rücken und dazwischengeschaltete Sanderflächen aufgelöst sind, breiten sich die Sander, d.h. die südwärts schwach geneigten Kies- und Sandflächen, aus. Diese gehen im O unmerklich in die breiten, von spät- und postglazialen Auelehmen ausgefüllte Flußniederungen des Urstromtals über; im W sind sie von diesem terrassenartig abgesetzt. Das schwache Relief links/südlich der Hauptflußachse prägen über den Überschwemmungsauen der Gewässer allein Geschiebelehmplatten (W) und dünenreiche Talsandflächen (O) der älteren Vereisungen (Dübener, Dahlener, Annaburger, Königsbrücker-Ruhlander, Muskauer Heide), die bei etwa 100 m Meereshöhe an das höhere Lößland grenzen. Nur in der Magdeburger Börde reicht der Lößgürtel bis an die Elbaue heran.

Für wirtschaftliche Belange sind im Tiefland weniger die pleistozänen Ablagerungen, z.B. Sand, Kies, Lehm und Ton als Baumaterial und Grundlage für die Beton- und Ziegelherstellung, als vielmehr der tertiäre (oder tiefere) Untergrund wichtig. Der Reichtum an Stein- und Kalisalzlagern (Zechstein, Trias), die bei oberflächennaher Lage (z.B. in Sattellage durch Salzdome) im Tiefland bergbaulich gewonnen werden, ist schon im Zusammenhang mit den Sedimenten des Thüringer Beckens erwähnt worden. Außerdem finden sich hier die großen Braunkohlenlager (Tertiär), die in mehreren Revieren abgebaut werden und als ein auslösender Faktor des modernen mitteldeutschen Wirtschaftslebens angesehen werden können.

Weitere Literatur: EISSMANN 1975; GELLERT 1958, 1965; GOHL 1972; HAEFKE 1959; HOPPE, SEIDEL 1974; KAISER 1933, 1954; LIEDTKE 1981; PIETZSCH 1962; PRESCHER 1959; RICHTER 1963; ROSENKRANZ 1985; SCHRADER 1957; SEIDEL 1978, 1995; UHLIG 1979; WAGENBRETH, STEINER 1982; WEBER 1955

2.3 Die Böden

Böden, Klima, Gewässer und natürliche Vegetation bilden zusammen mit dem Relief einen raumwirksamen Kausalkomplex, den der Mensch zur Gegenwart hin immer mehr beeinflußt hat, so daß geoökologische Fragestellungen relevant werden. Hier sollen die genannten Geofaktoren zunächst in aller Kürze unter natürlichem Aspekt vorgestellt werden (über die Belastungen des Naturhaushaltes vgl. Kap. 5.3).

Will man die edaphischen Verhältnisse verstehen, muß bewußt sein, daß

● die Böden, die sich als Verwitterungshorizont des Gesteins durch das Zusammenspiel der natürlichen Geofaktoren auf der Erde grundsätzlich klimazonal anordnen (Bodentyp), in unserer verhältnismäßig kleinen Region aber ebenso wie das Klima (s.u.) vertikal differenziert sind,

● sich die Bodenbildung und -differenzierung vor allem in dem kurzen Zeitraum seit dem Ende des Pleistozäns vor ca. 10 000 Jahren vollzogen hat und daß

● die Böden seitdem durch Rodung, agrarische Nutzung und Schadstoffbelastung – mit zunehmender Intensität zur Gegenwart hin – erheblich beeinflußt, wenn nicht verändert worden sind.

Die vorherrschenden Böden in der östlichen Mitte sind *Braunerden.* Mit ausgereiftem, diffus abgegrenztem ABC-Profil (Ober-, Unterboden, Ausgangsgestein) und mäßiger Krümelstruktur des Humushorizonts, dessen dunkle Farbe durch verschiedene Eisenverbindungen zustandekommt, werden sie durch die jeweils unterschiedliche Kombination der bodenbildenden Faktoren abgewandelt. Bei der daraus entstehenden Vielfalt beschränken wir uns auf die grobe Gegenüberstellung von Tiefland und Hohengebieten (Abb. 14)[3].

Auf den sandigen Glazialsedimenten des lößfreien Tieflands reicht die Skala von den typischen Braunerden über *Parabraunerden (Lessivés), Pseudogleye* bis zu *Podsolböden,* insbesondere im Gebiet der Heiden. In den zahlreichen Rinnen und Senken entsteht ein buntes Mosaik von intrazonalen Naßböden *(Auen-* und *Moorböden).*

---

[3] Für die genauere Kenntnis vgl. die kürzlich auf der Grundlage der deutschen und der FAO-Systematik erschienene „Bodenübersichtskarte der Bundesrepublik Deutschland" 1:1 Mio. mit Erläuterungen, Textlegende und Leitprofilen (hrsg. v. d. Bundesanstalt für Geowissenschaften und Rohstoffe; Hannover 1995).

Im Lößgürtel haben sich *Schwarzerden (Tschernoseme)* entwickelt, so in der Magdeburger Börde, der Köthener Lößebene, im nördlichen Harzvorland, in der westlichen Leipziger Tieflandsbucht und in den zentralen Teilen des Thüringer Beckens. Die optimale Krümelstruktur und der hohe Kalkgehalt des AC-Bodens bedingen die große natürliche Fruchtbarkeit. Entscheidend für ihre Ausbildung ist einmal das kalkreiche Ausgangsgestein, zum anderen das verhältnismäßig trockene Klima. Anders als im W sind auf degradiertem Löß (Lößlehm, Sandlöß) im feuchteren Nordsachsen einschließlich der Oberlausitz die Umlagerung der Bodenbestandteile und die Entkalkung soweit vorangeschritten, daß Parabraunerden und Pseudogleye dominieren.

Weitere Differenzierungen ergeben sich darüber hinaus bei kleinräumigem petrographischen Wechsel. Gesteinsabhängig kommen beispielsweise im Thüringer Becken unmittelbar nebeneinander Schwarzerden auf lößbedeck-

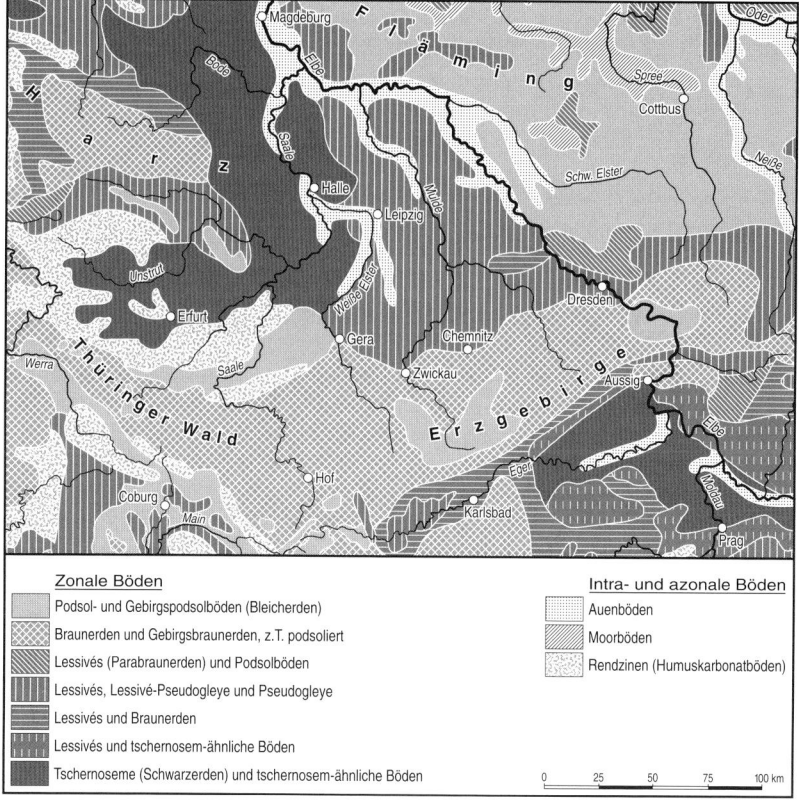

Zonale Böden

- Podsol- und Gebirgspodsolböden (Bleicherden)
- Braunerden und Gebirgsbraunerden, z.T. podsoliert
- Lessivés (Parabraunerden) und Podsolböden
- Lessivés, Lessivé-Pseudogleye und Pseudogleye
- Lessivés und Braunerden
- Lessivés und tschernosem-ähnliche Böden
- Tschernoseme (Schwarzerden) und tschernosem-ähnliche Böden

Intra- und azonale Böden

- Auenböden
- Moorböden
- Rendzinen (Humuskarbonatböden)

0   25   50   75   100 km

Abb. 14: Die Böden (nach GANSSEN, HÄDRICH *1965)*

tem Keuper, dunkle und helle *Humuskarbonatböden (Rendzinen)* auf Muschelkalk/Zechstein und podsolierte Braunerden auf Buntsandstein vor. In den Höhengebieten sind rostfarbene bis braune Waldböden, in den höchsten Lagen *Podsole* typisch. Nach der Bodenart (Korngröße) liegen über kristallinen Gesteinen lehmige Böden (Harz, Erzgebirge), über paläozoischen Schiefern tonige Böden (Saalisches Schiefergebirge) und über Konglomeraten des Rotliegenden sandige Böden (Thüringer Wald).

Bodentyp und Bodenart allein sagen nicht genügend über die *Ertragsfähigkeit* von Böden aus. Diese ist aber für die landwirtschaftliche Nutzung von grundlegender Bedeutung. In Deutschland wurde als Basis für die Bodenbewertung eine Bestandsaufnahme auf Grund eines mehrstufigen Klassifikationssystems (nach Bodenart, -zustand, -herkunft) durchgeführt (*Reichsbodenschätzung* 1935). Die daraus gewonnenen *Bodenwertzahlen* – getrennt für Acker- und Grünland, die sich am Boden der Magdeburger Börde als bestem Boden mit der Wertzahl 100 orientieren (in der alten Bundesrepublik seit 1965: Hildesheimer Börde), sind u.a. für den Wert eines Grundstücks maßgebend. Über das Verbreitungsmuster der Bodenertragsfähigkeit in der östlichen Mitte, das im großen und ganzen die vertikale Abfolge widerspiegelt, informiert Tabelle 3.

Tab. 3: Die Bodenschätzungsergebnisse in der östlichen Mitte

Bodenwertzahl	Qualitätsstufe	Verbreitungsgebiet
< 25	sehr schlecht	Hochlagen der Mittelgebirge
26-40	schlecht	Gebirgsabdachungen, Buntsandsteingebiete, lößfreie Talsandzonen
41-60	mittel	Hügelländer, Übergang zum nördlichen Tiefland, z.T. Elbetal, Altenburger Börde
61-80	gut	Thüringer Becken, Lommatzscher Pflege, nördliche Oberlausitz
81-100	sehr gut	nördliches Harzvorland, Magdeburger Börde, Köthener Lößebene, westliche Leipziger Tieflandsbucht

Quelle: Nach Atlas des Saale- und mittleren Elbegebietes, 45

Literatur: HAASE, SCHMIDT 1975; STREMME 1951

2.4   Klima und Gewässer

Unsere Region ist wintermild bzw. sommerkühl und immerfeucht. Sie gehört zum *feuchtkühlgemäßigten Klima* der Mittelbreiten (je nach Höhenlage Cfb- oder Dfb-Klima Köppens), das sich von jenem der benachbarten Klimaprovinzen Mitteleuropas allenfalls durch Nuancen unterscheidet. Sie liegt im Bereich der ektropischen Westwindzone mit ganzjähriger zyklonaler Tätigkeit aus dem westlichen Quadranten (z.b am Brocken >75 % der Windrichtungen/Jahr), die zeitweise durch den Vorstoß kontinentaler Luftmassen unterbrochen wird. Die Launenhaftigkeit der Witterung ist geradezu sprichwörtlich geworden; die Abfolge der typischen Wetterlagen und der Witterungs-Singularitäten sowie der thermischen Jahreszeiten sind dieselben wie im übrigen Deutschland (vgl. H. FLOHN 1954; W. ERIKSEN 1971; „Der Norden" in dieser Reihe).

Im Gegensatz zum Nordwesten Deutschlands befindet sich die östliche Mitte durch ihre *Binnenlage* – ähnlich wie Süddeutschland – im Übergangsgebiet zwischen ozeanischen und kontinentalen Einflüssen, ohne daß die jeweiligen Extreme erreicht werden. Das äußert sich z.b. in der geringen mittleren Windgeschwindigkeit, die 2-3 m/s beträgt (NW-Deutschland: 5-6 m/s), in der Abnahme der jährlichen Niederschlagsmenge und der Zunahme der mittleren Temperaturschwankungen von NW nach SO, deren absoluten Werte – wie überall in den mittleren Breiten – als Resultanten aus dem meridionalen und dem west-östlichen Gefälle begriffen werden können (Tab. 4).

Tab. 4: Das Klima: Temperatur und Niederschlag (1951-1980)

Station	Höhe (m)	Temperatur (°C) Jan.	Juli	Jahr	Temp.-Jahres-schwankung	Niederschlag (mm)
Mittelgebirge						
Brocken*	1142	-4,5	10,3	2,8	14,8	1609
Gr.Inselsberg	914	-4,1	12,7	4,2	16,8	1269
Fichtelberg	1213	-5,3	11,2	2,8	16,5	1134
Tief-/Hügelland (West)						
Magdeburg	79	-0,6	18,1	9,0	18,7	521
Eisleben	182	-0,5	17,6	8,5	18,1	495
Leipzig	131	-0,5	17,8	8,6	18,3	529
Erfurt	312	-1,2	16,8	7,9	18,0	528
Chemnitz	418	-1,6	16,3	7,5	17,9	726
Tief-/Hügelland (Ost)						
Dresden	120	-0,1	18,0	8,5	18,1	660
Görlitz	237	-1,7	17,4	8,0	19,1	673

* Wärmster Monat: August

Quelle: H. LIEDTKE und J. MARCINEK 1994

Diese einfachen Lagebeziehungen, die sich in der kontinuierlichen Veränderung der Klimaelemente widerspiegeln, werden in unserem relativ kleinen Erdausschnitt naturgemäß nicht so deutlich. Viel klarer treten die regionalen Unterschiede in Erscheinung, die das *Relief* hervorruft. Generell kann man die Feststellung treffen, daß die kühlen und feuchten Mittelgebirgs- und

Berglandregionen die warmen und verhältnismäßig trockenen Tieflands- und Beckenregionen halbkreisförmig umgeben. Zwischen diesen beiden großräumigen Varianten des gleichen Klimas vermittelt ein stufenloser Übergang. Obwohl das *thermische Klima* mit Jahresschwankungen unter 20 °C insgesamt noch ozeanisch ist, nimmt die Kontinentalität zwar ostwärts zu. Fühlbarer ist aber der Gegensatz zwischen den kühlen Höhengebieten, besonders in den Gipfellagen mit ozeanischem Temperaturgang und großen Windstärken, und den warmen, oft windstillen Niederungen und Beckengebieten, welche die größeren Temperaturausschläge zeigen und im Winter bei Inversionslagen mehr Frost und Nebel haben als die Mittelgebirge. Trotzdem ist auf Grund der vertikalen Temperatur-Gegensätze im Jahresdurchschnitt zwischen den Gunsträumen im Tiefland und den Ungunsträumen im Bergland zu unterscheiden, zwischen die sich die temperierte Mittellage schiebt. Man kann diesen Kontrast an Hand der frostfreien Jahreszeit oder der Länge der Vegetationsperiode (Temperaturen über 5 °C) veranschaulichen (Abb. 15). So beträgt beispielsweise die Vegetationsperiode in den höchsten Lagen maximal 160 Tage (Brocken: 171 Frosttage), in den mittleren Gebirgslagen 200-210 Tage (Braunlage: 125 Frosttage), im Thüringer Becken/Nordsachsen 220-230 Tage (Erfurt: 95 Frosttage) und in den tiefsten Lagen mehr als 230 Tage (Saale bei Halle/Naumburg, Elbe von der Saalemündung bis Magdeburg). In besonders günstigen Tal- und Beckenlagen, wo die Jahresmittel der Temperatur 9 °C übersteigen, ist sogar der rentable Weinbau möglich (Unstrut/mittlere Saale und Elbtalweitung). Ähnlich sind die phänologischen Daten verteilt. So ziehen Vollfrühling (Apfelblüte) und Hochsommer (Winterroggenernte) zuerst im Thüringer Becken, im Tiefland an Mulde, Saale und unterer Elbe und im nördlichen Harzvorland ein, während sie sich in den hohen Lagen um drei bis vier Wochen verspäten.

Im *hygrischen Klima* wird der Einfluß des Reliefs noch deutlicher. Die Isohyetenkarte unserer Region ähnelt prinzipiell einer Isohypsenkarte, d.h. die Höhenlage entscheidet über die Niederschlagsmenge, und der Gegensatz von Gebirgen und Becken bzw. Tiefland tritt erneut hervor (Abb. 16). Im einzelnen kann zwischen feuchten (>1000 mm), „normalen" (500-1000 mm) und trockenen Gebieten (<500 mm) weiter differenziert werden. So sind die Luvlagen der Mittelgebirge, die sich den Hauptwindrichtungen aus dem westlichen Quadranten (NW, W, SW) entgegenstellen, besonders feucht, während ihre Leelagen, die allenfalls bei kontinentalen Hochdrucklagen windausgesetzt sind (Nordost-, Ostexposition), weniger Niederschläge empfangen, aber auf Grund des Windschattens und der schwächeren Einstrahlung die größeren Schneehöhen aufweisen. Großräumig gesehen ist der Harz wegen seiner weit nach NW vorgeschobenen geographischen Lage trotz geringerer Höhe „atlantischer" als das Erzgebirge, das sich im Regenschatten von Thüringer Wald und Fichtelgebirge befindet. Relativ trocken sind das

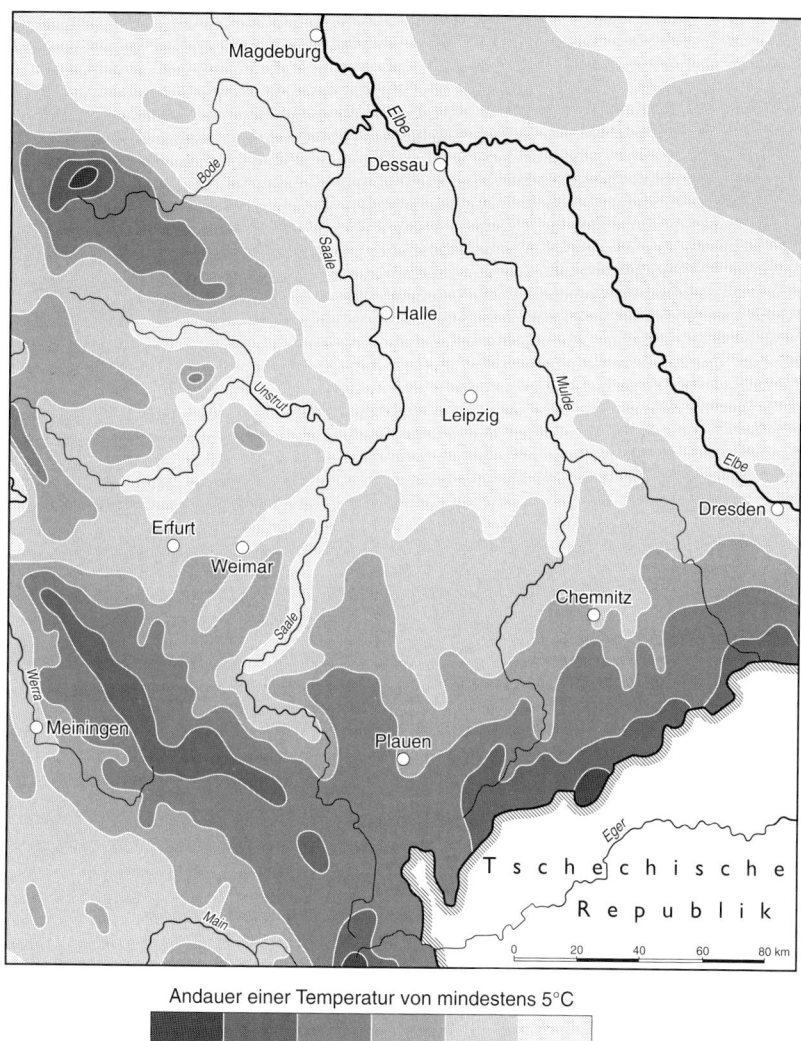

Andauer einer Temperatur von mindestens 5°C

unter 160   180   200   210   220 und mehr Tage

Abb. 15: Die Vegetationsperiode (nach Atlas des Saale- und mittleren Elbegebietes, 3)

innere Thüringer Becken (Erfurt) und der Raum Magdeburg-Halle, in dem sich der Lee-Effekt des Harzes weiträumig bemerkbar macht. In diesem ausgedehnten „mitteldeutschen Trockengebiet" liegt westlich von Halle mit Oberröblingen die niederschlagsärmste Station Deutschlands (434 mm). Alle anderen Teilräume lassen sich zwischen den beiden Extremen einordnen.

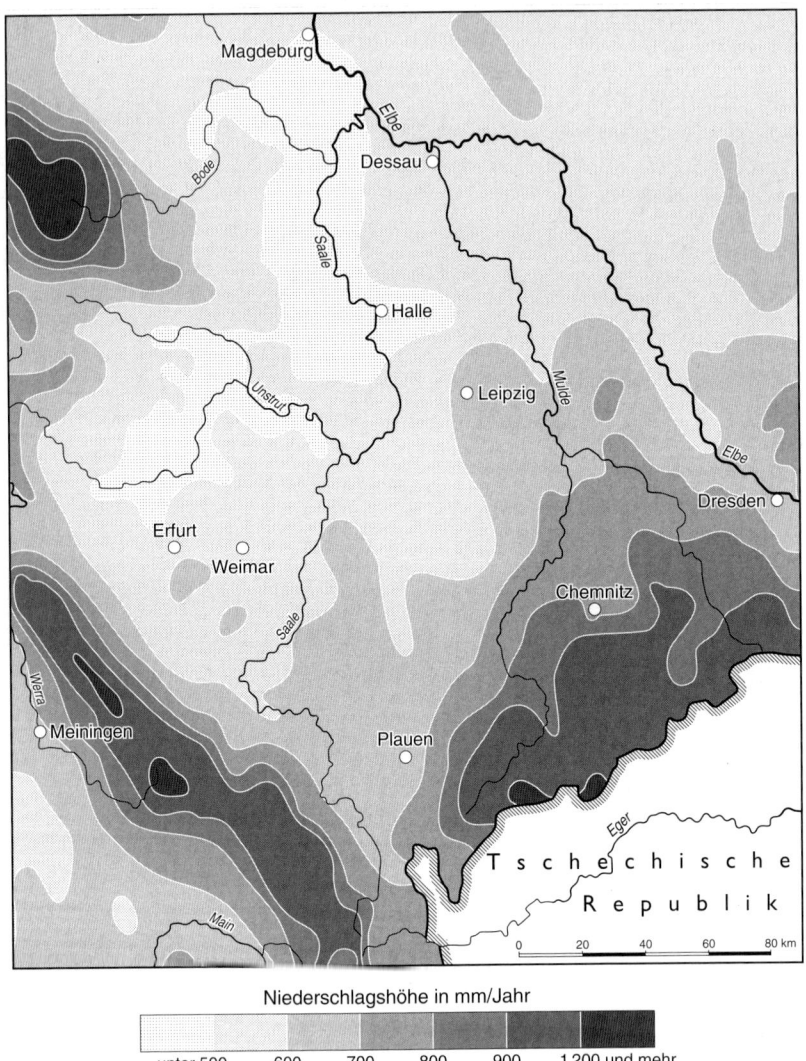

Niederschlagshöhe in mm/Jahr

unter 500   600   700   800   900   1.200 und mehr

Abb. 16: Die Verteilung der Niederschläge (nach Atlas des Saale- und mittleren Elbe-gebietes, 3)

Die Niederschläge des immerfeuchten Klimas verteilen sich in hohen wie tiefen Lagen, wie erwähnt, auf alle Monate, doch gipfelt die Kurve des Jahresgangs im Sommer, insbesondere auf Grund der Gewitterregen; allein der Oberharz empfängt aus den oben angegebenen Gründen eine etwa gleich große Menge in den Wintermonaten, wenn seine Gipfel infolge des niedrigen Kondensationsniveaus in die untere Wolkengrenze eintauchen. Trotzdem werden z.b. am Brocken nur geringfügig mehr Tage mit einer Schneedecke im Jahr (194) gezählt als am Fichtelberg im Erzgebirge (188). Auf Grund ihrer Streichrichtung stellen sich die Gebirge den regenbringenden Wetterlagen jahreszeitlich unterschiedlich entgegen, so daß die Niederschlagsmaxima jeweils anders verteilt sind: Bei der im Winter dominierenden Windrichtung aus SW und W empfangen die Breitseiten von Thüringer Wald und Harz mehr Niederschläge als das Erzgebirge. Letzteres ist dagegen bei den sommerlichen NW-Lagen regenreicher, wenn die westlichen Gebirge nur an ihren Schmalseiten vom Staueffekt betroffen sind.

Faßt man die Klimaelemente zusammen, gliedert sich die östliche Mitte in vier *Klimateilgebiete* (nach Atlas DDR 9.1), nämlich in

- die ozeanisch beeinflußten Becken- und Hügelländer des Westens,
- das kontinental beeinflußte Tiefland des Ostens,
- die Stau- und Leebereiche des Gebirgsvorlandes und
- die Montanstufe der Gebirge.

Vor allem das zuerst genannte Teilgebiet ist klimatisch bevorzugt: Es herrschen sommerliche Temperaturen um 17-18 °C, die mittleren Wintertemperaturen sinken kaum unter den Gefrierpunkt, die kalte Jahreszeit mit Frost beginnt erst im Spätherbst und endet schon im zeitigen Frühjahr, so daß die Vegetationsperiode mehr als sieben Monate dauert; die jährliche Niederschlagssumme von 450 bis 500 mm/Jahr ist allerdings relativ niedrig. Alle anderen Teilgebiete sind kühler und feuchter, insgesamt also vergleichsweise benachteiligt.

Die *Gewässer* hängen von Gesteinsuntergrund (Böden), Oberflächenformen und Klima ab. Das Gewässernetz, welches in den Kap. 2.1 und 2.2 z.B. hinsichtlich der Einzugsgebiete mehrfach angesprochen worden ist, wird vom Flußsystem der mittleren Elbe mit grundsätzlich nach N gerichteten, linksseitigen Nebenflüssen beherrscht. Damit verleiht es den tektonischen Bedingungen des mitteldeutschen Bruchschollenlandes Ausdruck. Während es im Mittelgebirgsraum durchwegs im Tertiär angelegt worden ist, haben es in dessen Vorländern und besonders im Tiefland die pleistozänen Eisrandlagen durch Laufverlegungen wesentlich beeinflußt. Dadurch ergibt sich ein süd-nördlicher Altersunterschied der hydrographischen Leitlinien: Sie sind um so jünger, je nördlicher sie liegen. Die Armut an natürlichen Seen, etwa in glazigenen Hohlformen (z.B. Sölle), zeigt dennoch hier wie dort, daß sich inzwischen überall ein mehr oder weniger ausgereiftes Gewässernetz entwickelt hat. Auf ehemalige Seen weisen mehrfach Orts- und Flurnamen z.B. des Thüringer Beckens hin (Weißensee, Gebesee). Stehende Wasserflächen findet man heute nur bei oberflächlicher Lösung des Gesteins, etwa in den Dolinen des Karstreliefs (z.B. bei Nordhausen) und durch (Salz-) Auslaugung des Untergrundes (Süßer See östlich von Eisleben; der nahebei gelegene Salzige See wurde Ende des 19. Jh. trockengelegt).

Die östliche Mitte ist gemäß dem immerfeuchten Klimaregime reich an fließenden Gewässern, die *Gewässerdichte* verhältnismäßig groß. Freilich schwankt sie z.b. je nach der Wasserdurchlässigkeit des petrographischen Untergrundes mehr oder weniger stark (Atlas des Saale- und mittleren Elbegebietes, 6). Auf den kristallinen Gesteinen der Mittelgebirge mit einem engmaschigen und feingliedrigen Netz und in den grundwassernahen Flußauen des Tieflandes, am ausgedehntesten an der Schwarzen Elster (Urstromtal), ist sie größer (um 1 bzw. > 2,65, örtlich > 3,8 km Lauflänge/km^2 Landoberfläche) als im – ohnedies klimatisch relativ trockenen – westlichen Lößgürtel mit weitständigem Flußnetz (< 0,4 km/km^2) und auf den durchlässigen Kalksteinen des Thüringer Beckens bzw. des Harzrandes, wo sie gegen Null tendiert (< 0,05 km/km^2). Hier treten in den verkarstungsfähigen Horizonten von Zechstein und Muschelkalk auch mehrere Flußversinkungen bzw. Höhlenbäche (Schwinden) und dementsprechend – an anderer Stelle – stark schüttende Karstquellen (Springen) auf. Zwischen diesen Extremen liegen z.B. die Werte für die eher wasserhaltigen Sandsteingebiete des Deckgebirges (um 0,5 km/km^2; z.B. Elbsandsteingebirge, Buntsandstein-Randhöhen des Thüringer Beckens).

Trotz des Wasserreichtums ergeben sich je nach der Speicherfähigkeit der Böden bzw. des Gesteins ebenfalls räumliche Differenzierungen. So haben die Flüsse der Mittelgebirge trotz größerer Niederschlagsmengen wegen der geringen Grundwasserführung der kristallinen Gesteine eine hohe *Abfluß-spende*, und die Abflußschwankungen sind infolgedessen größer als im Tiefland. Das Maximum der Wasserführung wird zur Zeit der Schneeschmelze im Frühjahr (im W: März, im O: April) erreicht, ein zweites Hochwasser fällt mit den sommerlichen Gewitterregen zusammen (Juli), während der niedrigste Wasserstand im allgemeinen im Frühherbst (September) registriert wird. Die Gewässer des Tieflands haben bei großem Speichervermögen des pleistozänen Lockermaterials, die das wichtigste natürliche Wasserreservoir des Gesamtraums darstellen, die geringere Abflußhöhe und -schwankung. Trotzdem werden hier Hoch- und Niedrigwasser in den gleichen Jahreszeiten gemessen (Tab. 5).

Noch deutlicher werden diese Zusammenhänge an Hand der Extremstände. So beträgt die Variabilität zwischen niedrigstem und höchstem Durchfluß in einem langen Beobachtungszeitraum bei den kleinen Gewässern der Mittelgebirge 1 : 40 bis 1 : 70 oder noch mehr, bei jenen des Tieflands aber 1 : 5 bis 1 : 10. J. Marcinek (in: H. Bramer u.a. 1991) schlägt für unsere Region auf Grund vierzigjähriger Meßreihen vier (nival-) pluviale *Abfluß-typen* vor, die die Höhen- und die ozeanische bzw. kontinentale Lage innerhalb Mitteleuropas zum Ausdruck bringen (vgl. die Klimateilgebiete):

Tab. 5: Die Wasserführung der Flüsse

Gewässer (Pegel)	Beob-achtungs-zeit	Einzugs-gebiet (km²)	Mittel-wasser (m³/s)	Hoch-wasser (m³/s)	Niedrig-wasser (m³/s)
Elbe (Wittenberg)	1951-70	61879	337,00	541,00	215,00
Elbe (Dresden)	1931-70	53096	322,00	538,00	205,00
Saale (Calbe)	1932-65	23687	105,00	362,00	36,00
Mulde (Golzern)	1911-70	5442	62,80	105,00	36,60
Zwickauer Mulde (Wechselburg)	1911-70	2107	25,50	41,80	16,80
Zschopau (Hopfgarten)	1911-70	529	8,06	15,50	4,33
Unstrut (Nägelstedt)	1937-70	725	4,11	6,69	2,36
Schwarza (Schwarza)	1950-70	151	2,53	4,47	1,47

Quelle: D. GOHL 1986; H. LIEDTKE und J MARCINEK 1994

● den „Übergangstyp des zentraleuropäischen Mittelgebirgslandes höherer Lagen" im W (Harz, Thüringer Wald und Schiefergebirge),

● den „Übergangstyp des zentraleuropäischen Mittelgebirgslandes tieferer Lagen und Becken" im W (dgl. und Thüringer Becken),

● den „Kontinentaltyp des zentraleuropäischen Mittelgebirgslandes höherer und mittlerer Lagen" im O (Erzgebirge bis Zittauer Gebirge) und

● den „Übergangstyp des zentraleuropäischen Tieflandes".

Der natürliche Zustand der Gewässer ist durch den Menschen im Rahmen wasserwirtschaftlicher Maßnahmen und anderer Nutzungsformen längst verändert worden (Gewässerverschmutzung s. Kap. 5.3). Es sei auf die Vielzahl künstlicher Seen verschiedenster Größe und Art hingewiesen (vgl. die Aufstellungen bei J. MARCINEK a.a.O., S. 266 f.). Seit den 30er Jahren entstehen in den Mittelgebirgen, die das größte Wasserangebot stellen, Talsperren und Stauseen für Trinkwasserversorgung, Energieerzeugung und Hochwasserschutz (mit starkem Ausbau seit 1945), z.B. die „Saale-Kaskade" (Heimat und Welt, TH 19/3). In abflußschwachen Gebieten, wie an der Unstrut, werden Rückhaltebecken gebaut, um Abflußspitzen auszugleichen und die Überschwemmung der gefällearmen Talböden zu vermeiden. Schon seit dem 12. Jh. legt man die Fischteiche im Oberlausitzer Teichland (ähnlich bei Schleiz/Ostthüringen) an, die in jüngster Vergangenheit auch als Brauchwasserspeicher für die Braunkohlenreviere gedient haben. Ferner sind die – teilweise für touristische Zwecke – gefluteten Braunkohlentagebaue zu nennen, ebenso die Reste der Floß- und Bergwerksteiche aus der frühen Neuzeit im Harz und Erzgebirge. Weitere Eingriffe in den natürlichen Gewässerhaushalt des 19./20. Jhs. verkörpern im Tiefland die Meliorationen und Eindeichungen zur Gewinnung von Nutzland und zur Sicherung der Siedlungen sowie der Kanalbau (Mittellandkanal) und die Flußlaufkorrekturen für die Binnenschiffahrt auf Elbe und Saale (ab Halle), die bei niedrigen Pegelständen im Früh-

herbst bis heute stark beeinträchtigt ist (Atlas des Saale- und mittleren Elbegebietes, 7). Trotz der Zuleitungen aus den Staubecken des Unterharzes und
des Grundwassers aus den Elbauen gibt es in der dicht bevölkerten und städ-
tereichen Leipziger Tieflandsbucht, dem niederschlagsärmsten Teil der östlichen Mitte, in Trockenjahren immer noch Engpässe bei der Wasserversorgung von Haushalten, Industrie und Landwirtschaft, so daß Fernwasserlei-
tungen aus den südlichen Mittelgebirgen konzipiert wurden bzw. werden
(z.B. die Lichte-Talsperre bei Leibis im Thüringer Schiefergebirge).

Weitere Literatur: BERKNER, SPENGLER 1991; BOHNSTEDT 1937; GOHL 1986;
GRIMM 1968; GOLDSCHMIDT 1950; HENDL 1966; MARCINEK 1967, 1975

2.5   Das natürliche Pflanzenkleid

Bei der Vorstellung der potentiellen natürlichen Vegetation, die sich ohne das
Zutun des Menschen in den ehemals vergletscherten Arealen bzw. Tundren-
Gebieten seit dem Ende des Eiszeitalters entwickelt hat, geht es nicht um die
Sukzession der Formationen während des Spät- und Postglazials (vgl. F. FIR-
BAS 1949/52; „Der Norden" in dieser Reihe), sondern um das Endergebnis.
Diese sogenannte Schlußgesellschaft *(Klimax)* läßt sich auf Grund der
großflächigen Rodungen zur Gewinnung von Kulturland und jüngerer
anthropogener Einflüsse freilich nur in Resten erfassen oder durch aufwen-
dige vegetationsgeschichtliche Untersuchungen rekonstruieren.

Das Problem wird aus der Bewaldungsziffer ersichtlich, die durchschnittlich 22 bis 33 % der Gesamtfläche, d.h. das Normalmaß in Mitteleuropa wie-
dergibt, aber regional – je nach agrarischer Gunst/Ungunst – in weiten Grenzen schwankt. So sind in den höheren Mittelgebirgen noch bis zu zwei Dritteln der Fläche (im Oberharz sogar 85 %), auf den Sandern der Niederlausitz
45 % bewaldet; in den Lößgebieten beträgt die Ziffer aber nur 5 %, große
Teile sind hier völlig waldfrei.

Entsprechend dem feuchtkühlgemäßigten Klima Mitteleuropas ist unsere
Region – mit unbedeutenden Ausnahmen – potentielles Waldland. Sie gehört
zur Zone der *sommergrünen Laub- und Mischwälder;* im Kerngebiet handelt
es sich um einen subkontinentalen *Eichenmischwald.* Wie bei der klimatischen Differenzierung ergeben sich sowohl von W nach O als auch mit
zunehmender Höhe regelhafte Abwandlungen, die eine Untergliederung
ermöglichen.

Im west-östlichen Formenwandel, d.h. im Übergang von mehr atlantischen
zu mehr kontinentalen Verhältnissen, können nach der Zusammensetzung der
Wälder drei meridional verlaufende Streifen unterschieden werden
(Abb. 17):

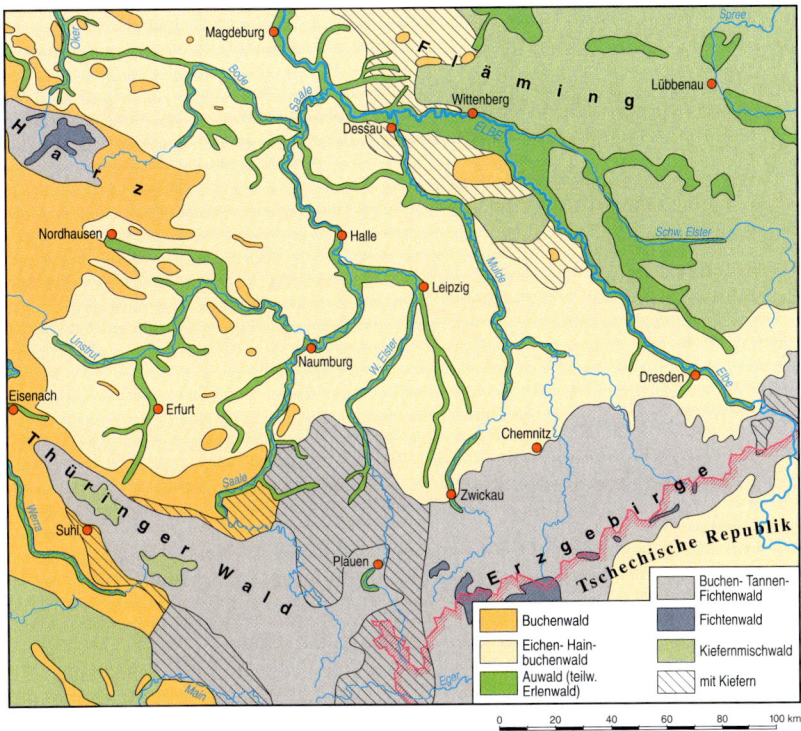

Abb. 17: Die natürlichen Wälder (nach Atlas des Saale- und mittleren Elbegebietes, 4)

● Als Vorposten der westwärts anschließenden atlantischen Waldregion berühren die *Rotbuchenwälder* die Fußstufe von Thüringer Wald und Harz und haben Ausläufer im südlichen Thüringer Becken und in Südthüringen.

● Die breite Mittelzone beherrschte ursprünglich der *Eichen-Hain-buchenwald*. Im Thüringer Becken, in den Hügelländern und im Lößland von Magdeburg bis Bautzen ist er durch das Kulturland weitgehend verdrängt oder gänzlich beseitigt worden. In der Untermischung der Waldreste wird der klimatisch begründete Wandel von NW (Traubeneiche) nach O (Stieleiche) dennoch sichtbar. Während an Ohre (und Aller) die Rotbuche vertreten ist, gedeihen im Mittelteil neben den Hauptbaumarten die Winterlinde, an den wärmsten Stellen die Feldulme (örtlich – wie im mittleren Saaletal – sogar die submediterrane Flaumeiche), im O aber Kiefern und Birken.

● Östlich der Elbe (und nördlich des Lößgürtels) dominiert der *Birken-Stieleichen-Kiefernwald* und leitet damit die nordosteuropäische Nadelwald-region ein.

Über den Eichenmischwäldern der Fußstufe wächst der *Bergmischwald*. Es ist grundsätzlich ein *Buchen-Tannen-Fichtenwald* (teilweise mit Kiefern untermischt), der eine Höhe von 700 bis 800 m erreicht und dann durch die *Fichtenstufe* der höchsten Regionen (Oberharz, Thüringer Wald, Erzgebirge) abgelöst wird. Die neuzeitliche Forstwirtschaft hat den urtümlichen Bergmischwald weithin durch Fichten-Reinbestände ersetzt. Eine lokale Umkehrung der Höhenstufen verursacht der Gegensatz von schattigen, feuchten Gründen und sonnigen, trockenen Felsen im Elbsandsteingebirge. In der Tiefe wachsen hier die üppigen Waldgesellschaften der Montanstufe (Tannen, Buchen, Fichten), auf den mineralarmen hochgelegenen Felsstandorten stocken karge Kiefern-Birkenbestände, die im O sonst für die Fußstufe kennzeichnend sind.

Die *obere Waldgrenze* wird nur am Brocken im Harz (1142 m) überschritten. An seiner NW-Flanke weicht der Wald zunächst dem Knieholz, ab etwa 1000 m – auf der SO-Seite ab etwa 1050 m – den bis zum Gipfel ansteigenden Hochmoorflächen. Diese sehr niedrige Höhengrenze des Waldes läßt sich mit der besonderen Exposition im Luv der Hauptwindrichtung erklären und macht auch die außerordentlich tiefe eiszeitliche Schneegrenze (700 m) in diesem Gebirge verständlich (Kap. 2.2.1). Auf dem höheren Fichtelberg im Erzgebirge (1214 m) gedeihen bis zum Gipfelplateau noch windgeschorene Krüppel- oder Wetterfichten. Die obere Waldgrenze wird hier bei 1300 m angenommen.

Neben den großklimatisch bedingten Laubmischwäldern gibt es in den großen Flußniederungen des Tieflandes auch eine edaphische Variante, die *Auwälder.* Die dem hohen Grundwasserstand angepaßte azonale Vegetationsformation setzt sich vornehmlich aus Weichlaubgehölzen (Pappeln, Weiden, Erlen, Eschen, Ulmen) zusammen. Häufig – wie an der Schwarzen Elster – sind es reine Erlenwälder.

Obwohl die östliche Mitte im Naturzustand ganz überwiegend Waldland gewesen ist, dürfen die – meist kleinräumigen – Standorte, die von Natur aus *waldfrei* waren, nicht unerwähnt bleiben. Ein Teil davon ist auf uns überkommen. Einmal sind es die *Heiden.* Als lichtliebende Pflanzengesellschaften besetzen sie weit verstreut steile Felshänge, exponierte Kuppen oder Prallhänge der Durchbruchstäler in den wärmsten und trockensten Gebieten. Im Thüringer Becken, namentlich in seiner Umrandung, und im südlichen und östlichen Umkreis des Harzes ist ihre Bindung an die Kalkböden von Zechstein und Muschelkalk, besonders an den Schichtstufen und Schichtrippen der mittleren Saale und Unstrut bzw. des südlichen Harzrandes, sowie an die kalkhaltigen Lößböden offensichtlich. Solche Grasheiden und Trockenrasen (Triften) bestehen aus kalkholden Kräutern und Stauden submediterraner und/oder kontinentaler (pontischer) Herkunft und sind den süddeutschen *Steppenheiden* gleichzusetzen.

Obwohl Übergänge bestehen, dürfen sie nicht mit den Zwergstrauchheiden mitteleuropäisch-atlantischer Herkunft (mit Besen- und Glockenheide) verwechselt werden, die im Tiefland äußerste Vorposten (z.B. in der Muskauer Heide) haben. Durch Beweidung hervorgerufen und offengehalten, gelten sie nach vorherrschender Meinung als halbkünstlich oder gänzlich sekundär; sie würden sich bei aussetzender Nutzung wieder zum natürlichen Laubmischwald regenerieren. – Der Landschaftsname „Heide" (Dübener, Dahlener, Annaburger, Muskauer Heide usw.) bezeichnet im übrigen waldreiches Land, ohne daß damit eine bestimmte Vegetationsformation gemeint ist. Der ursprüngliche Kiefernmischwald mit Heidekraut wurde hier zumeist durch eintönige Kiefernforste ersetzt.

Zum anderen werden die Wälder an nassen Stellen durch *Moore* aufgelichtet. In den wasserstauenden Flachregionen des Nordens, etwa im warthestadialen Urstromtal, sind Flach- und Hochmoore infolge von Meliorationen (Entwässerung) schwer zu umgrenzen oder verschwunden. In den Mittelgebirgen ist das Verbreitungsareal der Hochmoore durch die Torfablagerungen hingegen eindeutig. Sie besetzen die niederschlagsreichen Kammlagen, kleinräumig im Oberharz, weit verstreut im westlichen Erzgebirge, wo abflußarme Flachformen in großer Höhe die besten Bildungsbedingungen schaffen. Hier sind die Hochmoore in den Nordlagen sogar mit Bergkiefern (Latschen) ausgestattet. Vereinzelt gibt es Standorte der nordischen Zwergbirke. Der Kausalzusammenhang von hochliegenden flachen Geländeformen, ozeanischem Klima und Wasserstau zeigt sich z.B. darin, daß im Kammgebirge des Thüringer Waldes, wo die Hochflächen fehlen, ebensowenig wie im Thüringer Schiefergebirge, das ein Flächenrelief besitzt, aber eine zu geringe Höhe hat, so gut wie keine Hochmoore vorkommen.

Weitere Literatur: ELLENBERG 1986; MEUSEL 1937/38, 1955

2.6   Das Naturraumpotential

Mit dem Terminus *Naturraumpotential* wird die Frage nach den nutzbaren natürlichen Ressourcen gestellt, die sich aus den in Kap. 2.2. bis 2.5 beschriebenen Geofaktoren einschließlich der Bodenschätze zusammensetzen. Welches Muster bevorzugter und benachteiligter Naturräume kennzeichnet die östliche Mitte?

Faßt man die Ausführungen in den vorangegangenen Abschnitten unter dem Aspekt der Gestaltungsmöglichkeiten des Menschen in Abhängigkeit von den natürlichen Grundlagen zusammen, so wird man zunächst dazu verführt, die Gunst- und Ungunsträume Mitteldeutschlands als einen vertikalen Gegensatz zu begreifen, wie er ganz ähnlich in Süddeutschland besteht. Die Kenntnis des Siedlungsganges, bei dem zunächst die tiefliegenden Gebiete erschlossen und die Waldgebirge ausgespart worden sind (Kap. 3.2), bestärkt hier wie dort eine solche Auffassung. Tatsächlich hat das Relief, haben die klimatischen Verhältnisse und die anderen natürlichen Grundlagen bei rein agrarisch orientierter Wirtschaftsweise eine entscheidende Bedeutung für die Raumbewertung im Sinne von günstig/ungünstig, deren Ergebnis fast wie selbstverständlich zugunsten des Flachlandes ausfallen muß. Bei dieser – gewiß einschränkenden – Sichtweise sollte aber bedacht werden, daß z.b. die Bodengüte innerhalb der tiefliegenden „Gunsträume" Unterschiede hervorruft, die nicht vernachlässigt werden dürfen. Ohne Zweifel sind die Lößgebiete die am besten ausgestatteten Teilräume des Tieflands. Aber die Talsandebenen scheiden als solche aus, weil sie für die Landwirtschaft nur eingeschränkte Nutzungsmöglichkeiten bieten. Ähnliches wird bei kleinräumiger Betrachtung des Thüringer Beckens festzustellen sein, wo Buntsandsteingebiete einerseits und Muschelkalk-, Zechstein- und Keupergebiete andererseits eine sehr konträre Ausgangslage für die agrarische Inwertsetzung schaffen.

Weitet man den Betrachtungshorizont aus und bezieht andere Wirtschaftszweige ein, die in unserer Region seit langem bestehen, wird zwar die dominierende Stellung des Tieflands – wenn man seine vielfältigen Bodenschätze berücksichtigt – als eines Gunstraums ersten Ranges, vor allem im Westen, noch verstärkt. Ähnliches muß freilich auch für die für landwirtschafliche Zwecke ungünstige Mittelgebirgsregion in Anspruch genommen werden dürfen. Die reichen Erzvorkommen haben die Menschen trotz karger Naturausstattung angelockt; nach dem Niedergang des Bergbaus, als es darum ging zu überleben, ist durch Erfindergeist die gewerbliche Wirtschaft entfacht worden, auf der ein Teil der modernen Industriestandorte fußt. Wenn die bewaldeten Höhengebiete im Industriezeitalter gleichwohl etwas ins Abseits geraten sind, so rücken sie in der Gegenwart unter dem Aspekt des Freizeitverhaltens als Oasen der Ruhe, die am ehesten noch naturnah erscheinen, immer mehr in das Blickfeld ökonomischer Interessen.

So fällt es schwer, für Mitteldeutschland bzw. die östliche Mitte – heute ohnedies ein dicht bevölkertes Kulturland inmitten der Ökumene – von absoluten natürlichen Gunst- und Ungunsträumen zu sprechen, schon gar nicht im Sinne des Kontrastes von Tiefland und Mittelgebirgen. Nur in bestimmten Epochen seiner Kulturgeschichte hatte dieser oder jener Naturraum eine bevorzugte Stellung oder wurde an den Rand gedrängt, bot dem Menschen gute Anpassungsmöglichkeiten oder stellte ihn vor große Nutzungsprobleme. Die Bewertung des Naturraumpotentials ist also zeitbedingt und erfaßt einen Augenblickszustand.

Inzwischen ergänzen sich Höhen- und Tiefengebiete längst gegenseitig, was als eines der wichtigsten Merkmale unserer Region anfangs herausgestellt worden ist. Im Zeitalter ungehinderter Kommunikation und vielfältigen Austauschs ist das Konzept der natürlichen Eignung zweifellos unzureichend. Es kommt vielmehr darauf an, im folgenden zu zeigen, wie die unterschiedlichen natürlichen Gegebenheiten auf die Entwicklung und Gestaltung des mitteldeutschen Kulturraums Einfluß genommen haben und inwieweit bei dessen heutiger Gliederung in Zentrum und Peripherie (als parallelen Begriffen für Gunst- und Ungunstraum) tatsächlich noch natürliche Faktoren durchscheinen. Zu diesem Problem wird abschließend Stellung genommen werden müssen (Kap. 4.3).

Literatur: BRAMER u.a. 1991; LIEDTKE, MARCINEK 1994; MANNSFELD, RICHTER 1993; NEEF 1960; SCHULTZE 1955

3 Die ältere Entwicklung des Kulturraums

Dieser historisch-geographisch orientierte Abschnitt dient dem besseren Verständnis der kulturräumlichen Ordnung Mitteldeutschlands in (jüngerer) Vergangenheit und Gegenwart. Er soll die Grundlagen für die Formung der heutigen Kulturlandschaft offenlegen. Zwei für den historischen Ablauf wichtige Tatsachen seien vorausgeschickt:

● Unsere Region erfaßt den *größten zusammenhängenden frühmittelalterlichen Siedlungsraum Mitteleuropas*, dessen Naturgunst durch die große archäologische Funddichte aus noch weiter zurückliegenden Epochen belegt wird. Er reichte von der (Weser und) Ohre im N bis zur Unstrut/Hörsel im SW und zur Elbe im SO und war von breiten Säumen unbewohnten Waldlandes umgeben. Hier konnte sich der Mensch mit einfachen Kulturtechniken der natürlichen Umwelt leicht anpassen, ehe er bei fortgeschrittener Wirtschaftsentwicklung und Zivilisationshöhe darüber hinausgriff und neue Kulturräume erschloß.

● Ebenso wie Nord- wird Mitteldeutschland von einer der wichtigsten Grenzlinien der mittelalterlichen Raumentwicklung in zwei Hälften geteilt: Die *Elbe-Saale-Linie* trennt das alte deutsche Reich im Westen von seinem lange Zeit slawisch geprägten Kolonialgebiet im Osten (Marken) und scheidet damit Gebiete unterschiedlicher Territorialentwicklung. Wenngleich seit dem Ende des Mittelalters politisch bedeutungslos geworden, wirkt sie bis heute als siedlungsgeographische Scheidelinie nach.

Für die Gliederung des heutigen Kulturraums sind die vor- und frühgeschichtlichen Epochen belanglos. Viel mehr muß den Ereignissen nach der Völkerwanderung, vor allem aber des Hoch- und Spätmittelalters Beachtung geschenkt werden, als Mitteldeutschland seine in vielerlei Hinsicht bleibende Grundstruktur erhalten hat, um den Anschluß an das Industriezeitalter (Kap. 4) und die Gegenwart (Kap. 5 und 6) zu gewinnen.

3.1 Historisch-territoriale Grundzüge

Die raum-zeitliche Entwicklung läßt sich generalisierend in fünf Phasen gliedern:

1. Das *Frühmittelalter* von der Völkerwanderung bis ca. 900 soll als Ausgangspunkt gewählt werden. Schon im 1. Jh. n. Chr. sind die Hermunduren als Vorläufer der um 400 auftretenden Thüringer, an deren Stammbildung noch andere germanische Völker (Warnen, Angeln) beteiligt waren, im mitteldeutschen Raum nachweisbar. Ihr Herrschaftsbereich erstreckte sich vom Thüringer Becken bis ins ostelbische Gebiet; das spätere Reich der Thüringer hatte seinen Schwerpunkt an der mittleren Saale. Bei der Reichsbildung am Ende der Völkerwanderung brach das Thüringerreich unter der Übermacht der – von den (Alt-)Sachsen unterstützten – Franken zusammen (531). Die Sieger teilten sich das eroberte Land und legten die Grenze an der Unstrut fest. Unterdessen drangen unter dem Druck der Awaren um 600 aus dem Osten bzw. Südosten die Slawen – hier vor allem die Sorben (= Wenden, auch Elbslawen) – in die von den germanischen Völkern aufgegebenen Gebiete vor und sickerten stellenweise in den germanisch besiedelten Raum westlich der Saale ein. Unsere Region war seitdem für Jahrhunderte ein *dreigeteiltes Grenzland:* Westlich der Saale herrschten (Alt-)Sachsen im N und Franken im S, östlich der Saale lag das sorbische Siedlungsgebiet. Vor allem die Franken betrieben die Christianisierung der heidnischen Sorben und gründeten 731 das Bistum Erfurt. KARL DER GROSSE unterwarf schließlich die Sachsen und sicherte die fränkische Oberhoheit im heutigen Thüringen. Der slawisch besiedelte Nachbarraum (Sorbenmark) blieb vorerst noch außerhalb des Reiches, war aber durch mehrere Feldzüge tributpflichtig gemacht worden.

2. Die wichtigsten Ereignisse mit großer räumlicher Wirkung für Mitteldeutschland spielten sich im *Hochmittelalter* ab. Im 10. Jh. stieg Thüringen unter den sächsischen Kaisern (Ottonen) zum Kerngebiet des Reiches auf; das angrenzende slawische Gebiet rückte seit 929 verstärkt ins Blickfeld. Wesentliche Motive für den Ausgriff nach Osten waren der Machtzuwachs durch die Schaffung neuer Territorien, die Ausbreitung des Christentums und die Übervölkerung bzw. die traditionellen sozialen Abhängigkeiten im Altland. Unter dem Eindruck der Ungarn-Vorstöße begannen HEINRICH I. und OTTO DER GROSSE die Eroberung der slawischen Grenzmarken und ihre Missionierung. Die besetzten Gebiete wurden in die Bistümer Merseburg, Zeitz (seit 1030 Naumburg) im W und Meißen im O aufgeteilt und 968 dem Erzbischof von Magdeburg unterstellt. Der Kirchenorganisation dürfte die weltliche Einteilung in die Markgrafschaften Merseburg, Zeitz, Meißen und Lausitz (Sächsische Ostmark) entsprochen haben, von denen allein Meißen für lange Zeit Bestand hatte. Bei der Landesgliederung wurden an zentralen Punkten – an Stelle der slawischen Burgbezirke – Burgwarden mit deutschen

Ministerialen errichtet, die jeweils 10-20 tributpflichtige Siedlungen kontrollierten und die Keimzellen späterer Städte waren. Die sorbischen Siedlungsgebiete, die im wesentlichen dieselben geblieben waren, standen somit unter deutscher Militärverwaltung. Gleichwohl konnte das Reich die eroberten Grenzmarken auf Dauer nur durch flächenhafte Besiedlung sichern; denn erst „Siedlung schafft Herrschaft" (W. SCHLESINGER 1962, S. 131).

Von dem Gewinn neuer Freiheiten angelockt, betraf die bäuerliche *Ostkolonisation* (Höhepunkt 1150-1250) wie die zwei Jahrhunderte vorausgegangene Eroberung nicht allein Mitteldeutschland. Sie verkörpert als „ein Ausdruck des Bevölkerungs- und Wirtschaftswachstums des mittelalterlichen Europa[s]" (CH. HIGOUNET 1990, S. 352) nur ein Glied der großen Ostbewegung, die auch Norddeutschland östlich der Elbe, das (historische) Ostdeutschland und – etwas früher – den Südosten längs der Donau dem Reich einverleibte. Die Expansion bestätigte die militärische Eroberung des 10. Jhs. und überwand die Elbe-Saale-Linie als politische Grenze, indem sie die slawisch bevölkerten Marken durch wirtschaftliche und zivilisatorische Maßnahmen dem deutschen Kulturraum erschloß und allmählich anglich. Mit ihr waren die Vergrößerung des gesamten Siedlungsraumes und die erste große Welle der Stadtgründungen im östlichen Mitteleuropa verbunden.

3. Nach dem Niedergang der staufischen Zentralgewalt im *Spätmittelalter* (Mitte 14.-15. Jh.) lockerte sich das Gefüge des Reiches, und es kam zum Aufstieg der *Landesherrschaft*. Dabei entwickelten sich die Teile Mitteldeutschlands unterschiedlich: Im thüringischen W, im Gebiet des alten Reiches mit einem gewachsenen Herrschaftsgefüge, formte sich die Landesherrschaft aus den gleichen gräflichen Rechten. Zahlreiche weltliche und geistliche Grundherren, Reichsterritorien, -stifte u.ä. drückten Thüringen den Stempel der Zerplitterung in eine Vielzahl kleiner Herrschaften auf. Im Kolonialland des O erwarben die Markgrafen dagegen eine selbständigere Stellung und bildeten allmählich Flächenstaaten aus (Abb. 18).

Für unseren Raum ist der Werdegang der *Wettiner* wichtig, weil sie sich schließlich gegen die anderen Grundherrschaften durchsetzten. Ihr Stammsitz lag an der Saale unterhalb von Halle. Schon Ende des 11. Jhs. wurden sie mit der Mark Meißen belehnt und gründeten ihren wachsenden Reichtum auf den (Silber-)Erzfunden des Freiberger Reviers. Durch die systematische Vermehrung ihres Besitzes, z.B. um die Thüringer Landgrafschaft und das Reichsterritorium Pleißenland, griffen sie aus ostsaalischem Gebiet auf den alten Reichsboden westlich der Saale aus. Ihre Machtstellung wurde noch gesteigert, als 1423 das Herzogtum Sachsen (das heutige Sachsen-Anhalt bis südlich Magdeburg) nach dem Aussterben der Askanier (Sachsen-Wittenberg) erworben wurde und die Kurwürde auf sie überging. Die Wettiner hatten von nun an eine hervorragende Stellung unter den Reichsfürsten und beherrschten das größte geschlossene Territorium in der Mitte Deutschlands, für das

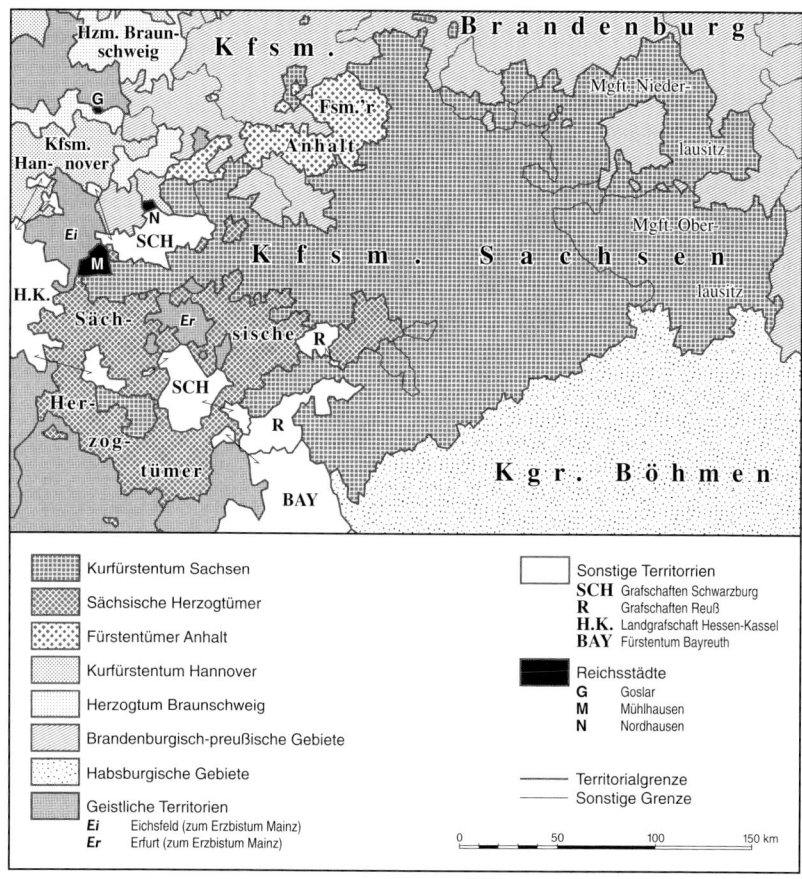

Abb. 18: Die Territorien am Ende des alten Reiches (nach Rutz *u. a. 1993)*

erst jetzt der Name „Sachsen", der in einem komplizierten historischen Prozeß von NW (Niedersachsen) nach SO (Obersachsen) gelangt war, aufkam.

4. Danach hat das dynastische Denken einen weiteren Aufstieg verhindert;
denn das wettinische Territorium wurde 1485 in der Erbfolge Kurfürst Fried-
richs II. unter seine beiden Söhne Ernst und Albert in die ernestinische (im
W) und albertinische Linie (im O), an die schließlich die Kurwürde fiel,
geteilt (Leipziger Teilung). Trotz anfänglicher Auseinandersetzungen lebten
die wettinischen Teilstaaten in der *frühen Neuzeit* friedlich zusammen; als
äußeres Zeichen der Herkunft trugen auch die ernestinischen Herzogtümer
Thüringens bis 1920 die amtliche Bezeichnung „Sachsen" (s. Kap. 1.3).

Im Reformationszeitalter trat die Mitte Deutschlands in den Brennpunkt
der europäischen Geschichte. Von ihr ging eine große geistig-kulturelle Wir-

kung aus, die den Glauben (Entstehung des evangelischen Landeskirchentums) und die Schriftsprache (Neuhochdeutsch durch LUTHERS Bibelübersetzung) betraf. Der letzte Höhepunkt Kursachsens, das 1635 die Ober- und Niederlausitz erworben hatte, war das „augusteische Zeitalter" (1694-1760), als unter AUGUST DEM STARKEN und dessen Sohn (FRIEDRICH AUGUST I. und II.) die Barockmetropole Dresden erstand und der Handelsplatz Leipzig seine größte Blütezeit erlebte.

5. Das 18. und das 19. Jahrhundert leiten zur *Gegenwart* über. Während die thüringischen Kleinstaaten – nach weiteren Teilungen – die Kriegsereignisse des ausgehenden 18. Jhs. und die Umwälzungen im Gefolge der Französischen Revolution weitgehend unbeschadet überstanden, so daß sich hier erneut ein Mittelpunkt deutschen Geisteslebens (Sachsen-Weimar) entfalten konnte, geriet das Kurfürstentum Sachsen trotz des mustergültigen inneren Landesaufbaus auf Grund der außenpolitischen Schwäche immer mehr in Bedrängnis und wurde letztlich von den erstarkten Gegenspielern Preußen und Habsburg aufgerieben. Durch die Entscheidungen des Wiener Kongresses verlor es mehr als die Hälfte (57,5 %) seines Territoriums im Norden und Westen, die förmliche Trennung von Thüringen wurde vollzogen. Mit dem Königreich Sachsen, der neu geschaffenen preußischen Provinz Sachsen und den thüringischen Kleinstaaten entstand 1815 die Dreiteilung Mitteldeutschlands, die in den Ländern der Bundesrepublik Deutschland (Freistaat Sachsen, Sachsen-Anhalt und Freistaat Thüringen) mit geringfügigen Änderungen seit 1990 fortlebt (Kap. 1.2, Abb. 4).

So hat unsere Region nur am Ende des Mittelalters kurzfristig eine politisch-territoriale Einheit gebildet. Danach ist der thüringisch-sächsische Großstaat trotz vieler Bestrebungen immer ein „Wunschtraum" geblieben (H. G. STEINBERG 1967, S. 45). Doch stellte Mitteldeutschland nach wie vor eine gesellschaftliche, wirtschaftliche und sprachlich-kulturelle Einheit dar. Sie bestand „in der großen Bedeutung von Stadt und Bürgertum, in der vergleichweise geringen wirtschaftlichen Macht des Adels, in der Erhaltung der gesunden mittelständischen Wirtschaft und des selbständigen Dauerntums" (K. BLASCHKE 1991, S. 5). Die aktuellen administrativen Grenzen trennen – nach Herkunft und Entwicklung – infolgedessen ein Gebiet mit gemeinsamer Geschichte.

3.2   Die Siedlungen

Das siedlungsgeographische Grundmuster Mitteldeutschlands, das ländliche wie städtische Siedlungen einschließt, ist nur im Zusammenhang mit den historischen Ereignissen zu verstehen. Obschon z.B. die Flurformen her-

kömmlicher Prägung durch die Kollektivierung in der DDR-Zeit fast vollständig verschwunden sind und in einigen kriegszerstörten Großstädten mit
dem Wiederaufbau nach sozialistischen Ideen und der hektischen Suburbanisierung der unmittelbaren Gegenwart starke Veränderungen verbunden
(gewesen) sind, ist das Gefüge von Siedlungen und Siedlungsraum seit Jahr-
hunderten, spätestens seit Ausgang des Mittelalters, persistent. Die geneti-
sche Betrachtung kommt deshalb der Realität am meisten entgegen.

3.2.1   Der ländliche Raum

Die in Süddeutschland von R. GRADMANN aufgestellten Begriffe Alt-/Jung-
siedelland mit der Zeitgrenze im 9. Jh. können auch im ländlichen Raum Mitteldeutschlands angewandt werden. Freilich wäre die Gleichsetzung von Altsiedelland und altem deutschen Reich bzw. Jungsiedelland und Kolonialland
dies- und jenseits der Elbe-Saale-Linie, die stets mehr eine Kulturgrenze als
eine Befestigungslinie *(Limes sorabicus)* gewesen ist, eine Verfälschung der
Wirklichkeit. Abgesehen von den Altersunterschieden zwischen den Sied-
lungsgenerationen in Flachland und Höhengebieten Altdeutschlands, gibt es
auch im ursprünglich germanisch, dann slawisch besetzten und von Deutschen eroberten Kolonialland alt und jung besiedelte Teile (D. GOHL 1986).
    Nach der äußeren Form dominieren in beiden Gebieten die Gruppensied-
lungen unterschiedlicher Gestalt und Größe. Doch fehlt die Einzelsiedlung
weder im Tiefland noch in den Mittelgebirgen gänzlich (Abb. 19). Ebenso
klar tritt bei den Behausungsformen die Vorherrschaft des Gehöfts zutage,
während bei den Flurformen die Vielfalt – in deutlicher Abhängigkeit vom
Alter – maßgebend ist (vgl. zu folgendem für Orts- und Flurformen, Orts-
namenschichten u.ä. die Beispiele im Atlas des Saale- und mittleren Elbegebietes mit Erläuterungen; dazu M. BORN 1977 und C. LIENAU 1995).

3.2.1.1   Das Altsiedelland

Der große zusammenhängende, allenfalls von Waldinseln und vermoorten
Niederungen unterschiedlicher Ausdehnung durchsetzte Altsiedelraum Mitteldeutschlands umfaßt als breite Zone die nördlichen Tief- und Hügelland-
gebiete: die Harzvorländer, die Magdeburger Börde, die Köthener Lößebene
und das Leipziger Land, das Thüringer Becken und Nordsachsen von der
Mulde bis zur Elbtalweitung. Ausläufer reichen beiderseits der größeren
Täler weit nach Süden (mittlere Saale und Orlasenke, Weiße Elster, Pleiße,
Zwickauer Mulde), während die nördliche Oberlausitz um Bautzen eine
davon isolierte Insel ist. Als tief gelegene, regenarme Lößgebiete mit nicht zu

schweren, fruchtbaren Böden und lichten Eichenwäldern sind es in einer Epoche primitiver Methoden der Feldbestellung natürliche Gunsträume gewesen, die seit vor- und frühgeschichtlicher Zeit, wenn auch nicht gleichzeitig und überall, bewohnt und genutzt worden sind. Der durch die Kombination verschiedener Methoden von O. SCHLÜTER (1929, 1952-58) kartographisch dargestellte frühmittelalterliche Siedlungsraum dient uns als Grundlage (Abb. 20), obgleich an seinem Umriß vom Einzelnen bis zum Grundsätzlichen Kritik anzumelden ist (z.b. E. GRINGMUTH-DALLMER 1972).

Westsaalisch setzte sich das Altsiedelland wie im übrigen Altdeutschland aus den einzelnen, von natürlichen Grenzen umgebenen *Wohngauen*, d.h. den verschieden großen Teilgebieten germanischer Stämme zusammen (z.B. Nordthüringgau, Harzgau, Helmegau, Hosgau u.a.; Atlas des Saale- und mittleren Elbegebietes, 15). In ihrem siedlungsgeographischen Bestand entsprechen sie den süd- und westdeutschen Gäulandschaften: Auf uns sind vor allem die dicht oder locker gebauten *Haufen- und Haufenwegedörfer* mit Gehöften verschiedener Form und Größe und (bis 1960) mit den in der alten Dreifelderwirtschaft genutzten *Gewannfluren* überkommen, die im allgemeinen aus teilweise erhalten gebliebenen unregelmäßigen Kleinformen (Einzelhöfen, Weilern) hervorgegangen sind. Daß sich das Altsiedelland durch inneren Landesausbau im Laufe des Frühmittelalters phasenhaft vergrößert hat, belegen u.a. die Ortsnamenendungen, für die in Thüringen mit manchem Vorbehalt gewisse Regeln aufgestellt werden können (Tab. 6). Im Thüringer Becken finden sich stellenweise aber auch frühe Siedlungsplanformen (Straßendörfer mit großflächigen Langgewannfluren), die nach der These von H.-J. NITZ (1991) Vorbilder für die Neusiedlungen in den östlichen Grenzgebieten gewesen sein könnten.

Tab. 6: Häufige Ortsnamenendungen im Altsiedelland Thüringens

Landnahmezeit	(bis etwa 300):	-affa, -aha[4], -lar, -mar, -tar, -ithi, -ari, -stedt und „dunkle" Namen
	(ca. 300-531):	-stedt, -leben, -ingen, -ungen (auch später), -helm (selten)
Erster Ausbau	(531-800):	-hausen (-sen), -heim (selten), -dorf (auch nach 800), -bach
Zweiter Ausbau	(650-900):	vereinzelt slawische Ortsnamen westlich der Saale
(Zeitlich folgt der dritte Ausbau im Jungsiedelland mit deutschen Rodenamen: 800-1300)		

Quelle: Atlas des Saale- und mittleren Elbegebietes, 12-14 (vereinfacht); J. WÜTSCHKE 1935/36

---

[4] Die in Thüringen (und Sachsen) häufige Endung auf -a ist nach Herkunft (z.B. dt. Apolda, Magdala, Remda; slaw. Jena, Kahla, Winzerla) und Alter (vor 300 bis 800) verschieden einzuordnen; auch spielt „teils die thüringische Mundart, teils die Kanzleisprache des 16. Jahrhunderts eine bedeutende Rolle", indem sie durch Anfügen eines -a wohlklingende Namen formten (J. WÜTSCHKE 1935/36, S. 37 ff.; W. KÖNIG 1991, S. 129).

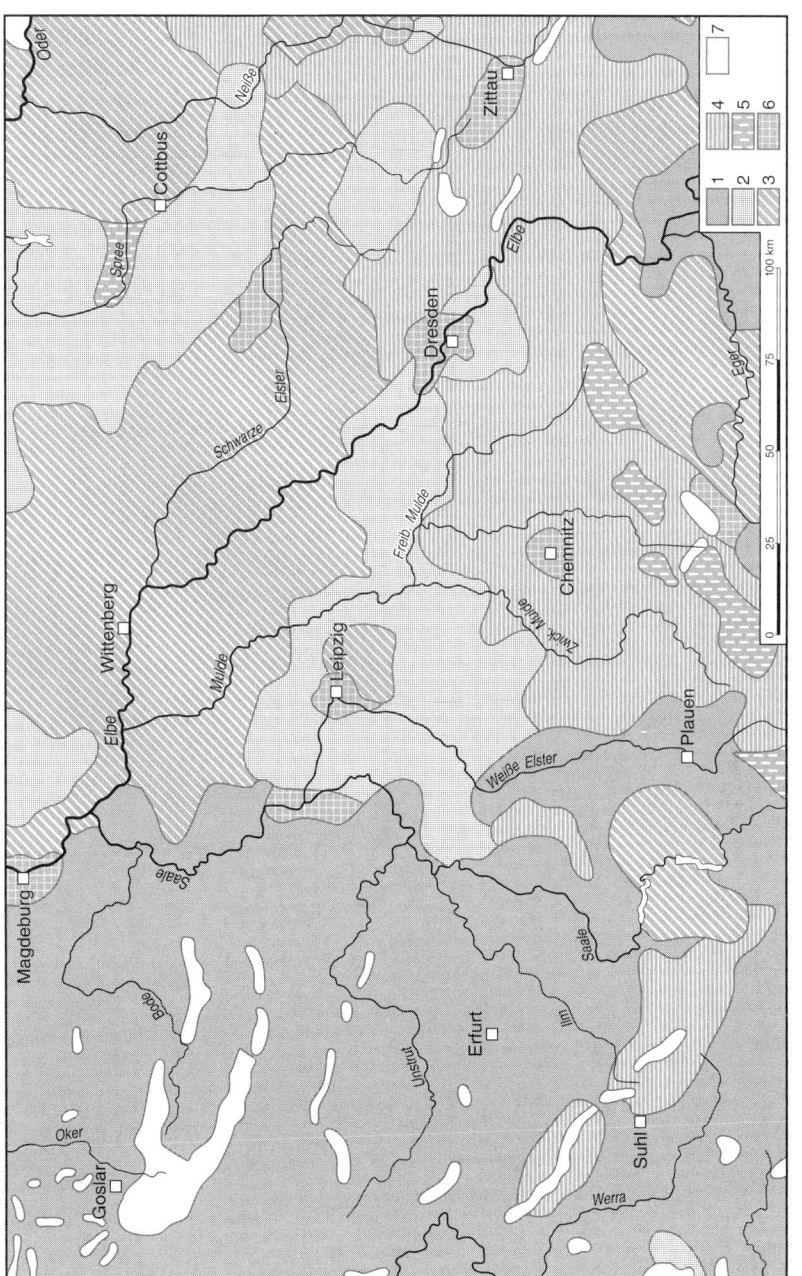

Abb. 19: Die vorherrschenden ländlichen Siedlungsformen (nach Atlas des Saale- und mittleren Elbegebietes, 23)

1 Haufendörfer und -weiler, teilweise Einzelsiedlung; 2 regelmäßige Kleinsiedlungen (Rundlinge, Platz- und Sackgassendörfer); 3 Straßen- und Angerdörfer; 4 Reihensiedlungen (Waldhufendörfer); 5 Einzel- bzw. Streusiedlung; 6 größere städtisch und industriell beeinflußte Gebiete; 7 ohne ländliche Siedlungen

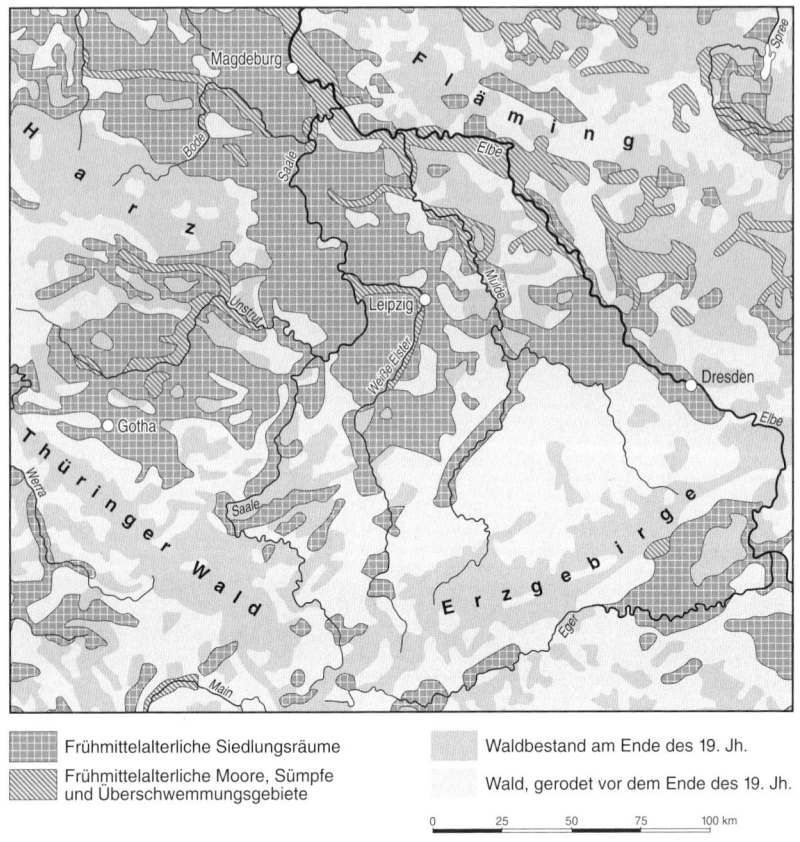

Frühmittelalterliche Siedlungsräume

Frühmittelalterliche Moore, Sümpfe
und Überschwemmungsgebiete

Waldbestand am Ende des 19. Jh.

Wald, gerodet vor dem Ende des 19. Jh.

0   25   50   75   100 km

Abb. 20: Die Altsiedelräume (nach SCHLÜTER 1929, 1952-58)

Ostsaalisch handelt es sich im wesentlichen um den verstreuten Siedlungsraum der Sorben, die seit dem 7. Jh. – aus dem Böhmischen Becken
kommend und dem Lauf der Elbe folgend – nordwestwärts vordrangen, die
Lößgebiete besetzten und dann auch die Landstriche entlang der südlichen
Nebenflüsse besiedelten. Ihre von Wald- oder Sumpfland getrennten Wohn-
gaue (Atlas des Saale- und mittleren Elbegebietes, 15) lagen in der Elbtalweitung *(Nisaner)* und im Tiefland zwischen unterer Saale, Mulde und Elbe,
z.B. im Leipziger Land die *Chutizen,* im Pleißengau die *Plisnier* und in der
Lommatzscher Pflege die *Daleminzier* (Heimat und Welt, S 17/2); von Osten
drangen in die Oberlausitz die *Milzener* ein. Die Völkerschaften formierten
sich nicht zu einem größeren Staatswesen, sondern waren in Kleinstämmen
mit Sippenstruktur organisiert. Befestigte Burgwälle (mit Höhen- oder Tie-

fenburg) waren die Verwaltungsmittelpunkte, an die während der deutschen Eroberung die Burgwarden anschlossen. In ihrem Umland lagen Kleinsiedlungen, ungeregelte *Weiler* mit zwei bis fünf Bauernstellen und – seltener – die etwas größeren *Rundlinge*, die jeweils von kleingliedrigen irregulären *Blockfluren* umgeben waren. Hier wurde Ackerbau in der Form der wilden Feldgraswirtschaft, wahrscheinlich auch Felderwirtschaft, daneben Viehhaltung, insbesondere aber Jagd und Fischfang betrieben. Die inzwischen gewachsenen slawischen Altsiedlungen, an den Ortsnamenendungen -itz, -witz, -schütz, -itzsch, -ig u.a. leicht erkennbar, bilden bis heute einen deutlichen Kontrast zu den durchwegs größeren Planformen der deutschen Ostsiedlung in denselben oder benachbarten Räumen.

3.2.1.2   Das Jungsiedelland

Das Jungsiedelland umfaßt die dem Wald überlassenen Ungunsträume, in denen weltliche und geistliche Grundherren im Hochmittelalter die Erschließung neuen Kulturlandes in die Wege leiteten und damit den Siedlungsraum über die bisher bestehenden Grenzen hinaus durch Rodung planmäßig erweiterten. Die dabei angelegten Plansiedlungen haben teils Vorbilder im alten Reich, teils handelt es sich um Anpassungen an slawische Vorausformen, und teils sind es Neuschaffungen (Abb. 19 und 20).

Seit dem 10. Jh. war es westlich der Saale wie im übrigen Deutschland eine *Binnenkolonisation* (innerer Landesausbau) kleinerer Areale im Waldland der Höhe. Thüringer Wald und Schiefergebirge, der Unterharz und die Buntsandsteingebiete, soweit sie sich als besiedlungsfähig erwiesen, wurden beim politischen Ausbau der bestehenden Territorien mit Siedlern aus dem Altsiedelland unter Gewährung gewisser Freiheiten erschlossen. *Rodeweiler mit Blockflur* und teilweise *Reihensiedlungen mit Hufenflur* (Thüringer Schiefergebirge, Unterharz) kennzeichnen wie in den süddeutschen Mittelgebirgen in mehreren Varianten das hinzugewonnene Land. Auch gibt es ein Beispiel für die frühe Trockenlegung und Kultivierung der sumpfigen Flußniederungen durch fremde Siedler: Im 12. Jh. machten Flamen das überschwemmungsgefährdete Helme-Ried an der Durchgangspforte von Niedersachsen nach Thüringen urbar („Goldene Aue") und legten marschhufen-ähnliche Siedlungen (Ortsnamen auf -rieth) an, die ihnen aus ihrer Heimat vertraut waren (das anschließende Unstrut-Ried zwischen Heldrungen und Memleben wurde erst im 19. Jh. melioriert).

Östlich der Saale spielte sich seit dem 12. Jh. die großflächige *Außenkolonisation* ab, die alle orographischen Einheiten, Tief-, Hügel- und Bergländer sowie Mittelgebirge, d.h. bereits slawisch besiedelte und siedlungsleere Räume betraf. Im sorbischen Altsiedelland handelte es sich – wie in Thüringen – um eine Erweiterung und Umgestaltung (innerer Landesausbau); Teile blieben strukturell auch unverändert. In den bisher unbesiedelten Räumen wurden Siedlungen und Kulturland neu geschaffen (äußerer Landesausbau). Von deutschen und slawischen weltlichen und geistlichen Grundherren sowie von neu gegründeten Klöstern (z.b. Zisterzienser-Orden) ins Land gerufen, begann die bäuerliche Erschließung zwischen Saale und Mulde nach 1100, überschritt die Mulde um 1150, die Elbe um 1200 und kam in Sachsen um 1250 zum Abschluß. Die umworbenen Siedler, durch neue wirtschaftliche Möglichkeiten und Freiheiten angezogen, stammten aus dem ganzen Reich: Teilweise aus Ortsnamen ablesbar, stellten im N (Alt-)Sachsen und Flamen („Fläming"!), in der Mitte Thüringer und besonders zahlreich in der Mitte und im S (Ober-)Franken, die auch südlich des Erzgebirges entlang der Eger vorstießen, die wichtigsten Kolonistengruppen. Durch Assimilation des sorbischen Substrats bildeten sie im Laufe der Entwicklung, spätestens bis zum 15. Jh., als die Eindeutschung vollendet war, gemeinsam den Neustamm der Obersachsen.

Zweifellos verdichtete sich der Siedlungsraum im Tief- und Hügelland, dem ostsaalischen Altsiedelland, erheblich. Es wird geschätzt, daß hier vor der Ostbewegung (um 1100) etwa 40 000, danach (um 1300) aber 400 000 Menschen lebten, wovon ein Fünftel Sorben und vier Fünftel Deutsche gewesen sein sollen. Die Bevölkerungsdichte im altslawisch bewohnten Gebiet stieg im gleichen Zeitraum von 10-14 auf 20-30 Einw./km^2 an (K. BLASCHKE 1990). Die Zuwanderung darf man sich freilich nicht als eine alles überbordende Menschenflut vorstellen, sondern als ein langsames Einsickern, bei dem die Größenordnung von höchstens 4000 Siedlern im Jahr anzusetzen ist. Das allmähliche Eindringen geht auch aus der Tatsache hervor, daß geplante Siedlungen für Sorben und Deutsche unmittelbar nebeneinander entstanden sind. Die im ganzen wohl friedliche, natürlich nicht völlig konfliktfreie Kolonisation, bei der Völker unterschiedlichen sozialen und wirtschaftlichen Entwicklungsstandes aufeinandertrafen, wurde also nicht gegen die Sorben durchgeführt, sondern von ihnen selbständig mitgetragen. Das Altsiedelland, zum größten Teil in den agrarischen Gunsträumen gelegen, ging dem Slawentum aber verloren; es wurde dem alten Reichsgebiet wirtschaftlich und kulturell angeglichen. Nur eine germanisierte Minderheit hat in den Lausitzen das sorbische Kulturgut und die sorbische Sprache bis heute bewahrt.

In den höher gelegenen Waldgebieten des Südens, zwischen Weißer Elster, Elbe und Neiße, d.h. im östlichen Vogtland, im Erzgebirge einschließlich seines Vorlandes (bis dahin: „Miriquidu" = Dunkelwald) und in der südlichen Oberlausitz, erfolgte die *erstmalige Erschließung* durch Rodung. Hier fehlte ein älteres Siedlungssubstrat; die Gebiete waren von den Sorben allenfalls randlich, z.B. durch Beweidung und Jagd, in den Wirtschaftsraum einbezogen oder entlang von Verkehrswegen aus dem mitteldeutschen Tiefland in das

Böhmische Becken („Böhmsteige" im Erzgebirge) bekannt gewesen. Mittelgebirge und Bergländer, die den Siedler auf Grund der widrigen natürlichen Verhältnisse besonders herausforderten, wurden ziemlich schnell, offenbar in einem Zug, in eine walddurchsetzte bäuerliche Kulturlandschaft verwandelt. Der frühe Bergbau (z.b. im Freiberger Raum seit 1168) hat die Erschließung stellenweise sicher beeinflußt und – später teilweise abgegangene – Siedlungen (ohne Landwirtschaft) hervorgebracht. Nur der südliche Teil des Kolonisationsgebietes ist also ausnahmslos durch deutsche Stämme erschlossenes Jungsiedelland, wegen der natürlichen Ungunst allerdings ein weniger dicht besetztes als im Flachland.

Im gesamten deutschen Kolonialland östlich der Elbe-Saale-Linie entstand jetzt das *Siedlungsmuster*, das sich in den Grundzügen bis zu Beginn des Industriezeitalters im 19. Jh. erhalten hat. Anders als im Altsiedelland des Westens mit über lange Zeit gewachsenen, flächigen Ortsgrundrissen dominieren hier die geplanten Linearformen. Allerdings bildet der Norden mit kompakteren Dörfern und (slawischen) Kleinsiedlungen einen auffälligen Kontrast zu den lockeren, langgestreckten Siedlungszeilen des Südens. Die Grenze zwischen beiden Grundrißformen folgt etwa der Linie Gera – Meerane – Döbeln – Nossen – südlich von Meißen (unterbrochen von der Elbtalweitung) – Moritzburg – Kamenz – südlich von Bautzen – Görlitz. (Der Atlas des Saale- und mittleren Elbegebietes, 51-52, gibt diesen räumlichen Gegensatz anschaulich wieder.)

Im Tiefland und teilweise im Hügelland faßten die *Straßen- und Angerdörfer* mit 10-20 Bauernstellen je Wohnplatz Fuß, die auch außerhalb Mitteldeutschlands, im N und im SO des alten Reiches, Leitformen der Ostsiedlung sind. Die Wirtschaftsflächen, in der Form der alten Dreifelderwirtschaft mit Flurzwang genutzt, wurden als *(Plan-)Gewannfluren* (ohne Hofanschluß) oder *Gelängefluren* (mit Hofanschluß) angelegt. Daneben bestand die slawische Kleinsiedlungsstruktur *(Weiler mit Block- und Streifenflur)* in den frühmittelalterlichen Wohngauen wenig verändert fort. In einzelnen sorbischen Kerngebieten – im Pleißenland zwischen Leipzig und Altenburg, in der Lommatzscher Pflege und um Bautzen – häufen sich *Rundlinge* und *Sackgassendörfer*, jene der traditionellen slawischen Sozialstruktur entsprechenden Siedlungsformen, die sich offenbar auch „als praktikables Modell für eine planvolle Dorfanlage" deutscher Kolonisten erwiesen haben (H.-J. NITZ 1991, S. 131).

In den neu erschlossenen Waldgebieten mit stärkerem Relief liegt das Hauptverbreitungsgebiet der Reihensiedlungen mit Breitstreifenflur *(Waldhufendörfer)* in mehreren Varianten. Der Regeltyp umfaßt auf 1500-2000 ha großen Gemarkungen 60-90 Bauernstellen. Von der lockeren Gehöftreihe in hochwassersicherer Tallage zogen sich senkrecht zu den ausgedehnten Siedlungsachsen die oft kilometerlangen, etwa 100 m breiten Hufen in den Einheitsmaßen von ca. 20 ha („Sächsische Hufe") oder – häufiger – von ca. 24 ha („Fränkische Hufe") von Bergrücken zu Bergrücken und bestanden aus Hof-, Feld-, Wiesen- und Waldland. Durch Hofanschluß und Einödlage verschafften sie den Bauern die Möglichkeit, ihr Grundeigentum – ohne die lästige Bindung des Flurzwangs – individuell und je nach Höhenlage (in [Drei-]Felder- bzw. Feldgraswirtschaft) zu nutzen.

Die (adeligen) Lokatoren, die im Auftrag des Grundherrn das Land vermessen und zuteilen mußten („Siedelmeister") und aus denen die späteren Ortsvorsteher (Schulzen) hervorgingen, erhielten meist eine größere Parzelle von 48 ha („Fränkische Königshufe"). Nicht selten entwickelte sich daraus die neue Ortsherrschaft. Trotz pyramidaler Gesellschaftsordnung war die bessere Rechtsstellung der Bauern (Abgabenfreiheit für einen Zeitraum von etwa zehn Jahren, persönliche Freiheit, freie Erbzinsleihe) im Vergleich zum Altsiedelland aber gewahrt. Zwar mußten sie später an den Grundherrn Abgaben leisten; doch hatten sie keine Frondienste zu erfüllen und durften freie Genossenschaften bilden.

Wenngleich die Grundrißformen der Siedlungen über Jahrhunderte erhalten bleiben, ändert sich ihr Aufriß rascher. Bei den *Behausungsformen* setzte sich sowohl im Tiefland als auch in den Höhengebieten das schon aus dem Altsiedelland bekannte „mitteldeutsche" (fränkische) *Gehöft*, ein Drei- oder Vierseiter mit Toreinfahrt, in dieser oder jener Abwandlung zunächst ausnahmslos durch. Durch späteres Wachstum oder Teilung gewannen auch Haken- und Streckhof Bedeutung. Die auf die Gegenwart überkommenen Einhaus-Formen (sog. Wohnstallhäuser) wie das „Lausitzer Umgebindehaus" östlich der Elbe – eine Mischform aus Fachwerk- und Blockbau, die auf die Einführung der Leineweberei zurückgeht – und das spitzgiebelige, holzverkleidete und meist von Häuslern (Wald-, Bergarbeitern, Dorfhandwerkern) bewohnte „Erzgebirgshaus" sind Zutaten des 17. bis 19. Jhs. Auch die Schieferverschalung der Hofgebäude im Thüringer Wald/Schiefergebirge ist jüngeren Datums. Natürlich waren die Häuser anfangs bedeutend kleiner. Auch ist der ursprünglich weit verbreitete Fachwerkbau (Blockbau?) in der Neuzeit immer mehr durch Steingebäude ersetzt worden. Oft hat dabei das einstöckige Wohnhaus mehrstöckigen Gebäuden weichen müssen.

Die neuen *Ortsnamen* des „dritten Landesausbaus" gliedern sich dreifach. Einmal sind es Übernahmen slawischer Namen in jenen Waldgebieten, die von den Sorben schon bewirtschaftet wurden. Zum anderen gibt es die große Zahl deutscher Ortsnamen mit Endungen, die den Rodungsvorgang oder die Ortslage festhalten, so im NW -walde und -hain, in der Mitte -rode (-roda) und im S -reut(h) und -grün neben den weit verbreiteten Endungen auf -t(h)al, -burg, -fels oder -stein u.a. Schließlich werden deutsch-slawische Mischnamen in jenen sorbischen Gebieten gebildet, die nicht vollständig kolonisiert worden waren.

Anders als westlich der Saale, wo sich in den Ortsnamen fünf Siedlungs-
schichten dokumentieren, sind im ostsaalischen Siedlungsraum nur drei über-
liefert: die so gut wie verschwundenen altgermanischen Namen (vor 650), die
altslawischen Ortsnamen (650-900) und die Ortsnamen aus der Zeit der Ostsiedlung (1150-1250).

Als Ergebnis der hochmittelalterlichen Besiedlungsgeschichte läßt sich
feststellen, daß die Mittelgebirge mit Ausnahme der erst in der frühen Neuzeit besiedelten Kammlagen (Kap. 4.1.2.1) bis in eine Höhe von etwa 800 m
ebenso wie ihre Vorländer flächenhaft in den Siedlungs- und Wirtschaftsraum
einbezogen, die tiefliegenden Gunsträume teilweise entlastet und strukturell
verändert worden waren. Die Elbe-Saale-Linie bildete keine Völkergrenze
mehr, sondern trennt seitdem Räume mit einem unterschiedlichen Siedlungs-
bestand: Im W überwiegend gewachsene, im O neben gewachsenen Strukturen vor allem neue Planformen.

Der von Pest, Agrarkrise und Städtegründungen verursachte spätmittelalterliche
Wüstungsprozeß (1350-1500), der wahrscheinlich das Tiefland zwischen Saale und Elbe
(z.B. das Leipziger Land) am stärksten traf, verschob die Verteilung von Kultur- und Waldland Mitteldeutschlands bis zum Beginn des Industriezeitalters wenig, zumal vom 16. Jh.
an die erneute Siedlungsprogression viele Lücken wieder füllte (für Thüringen vgl. Atlas
des Saale- und mittleren Elbegebietes, 27).

Weitere Literatur: ABEL 1956; Atlas des Saale- und mittleren Elbegebietes,
Erläuterungen; BLASCHKE 1989; GRINGMUTH-DALLMER 1995; HECKMANN
1990 (a, b), 1991; KÄUBLER 1963; KÖTZSCHKE 1953; KRENZLIN 1952, 1955;
KUHN 1955, 1957; LEIPOLDT 1936, 1965; LUDAT 1960; OGRISSEK 1961; PATZE,
AUFGEBAUER, 1984; SCHLESINGER 1965, 1971; SCHRÖDER, SCHWARZ 1978;
SCHWINEKÖPER 1987

3.2.2   Die Städte

Mit der (früh- und) hochmittelalterlichen Siedlungsentwicklung bzw. -er-
schließung Mitteldeutschlands waren zugleich neue administrative und wirtschaftliche Mittelpunkte erforderlich geworden, die als eine ihrer wichtigsten
Aufgaben die Versorgung des ländlichen Raumes übernahmen. Wie im übrigen Mitteleuropa begann sowohl im Alt- als auch im Jungsiedelland die wichtigste Epoche der Städtebildung. Entweder schlossen die Städte an frühmittelalterliche Vorsiedlungen mit eingeschränkten städtischen Funktionen in
günstiger geographischer Lage an, oder sie wurden ohne solche Vorläufer
„aus wilder Wurzel" neu gegründet, wobei Konkurrenzgründungen von
Grundherrschaften nicht zuletzt für die große Städtezahl verantwortlich
waren.

Obwohl die Hauptmerkmale der mitteldeutschen Städte (nach Entwicklung, Aufbau, Funktion) prinzipiell mit jenen des übrigen Deutschlands übereinstimmen, müssen ein paar Eigenheiten hervorgehoben werden. Es geht an dieser Stelle darum, entsprechend dem genetischen Ansatz zunächst die Städtegenerationen und die physiognomisch-formalen Städtetypen bis zum Beginn des Industriezeitalters, mit dem eine gänzlich neue Epoche für die Stadtentwicklung beginnt, im Überblick zu schildern.

Im Bezug auf die *Städtegenerationen* sei am Anfang festgestellt, daß trotz des vorgeschobenen Postens im Osten eine ähnliche Periodisierung wie in Altdeutschland möglich ist, allerdings mit dem Unterschied, daß die Zahl der frühen Städte viel kleiner ist als in Deutschland links des Rheins bzw. südlich der Donau, weil die römischen Vorläufer fehlen und die Westslawen wegen der stammlichen Organisation städtische Siedlungen, die den älteren Gründungen im alten deutschen Reich vergleichbar wären, nicht gekannt haben. Trotzdem hat die spätere Entwicklung in der östlichen Mitte ein besonders städtereiches Land hervorgebracht.

Was ist „Stadt" im Hochmittelalter, in jener maßgebenden Epoche der Stadtentstehung in Deutschland? Anders als mit dem geographischen Stadtbegriff der Gegenwart, den H. BOBEK aus den Funktionen der Stadt abgeleitet hat, sind die städtischen Siedlungen grundsätzlich mit dem Rechtsbegriff zu fassen. Zwar gab es Früh- oder Vorformen, die Teilfunktionen von Städten erfüllten, wie z.B. die Kaufmannssiedlungen an den Fernhandelswegen, die als echte überregionale Marktorte mit einem größeren Einzugsbereich gelten können und nachträglich zu Städten erhoben worden sind, oder Ministerialen-(Verwaltungs-) Siedlungen im Anschluß an die Burgen der Feudalherren, die dann ebenfalls durch neue Aufgaben zu städtischen Gemeinwesen heranwuchsen.

Eine klare Abgrenzungsmöglichkeit von den ländlichen Siedlungen schafft aber das vom Grundherrn verliehene Stadtrecht, das einem Wohnplatz verschiedene Freiheiten gewährte (Markt-, Münz-, Zollrecht, Recht auf Ummauerung, eigene Gerichtsbarkeit, persönliche bürgerliche Freiheiten), welche es im feudalistisch organisierten ländlichen Raum nicht gab. Diese Vorrechte waren etwas völlig Neues und begründeten von nun an die Vorzugsstellung der – in den Urkunden *oppidum* und *civitas* genannten – Städte gegenüber ihrem Umland.

Freilich ist bei der Gruppierung in Städtegenerationen zu bedenken, daß mit dem (oft unsicheren) Datum der Stadtrechtsverleihung im allgemeinen nur *ein* Zeitpunkt in einer mehr oder weniger gleichmäßigen Siedlungsentwicklung von den Vorformen zur „echten" Stadt erfaßt wird. Das äußerliche Merkmal der mittelalterlichen Stadt ist in aller Regel die Mauer mit den Befestigungsanlagen.

Warum sind Städte im Hochmittelalter in so großer Zahl entstanden? Als Gründe können angeführt werden:

● Der Beginn des *arbeitsteiligen Wirtschaftens.* Es fördert die Stadtwerdung ungemein. Stadt und Land sind aufeinander angewiesen; es entwickelt sich das hierarchische System von zentralem Ort und seinem Umland. Am neuen Mittelpunkt siedeln sich aus praktischen Gründen bestimmte Berufsgruppen (Grundherren, Ministerialen [Dienstmannen], Händler, Handwerker u.a.) an und bewirken allmählich eine differenzierte beruflich-soziale Gliederung der Bevölkerung, die sich auch in der Siedlungsstruktur (z.B. Viertelsbildung) niederschlägt. In der Stadt entsteht als neue Schicht das Bürgertum; die handwerklichen Berufsgruppen sind in Zünften zusammengefaßt.

● Von der Herrschaft über die Stadt versprechen sich kleine und große Feudalherren auf Grund des Abgabenwesens wirtschaftlichen Gewinn und damit *Machtsteigerung.* Sie können durch wachsenden Reichtum zur Landesherrschaft aufsteigen und ihre neuen städtischen Wohnsitze – je nach Vermögen – zu bescheidenen oder aufwendigen Residenzen umgestalten.

● Im erstmals flächenhaft erschlossenen Raum der Ostkolonisation ergibt sich aus der Zunahme der Bevölkerung überdies eine erhöhte Nachfrage nach Waren, die an den zentralen Marktorten ausgetauscht werden. Sie stärkt die *wirtschaftliche Kraft* der neuen Mittelpunkte ebenfalls und fördert damit das Stadtwachstum.

An den Stadtgründungen bzw. Stadtrechtsverleihungen sind wie im deutschen Altland Grundherren unterschiedlicher Machtfülle beteiligt gewesen; die Skala reicht von der Zentralgewalt des Reiches (Kaiser) bis zu den großen und kleinen weltlichen Territorialherren, von den Reichsstiften bis zu den geistlichen Fürsten unterschiedlichen Ranges. Mit der Devise „Stadtluft macht frei" erwirbt vor allem die Bevölkerung aus der ländlichen Umgebung der Städte, auf deren Gemarkungen sie angelegt werden, Bürgerrechte und trägt zum Wachstum der Städte bei. Infolgedessen häufen sich (im Spätmittelalter) wüstgefallene Siedlungen besonders in ihrem Umkreis. Aber auch die Fernwanderung spielt eine Rolle. So ziehen östlich der Saale Kaufleute mit ihrem Handwerker-Anhang aus dem alten Reich zu und regen noch im Mittelalter Stadterweiterungen an (z.B. Judenviertel). Ein anderes Beispiel ist der frühe Bergbau: Die Silberfunde im Freiberger Revier (12. Jh.) lösten die Zuwanderung von Bergleuten aus dem altsächsischen Harz aus, wo die Erzgewinnung am Rammelsberg bei Goslar noch älter war (seit 968); der älteste Teil Freibergs hieß deshalb anfangs „Sächsstadt" (für das folgende vgl. die zahlreichen Beispiele mit Erläuterungen im Atlas des Saale- und mittleren Elbegebietes, außerdem B. HOFMEISTER 1994).

Die „Mutterstädte", die aus Fernhandelssiedlungen oder Zentren kirchlicher Gewalt hervorgehen und überwiegend Gründungen des 12. Jhs. sind, bilden die *erste (älteste) Städtegeneration* (Abb. 21). Am Ende des Mittelalters sind es mit jeweils mehr als 5000 Einwohnern die größten Siedlungen Mitteldeutschlands, die ihren Vorrang auch bis heute behalten haben. Sie liegen noch vornehmlich westlich von Elbe und Saale, greifen aber bereits nach Osten aus.

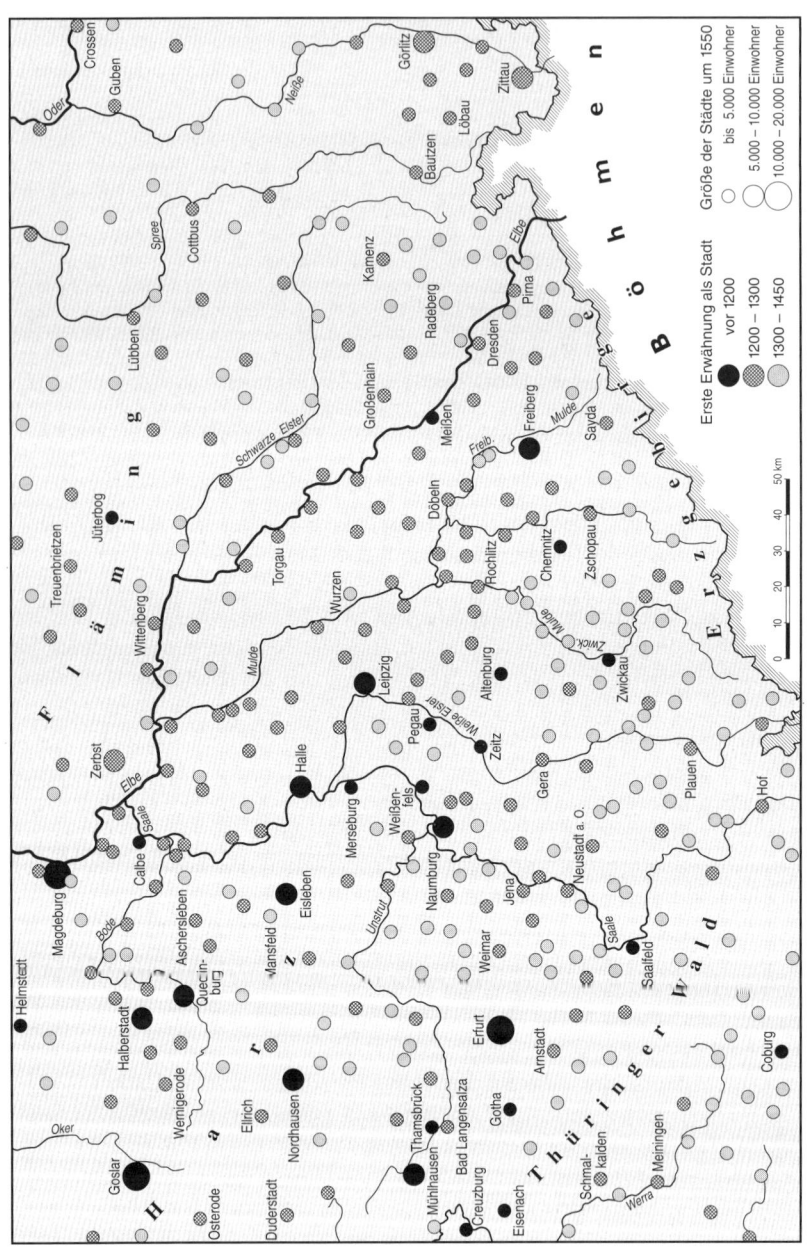

Abb. 21: Die mittelalterlichen Städtegenerationen (nach Atlas des Saale- und mittleren Elbegebietes, 28)

Am Anfang stehen die *bischöflichen Städte*, deren Wurzeln in das Frühmittelalter zurückreichen. Die bedeutendsten sind Erfurt, Magdeburg und Halle an der Saale.

Erfurt ist eine der ältesten Städte Deutschlands. 731 wurde das Bistum Erfurt gegründet. An der Kreuzung der „Via regia" (W-O-Straße) mit der Nürnberger Geleitstraße entstand im Anschluß an die bischöfliche Residenz ein Grenzhandelsplatz im Osten des Frankenreiches. In idealer Mittellage des Thüringer Beckens blieb Erfurt jedoch in der Folge durch seine Zugehörigkeit zu Mainz (schon 746) exterritorial und konnte seine natürliche zentrale Funktion nicht ausüben (erst 1990 [!] wird es die thüringische Landeshauptstadt).

Am Rand der fruchtbaren Börde und an der Kreuzung von mehreren Fernstraßen mit der Flußschiffahrt auf der Elbe liegt die Bischofsstadt *Magdeburg*, ein gleichfalls sehr alter Platz, an dem eine karolingische Handelsniederlassung (805) auf die Siedlungskontinuität seit dem 8./9. Jh. hinweist. Wegen ihrer günstigen Lage von OTTO I. als Pfalz bevorzugt, der 937 das Benediktinerkloster (an der Stelle des späteren Doms) stiftete, galt sie als „Hauptstadt des deutschen Ostens", von der aus die Missionierung der Slawen stattfand. 961 wurde sie Mittelpunkt eines Burgwardbezirks. Das Magdeburger Recht wurde bei den Stadtgründungen des Hochmittelalters weit nach Osten getragen.

Halle (Saale), wie Magdeburg und Erfurt in hervorragender Verkehrslage an einem vor- und frühgeschichtlich benutzten Platz (später: karolingische Burg) entstanden, erhielt 961 Stadtrechte und gelangte durch OTTO I. in die Hände der Erzbischöfe von Magdeburg (die Halle in der frühen Neuzeit als Residenz wählten). Es verdankt seine frühe Bedeutung den örtlichen Salzquellen und dem Salzhandel (seit 1280 Hansestadt).

Ein ähnlich hohes Alter mit Marktrecht im 10. Jh. haben die früh befestigten Bischofstädte *Halberstadt* und *Quedlinburg* im Durchgangsraum des nördlichen Harzvorlandes.

Zu den *Reichsstädten* oder solchen Städten, die im Anschluß an ein Reichskloster/-stift im 12. Jh. gegründet worden sind, gehören im W die staufischen Städte Goslar (1108; schon im 10. Jh. kaiserliche Pfalz), Nordhausen und Mühlhausen (Beginn 12. Jh.), im O Chemnitz (1160), Zwickau (1160) und Altenburg (1158?), gleichfalls Resultate der staufischen Reichspolitik. Gründungen weltlicher Landesherren aus dieser frühen Epoche sind im W die Residenzen der Landgrafen von Thüringen, Eisenach und Gotha, sowie das zeitweise reichsunmittelbare Saalfeld, im O der Handelsplatz Leipzig (1165), die Bergstadt Freiberg (1168) und die Residenzstadt Meißen (1170) durch die Markgrafen von Meißen. Als Gründungen geistlicher Grundherren seien Merseburg, Weißenfels, Naumburg, Pegau und Zeitz genannt.

Schon am Ende des 12. Jhs. hatte die Leipziger Tieflandsbucht eine große Städtedichte und zeichnete sich damit als künftiger Zentralraum Mitteldeutschlands ab. Diese Verteilung blieb auch durch die landesherrlichen Gründungen des 13. Jhs., der *zweiten Städtegeneration*, erhalten, die um 1550 zum größten Teil Mittelstädte waren (2000-5000 Einw.). Trotz des relativ geringen zeitlichen Abstands waren westlich wie östlich der alten Reichsgrenze schon fast alle Vorzugsplätze mit weitreichendem und einträglichem Umland vergeben; es handelte sich jetzt um die Auffüllung der Fläche durch Siedlungen mit lokaler bzw. regionaler Verwaltungs-, Markt- und Gewerbefunktion. Einige von ihnen entwickelten sich allerdings zu führenden Handels- und Gewerbeplätzen großstädtischer Prägung wie die Residenz- und Landeshauptstadt Dresden (gegr. 1216) und die späteren Industriestädte Gera (1224?) und Jena (1230), zu denen auch die Residenz der Herzöge von Anhalt, Dessau (1292), gerechnet werden muß; andere blieben mittelgroß wie Wittenberg (1293), Weimar (1254), Bautzen (1213), Görlitz (1210-1220) und Zittau (1255), und wieder andere erreichten nur die Größe von Kleinstädten oder sanken zu Ackerbürgerstädten (1550: <1000 Einw.) ab. Zu dieser letzten Gruppe gehört beispielsweise die nordsächsische Kleinstadtkette von Borna über Geithain, Colditz, Rochlitz, Oschatz, Mittweida, Döbeln, Roßwein, Lommatzsch, Großenhain bis Kamenz und Löbau, alle landesfürstliche Gründungen.

Im Spätmittelalter (ca. 1300 bis 1450) geht die große Städtegründungswelle zu Ende. Städtische Privilegien werden nun ohne wirtschaftliche, verkehrs- und bevölkerungsmäßige Voraussetzungen an Flecken, Märkte und „Städtlein" (in den Urkunden *oppidulum* genannt) vergeben. Diese *dritte Städtegeneration* wird durch eine Vielzahl von Zwergstädten verkörpert, Kümmerformen, die keine wirklichen städtischen Funktionen mehr ausgeübt haben. Zu ihnen gesellt sich auch ein Teil der 17 kleinen und kleinsten Residenzen in den thüringischen Territorien.

Im Deutschland folgt auf die mittelalterlichen Städtegenerationen die *frühneuzeitliche Städtegründungsphase* im Zeitalter des Absolutismus mit neuen Residenz- und Festungsstädten. Solche Planstädte können in Mitteldeutschland bis auf die anhaltische Fürstenstadt Oranienbaum östlich von Dessau (gegr. 1683) nicht nachgewiesen werden, wenn man von den entsprechend rational gestalteten Stadterweiterungen (z.B. Dresden-Neustadt, Dessau) – in Verbindung mit Landschaftsparks (z.B. Wörlitz; Heimat und Welt, SA 21/2) – absieht. Statt dessen ist hier als zeitgleiche Gruppe jene der *Berg(bau)städte* des 15. und 16. Jhs. zu erwähnen, die von vornherein einem bestimmten wirtschaftlichen Zweck dienen. Die ergiebigen Silber- und Zinnfunde im Harz und im Erzgebirge riefen (nach der frühen Blüte im Hochmittelalter) ab etwa 1470 ein neues „Berggeschrey" hervor. Ähnlich wie der *Gold rush* im Westen der USA verschlug es die Menschen aus der näheren und weiteren Umgebung auf der Glückssuche in die Hochregionen der beiden Gebirge, die auf diese Weise eine neue, in den Kammlagen die erste Siedlungswelle erlebten (Kap. 4.1.2.1).

Die monofunktional auf den Bergbau ausgerichteten Städte entstanden auf zweierlei Weise. Einerseits wuchsen ältere Siedlungsplätze (z.B. Waldhufensiedlungen) an den vom Landesherrn konzessionierten Förderplätzen planlos oder wurden geplant erweitert, nachdem sie ein mit speziellen Freiheiten ausgestattetes Stadtrecht, abgeleitet aus dem Bergrecht, erhalten hatten. Ihnen fehlt in aller Regel die Ummauerung. Andererseits wurden befestigte Bergstädte auf den Fluren ländlicher Siedlungen neu gegründet, so daß bei günstiger topographischer Lage die städtebaulichen Vorstellungen der Renaissance mit geometrischen Grundrissen – wie gleichzeitig bei einigen süd- und norddeutschen Residenz- und Festungsstädten – in die Tat umgesetzt werden konnten.

Im *Oberharz* sind in der ersten Hälfte des 16. Jhs. sieben Bergstädte entstanden: St. Andreasberg (1521), Grund (1524), Wildemann, Zellerfeld, Lautenthal (1533), Clausthal (1554) und Altenau (1560/1636), wobei in der Mehrzahl erfahrene erzgebirgische Bergleute berufen und angesiedelt wurden, die bis zur Gegenwart eine obersächsische Mundartinsel im niederdeutschen Sprachraum bilden. Insgesamt gehen 30, später teilweise wüstgefallene Ortschaften des westlichen Gebirgsteils auf den Bergbau und die mit ihm verbundenen Hüttenwerke zurück. Auch die Erzgewinnung am Rammelsberg erlebte einen neuen Aufschwung, Goslar um 1520 den Höhepunkt seiner wirtschaftlichen Blüte.

Im *Erzgebirge* ist die Zahl der Bergbausiedlungen noch größer, die ersten Gründungen sind etwas älter als im Harz. Allein die vollgültigen Bergstädte werden auf etwa 40 geschätzt, die sowohl auf der sächsischen (25) als auch auf der böhmischen Seite des Mittelgebirges aus dem Boden schossen (Abb. 22). Die führenden Bergstädte, die zugleich wichtige kulturelle Mittelpunkte wurden (abzulesen an den großen spätgotischen Hallenkirchen), lagen im höchsten Teil: Schneeberg (gegr. 1470), Annaberg (1492), St. Joachimsthal (1520) und Marienberg (1521). Abgesehen von Gitterschemata und rechtwinkligen Marktplätzen im Kern der Städte wurde der ideale Schachbrettplan auf deutscher Seite nur in Marienberg – der ersten Renaissance-Anlage nördlich der Alpen – , Scheibenberg (1522) und Oberwiesenthal (1527), der höchsten Stadt Deutschlands am Fuß des Fichtelbergs (914 m), verwirklicht. Die Bergstadt Johanngeorgenstadt, gleichfalls im Schachbrettschema angelegt, entstand erst 1654 als Siedlung böhmischer Exulanten (ähnlich wie Zellerfeld im Harz 1672 nach einem Brand).

Durch die Gründungwelle zwischen 1470 und 1550 kam es jedenfalls im Erzgebirge „zu einer im mitteleuropäischen Raum einmaligen Städtekonzentration" (H. DOUFFET 1990, S. 182). Im Thüringer Wald entstand auf der Grundlage des weit verbreiteten Eisenerzbergbaus in dieser Zeit nur die Stadt Suhl (1527).

In einer Zwischenbilanz können wir festhalten, daß spätestens um 1550, als die Städtegründungswelle nach dem Ende des Bergsegens im Gebirge abbricht, das Grundmuster der Siedlungen Mitteldeutschlands – im ländlichen wie im städtischen Raum – vollendet ist und sich zur Gegenwart hin allein durch die Vergrößerung der bestehenden Wohnplätze verändert.

Unter Ausklammerung der Bergstädte sind ausgangs des Mittelalters die ältesten Städte am größten, die jüngsten am kleinsten. Der Grund für diese Differenzierung ist schon angedeutet worden: Die Lagegunst bei bis dahin

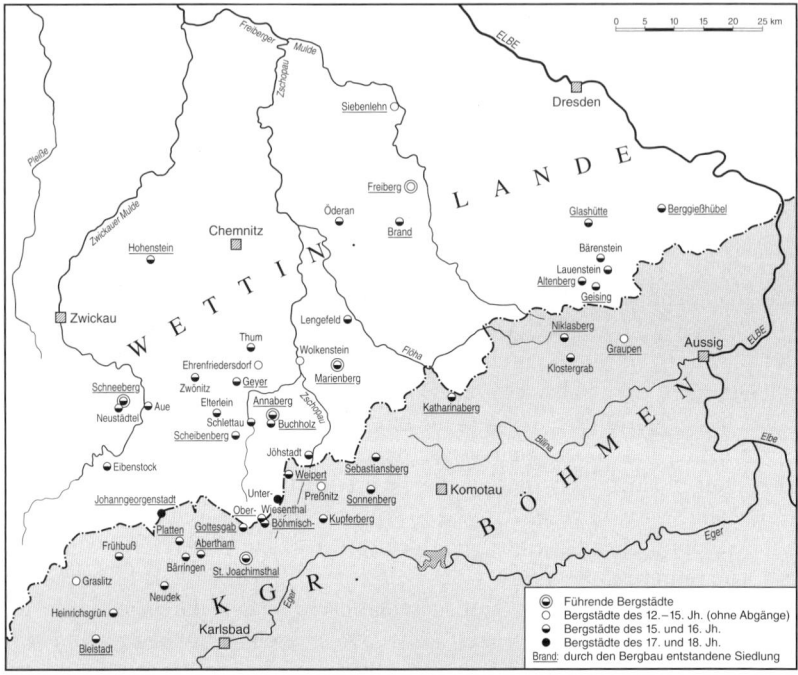

Abb. 22: Die Bergstädte des Erzgebirges (aus ROTHER *1995 a)*

geringer Städtedichte, welche die großen Einzugsgebiete hervorruft und damit die besseren Entwicklungschancen von Anfang an verschafft, gilt grundsätzlich nur für die erste Generation. Die jüngeren Städte müssen als Lückenfüller unter erschwerten Bedingungen existieren und kommen vielfach über eine lokale Bedeutung nicht hinaus. Zum größten Teil erleben sie ihre Entfaltung erst im Industriezeitalter (Kap. 4.4.2). Immerhin war die Städtedichte mit einer Vielzahl kleiner Städte neben den wenigen „Metropolen" schon in vorindustrieller Zeit sehr groß. Die Masse lag im Tiefland und in den Beckenräumen am Fuß der Gebirge, wo sich ganze Städtereihen wie von Eisenach bis Görlitz oder Städtekränze wie um den Harz entwickelt hatten.

Anders als z.B. in östlichen Bayern (Inn-Salzach-Stadt) oder im deutschen Südwesten (Zähringer-Stadt) ist es schwer, in Mitteldeutschland nach physiognomisch-formalen Kriterien *Städtetypen* ausfindig zu machen. Zweifellos sind die kleinstädtischen Strukturen bestimmend, die freilich nicht allein auf die territoriale Zersplitterung, sondern auch auf die zeitweise instabile Wirtschaftskraft, vielleicht gebietsweise – besonders im Westen – auf die natürliche Kleinkammerung des Reliefs zurückgehen. In topographischer Lage und Grundriß der (heute) altstädtischen Kerne gibt es keine Besonderheiten, die nicht auch anderswo in Mitteleuropa anzutreffen sind. Flußübergänge und Tallagen sind die bevorzugten Plätze, unregelmäßige Muster stehen neben geplanten Anlagen. P. SCHÖLLER (1980) hebt die größere Rolle des Markt- und Kirchplatzes für die Gliederung des Stadtplanes mitteldeutscher Städte im Vergleich zu den benachbarten Großräumen hervor. Pauschal zwischen unregelmäßigem Straßennetz mit Straßenmarkt und kreisförmigem Stadtumriß westlich und geometrisch-gitterartigem Straßennetz mit rechteckigem Markt und kreisförmigem oder elliptischem Stadtumriß östlich der Elbe-Saale-Linie unterscheiden zu wollen, würde den Tatsachen Zwang antun und viele Abweichungen außer acht lassen.

Deutlicher sind einige charakteristische Merkmale im Aufriß faßbar. So dominiert im Westen – in Thüringen ebenso wie in Sachsen-Anhalt – der traufseitige Fachwerkbau, der im N niedersächsische, im S fränkische Elemente aufweist. Zusammen mit einer Folge von Plätzen „wächst der Eindruck des Einheitlichen, Geschlossenen", der trotz späterer Umbauten im wesentlichen erhalten geblieben ist, wie in einigen führenden Städten Thüringens (Eisenach, Gotha, Erfurt und Weimar) oder in den frühen bischöflichen Gründungen Quedlinburg und Halberstadt, den städtebaulichen Höhepunkten im nördlichen Harzvorland. Schon im östlichen Thüringen und im mittleren Sachsen-Anhalt, aber vor allem in Sachsen, dem im Industriezeitalter maßgebenden Städteland Mitteldeutschlands, findet sich der durch frühe landesherrliche Verordnungen begünstigte Steinbau, der – wie es viele Beispiele alter Holzkonstruktionen nahelegen – den älteren Fachwerkbau verdrängt hat. Weit verbreitet ist das traufständige Stadthaus mit hohem Mansardendach, das in der heutigen Form frühestens aus dem 18. Jh. stammt. Die meisten Städte sind in ihrer Gestalt infolgedessen schlicht, wenn nicht nüchtern gestaltet und ohne deutlich hervortretende Individualität, zumal zur Gegenwart hin eine fließende Grenze zwischen Stadt, Industriesiedlung und Arbeiterdorf besteht. Um so mehr fallen im O Mitteldeutschlands die städtebaulichen Glanzpunkte auf, wie vor allem Bautzen, Meißen und Dresden, das mit seiner Elbfront bis zur Zerstörung 1945 „bis ins barocke Detail geglückte Beispiel großstädtischer Stadtbaukunst" (P. SCHÖLLER 1980, S. 50).

Es sei zusammenfassend festgehalten, daß Mitteldeutschland spätestens am Beginn der Neuzeit vollständig erschlossenes Kulturland war. Noch bis zum Ende des 18. Jhs. war die Bevölkerung aber – und zwar nicht allein in den natürlichen Gunstgebieten, sondern auch abseits von ihnen – im wesentlichen in den primären Wirtschaftssektor eingebunden. In den Höhengebieten und auf den Sanderflächen des Nordostens dominierte der Wald, wenn auch Rodungen für Siedlungen und Kulturland bis in die Kammlagen der Mittelgebirge das ursprüngliche Verbreitungsbild stark verändert hatten. Die gewerbliche Wirtschaft einschließlich des Handels und der verschiedenen öffentlichen und privaten Dienste konzentrierte sich zwar auf die Städte, hatte indessen auch andere Ansatzpunkte wie z.B. in den Bergbaugebieten. Eine weitere Entwicklung des Wirtschaftslebens war bis dahin aber nicht vonstatten gegangen. Stadt und ländlicher Raum mit ihren unterschiedlichen, sich ergänzenden Funktionen bildeten immer noch einen deutlichen Gegensatz.

Weitere Literatur: Atlas des Saale- und mittleren Elbegebietes, Erläuterungen; BLASCHKE 1973; 1984, 1990; DIETRICH 1980; HECKMANN 1990 (a, b), 1991; KRATZSCH 1994; PATZE, AUFGEBAUER 1989; SCHLESINGER 1952, 1965, 1971; SCHWINEKÖPER 1987; VOPPEL 1941; WAGENBRETH, WÄCHTLER 1990; ZÜHLKE 1963

4   Der Kulturraum im Industriezeitalter

Die stärksten Veränderungen der Kulturlandschaft, die Ende des 18. Jhs. spürbar, im 19. Jh. raumwirksam werden, ihren Höhepunkt vor dem Ersten Weltkrieg und in der Zwischenkriegszeit erreichen und nach 1945 in völlig andere Bahnen gelenkt werden, stehen im Zusammenhang mit dem geistig-kulturellen Umbruch im Gefolge der Französischen Revolution. Die Ideen des Liberalismus trieben die sozioökonomische Entwicklung und den wissenschaftlich-technischen Fortschritt in Europa voran und fanden in Mitteldeutschland einen sehr günstigen Nährboden. Hier lief die *industrielle Revolution* in typischer Weise ab; sie verwandelte den jahrhundertelang gewachsenen Kulturraum gewissermaßen schlagartig und überwand die naturgegebenen Schranken zusehends, wenngleich der Gegensatz zwischen Mittelgebirgen und Tiefland für das nun entstehende, neue Raummuster nicht ganz ohne Belang blieb. Am Ende des Prozesses ging aus der – regional – gewerblich durchdrungenen Agrar- jedenfalls die Industriegesellschaft hervor, die an den zur Verfügung stehenden Raum naturgemäß andere Ansprüche stellt als bei einer überwiegend landwirtschaftlich orientierten Wirtschaftsweise. Die Belastung und die Zerstörung der Umwelt nahmen in dieser Epoche ihren Anfang.

Um den Wandlungsprozeß, der für das Verständnis der aktuellen Bezüge unverzichtbar ist, hinreichend dokumentieren zu können, werden zunächst Entwicklung und Struktur der prägenden Wirtschaftssektoren Landwirtschaft, Bergbau und Industrie in den Grundzügen erörtert, wobei aus sachlichen Gründen teilweise zeitlich etwas weiter ausgegriffen werden muß. Im zweiten Teil kommen die räumlichen Auswirkungen, insbesondere auf Bevölkerung und ländliche wie städtische Siedlungen, zur Sprache. Wegen der knappen Textfassung, die zur Beschränkung auf das Wesentliche zwingt, wird mehrfach exemplarisch vorgegangen. Dabei rückt das Industrieland Sachsen naturgemäß in den Mittelpunkt. Für die anderen Gebiete der östlichen Mitte vgl. die einschlägige Literatur in 8.1 und 8.4, insbesondere den Atlas des Saale- und mittleren Elbegebietes mit Erläuterungen.

4.1   Die Wirtschaftssektoren.
Leitlinien von Entwicklung und Struktur

4.1.1   Die Landwirtschaft

Mitteldeutschland war seit dem Hochmittelalter abseits der obrigkeitlichen
(Jagd-)Forste ein von (Bauern-)Wald durchsetztes Agrarland geblieben, das
sich zumindest im äußeren Bild kaum von anderen deutschen Landschaften
unterschied. Dennoch waren Agrarverfassung und Landnutzung im Gesamtraum keineswegs einheitlich.

4.1.1.1   Die Agrarverfassung

Was für Thüringen, dem Land in der Mitte Deutschlands, geltend gemacht
worden ist – „das Rittergut des deutschen Ostens, der niedersächsische
großbäuerliche Hof, der Mittelbauer Süddeutschlands und der Kleinbauer des
Südwestens finden sämtlich bei uns ihr Gegenstück" (v. DIETZE, zit. nach E.
KAISER 1933, S. 137) – , kann ohne Bedenken auf das ganze Mitteldeutschland übertragen werden. Freilich kommt es auf die räumlichen Schwerpunkte
der Betriebsformen an.

Fest steht zunächst, daß der landwirtschaftliche Grund und Boden (nach
der Ablösung der Allmenden im W) so gut wie zur Gänze in Privathand gelegen hat. Verallgemeinernd kann zwischen den bäuerlichen Betrieben und den
Gutsbetrieben unterschieden werden. Die *bäuerlichen Betriebe* fußen im W
auf den altfreien germanischen Gemeinden des Frühmittelalters, im O auf der
Ostbewegung des Hochmittelalters mit neuen Freiheiten. Insgesamt waren
sie jedoch seit dem Spätmittelalter in das sich herausbildende grundherr-
schaftliche Lehenswesen eingebunden. Die *Gutsbetriebe*, auch Gutsherr-
schaften oder „Rittergüter" genannt, haben mehrere Wurzeln. Sie sind einmal
aus den Freihufen der Siedlungsunternehmer (Lokatoren) während der Ostkolonisation, zum anderen aus den Ackerhöfen der Lehensritter und den
Besitztümern von weltlichen und geistlichen Grundherren hervorgegangen
oder auch durch mehrphasige Vergrößerung aus wüstem Land (nach Pestseu-
chen, dem Dreißigjährigen Krieg) und durch das frühneuzeitliche „Bauernle-
gen" (Lausitz) entstanden.

Erst Anfang des 19. Jhs. wurden die Feudalrechte durch die napoleoni-
schen Dekrete bzw. die Übertragung der STEIN-HARDENBERGschen Reformen
aus Preußen beseitigt („Bauernbefreiung"), ohne daß sich die Eigentums-
struktur prinzipiell geändert hätte. Im Großgrundbesitz trat an die Stelle des
Adels vielerorts das Bürgertum; in den Bauernwirtschaften wurden die mit
der Leibeigenschaft verbundene persönliche Abhängigkeit von einer Grund-

herrschaft abgeschafft, die Allmenden des Altsiedellandes aufgeteilt. Dies bedeutete die freie Gestaltung der Betriebsorganisation *(Individualwirtschaft)*, die Ausweitung der landwirtschaftlichen Nutzflächen und die Intensivierung des Anbaus.

Die Ablösung der alten Rechte fiel aber auch mit dem wissenschaftlich-technischen Fortschritt, besonders in der zweiten Hälfte des 19. Jhs., zusammen, dem mehrere Innovationen zu verdanken sind. Sie betrafen vor allem Produktionsform und Betriebsziel der Landwirtschaft. Die Steigerung der Erzeugung wurde durch die Einführung neuer Kulturpflanzen bzw. Pflanzensorten (z.B. Kartoffel, Leguminosen), insbesondere von Industriekulturen (Zuckerrübe, Tabak, Braugerste), die geregelte Düngerwirtschaft (Erfindung des Kunstdüngers), den Maschineneinsatz und die Stallhaltung des Viehs erzielt, so daß die herkömmlichen Bodennutzungssysteme (alte Dreifelderwirtschaft, Feldgraswirtschaft) allmählich von rationelleren Landnutzungsformen (verbesserte Dreifelderwirtschaft mit Brachfrucht, mehrgliedrige Fruchtwechselwirtschaften, neue Fruchtfolgen) verdrängt wurden. Aus der selbstgenügsamen Wirtschaftsweise mit beschränkter Marktversorgung entwickelte sich – bei gleichzeitig vehement wachsender Nachfrage infolge des Bevölkerungswachstums und der Verstädterung – die ausschließliche *Marktorientierung* der meist gemischtwirtschaftlichen Betriebe mit zunehmender regionaler *Spezialisierung*. Daran knüpfte in der gesamten Region die neue Nahrungsmittelindustrie an.

Hinsichtlich der räumlichen Verteilung der agrarischen *Betriebsformen (-größen)* ergab sich ein deutliches N-S-Gefälle (Tab. 7). Nach Zahl und Fläche überwogen die klein- und mittelbäuerlichen Betriebe (bis 100 ha) zwar fast überall.

Tab. 7: Der Anteil der Betriebsgrößenklassen an der LN nach ausgewählten Kreisen/ Ämtern 1925 [%]

Beispielsgebiet	<5	5-20	20-100	>100 ha
Bernburg (Lößtiefland)	16,3	12,6	16,4	54,7
Altenburg (südliche Leipziger Bucht)	6,1	23,0	63,6	7,3
Zwickau (Erzgebirgsbecken)	12,5	71,3	14,6	1,6
Hoyerswerda (Oberlausitz)	35,6	51,9	4,2	8,3
Schmalkalden (Thüringer Wald)	72,4	24,1	2,0	1,5

Quelle: Autorenkollektiv 1977

Aber die Magdeburger Börde, das nördliche und östliche Harzvorland sowie die nördliche Leipziger Tieflandsbucht wurden von den Ausläufern des ostelbischen Großgrundeigentums berührt, so daß hier Betriebsgrößen über 100 ha keine Seltenheit waren. In Nordsachsen und im Thüringer Becken dominierte dagegen das Mittelbauerntum (50-100 ha), während klein- (5-20 ha) und zwergbäuerliche Betriebe (< 5 ha) – oft nur im Nebenerwerb bewirtschaftet – besonders für die Mittelgebirge typisch waren. Aus ihnen vor allem entstand während der Industrialisierung das Arbeiterbauern- und Arbeitertum des Südens, gleichgültig, welches Erbrecht galt; denn links der Saale (Thüringen) hatte sich seit dem Hochmittelalter die Realteilung durchgesetzt, rechts des Flusses (Sachsen) das Anerbenrecht. Im N (Sachsen-Anhalt) gab es diese klare Trennung nicht. Das z.b. in der Magdeburger Börde übliche Anerbenrecht verhinderte die Zerplitterung des bäuerlichen Eigentums und war ein Grund für die herausragende Stellung der dortigen Landwirtschaft.

Aus diesem Zusammenhang wird zugleich die unterschiedliche regionale Bedeutung sichtbar. Der Agrarsektor war ein wichtiges Wirtschaftselement in den natürlichen Gunsträumen, wo er im Laufe des 19. Jhs. eine neue Blüte erlebte und bis zur Gegenwart fest verankert wurde, aber im Vergleich zur aufkommenden Industrie in der volkswirtschaftlichen Gesamtbilanz mehr und mehr an Gewicht verlor; in den von Natur aus ungünstigen, gewerblich durchsetzten Höhengebieten hatte er von vornherein als Einnahmequelle eine schwächere Position, obgleich er zur Sicherung der Existenz auch hier für viele Menschen – nicht allein in Notzeiten – unerläßlich blieb.

4.1.1.2   Die Agrarregionen

Die Gliederung des mitteldeutschen Agrarraums hängt wie überall in erster Linie von den natürlichen Bedingungen (vor allem von Klima und Boden), den historischen Prozessen und wirtschaftlichen Faktoren (z.B. von Betriebsgröße und Marktlage) ab. Um die regionale Differenzierung wiederzugeben, wird als sichtbarer Ausdruck der agrarischen Struktur die vorherrschende *Bodennutzung* herangezogen. Mit Leit- und Begleitzweig kennzeichnen die – auf statistischer Basis ermittelten und nach Wägezahlen umgerechneten – Flächen der Hauptfruchtarten (Getreide-, Hackfrucht-, Futterbau und Sonderkulturen) das jeweils vorherrschende Ackerbau- bzw. Viehhaltungssystem, zusammengenommen das Betriebssystem, hinreichend (z.B. E. HOFFMANN 1958). Für unseren Überblick, der auf Einzelheiten verzichten muß, ergibt sich für die 1930er Jahre eine klare nord-südliche bzw. hypsometrische Anordnung. Wir unterscheiden auf Grund der damaligen Anbauverhältnisse vier *Agrarregionen* (Abb. 23):

● Die Agrarregion des *hochwertigen Ackerbaus* umgibt als produktivste Region Mitteldeutschlands den Harz in einem breiten halbkreisförmigen Streifen. Auf der Grundlage guter bis sehr guter Böden und der hygrischen Leelage handelt es sich um den ertragsintensiven Hackfrucht-Getreidebau. Seine Zentren liegen in der Magdeburger Börde und in den benachbarten

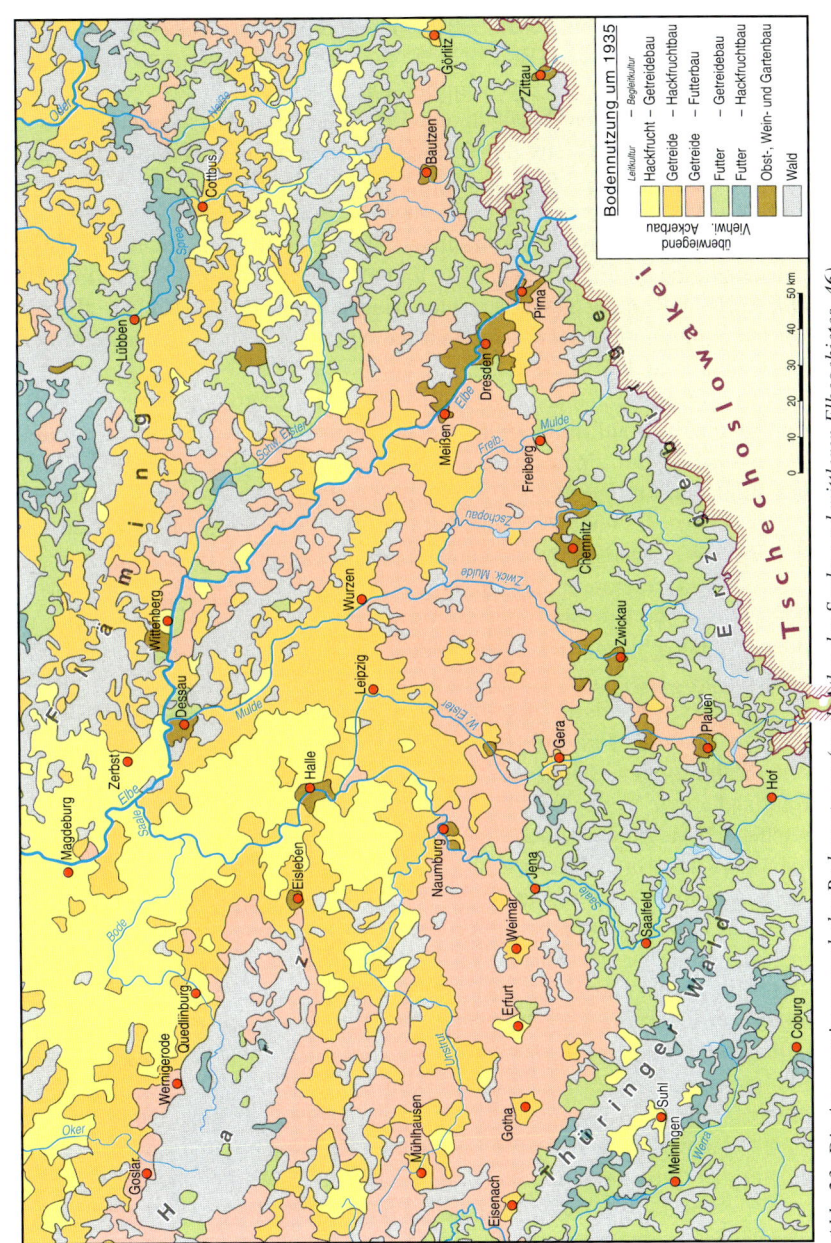

Abb. 23: Die Agrarregionen nach der Bodennutzung (nach Atlas des Saale- und mittleren Elbegebietes, 46)

Lößgebieten, insbesondere des nördlichen und östlichen Harzvorlandes, wo Zuckerrübe, Weizen und (Brau-)Gerste die bevorzugte Feldpflanzengemeinschaft bilden; östlich der Elbe – in der nördlichen Oberlausitz – dominieren Kartoffeln und Roggen. Nicht so ergiebig ist der an den Kernraum auf allen Seiten anschließende Getreide-Hackfruchtbau, in dem die Halmfrüchte Weizen und Roggen das größere Gewicht haben als die Hackfrüchte Zuckerrübe und Kartoffel. Er kennzeichnet vor allem die (südliche) Leipziger Tieflandsbucht und das nördliche und zentrale Thüringer Becken. In beiden Teilgebieten treten der Futterbau und die Viehhaltung stark zurück. So umfaßt das Dauergrünland in der gewässerarmen Magdeburger Börde weniger als 5 % der LN; einen Futterersatz bieten hier die Abfälle der Zuckerrüben-Verarbeitung (Heimat und Welt, SA 17/2, 26).

● Die Agrarregion des *Ackerbaus mittlerer Güte* empfängt höhere Niederschläge und baut auf mittleren Böden auf. Es handelt sich um eine Getreide-Futterbauzone mit eingestreutem Hackfruchtbau. Dazu zählen große Teile des südlichen und westlichen Thüringer Beckens (Weizen-Luzerne/Futter-/ Zuckerrüben), des nördlichen Sachsens mit Ausläufern bis zum Elbeknie östlich Wittenberg und der mittleren Oberlausitz (Roggen-Klee/Futterrübe).

● Die Agrarregion der *Viehhaltung (Grünlandwirtschaft)* mit untergeordnetem Ackerbau hält sich einerseits an die Bergländer und Gebirgslagen mit hohen Niederschlägen und armen Böden, andererseits an die staunassen Flußniederungen. Durch die mehr oder weniger großen Waldflächen ist sie nicht so geschlossen verbreitet wie die beiden Ackerbauregionen. Als günstigere Variante prägt der Futter-Getreidebau (Roggen-Klee/Futterrüben bzw. Wiesen) Südthüringen, Saalisches Schiefergebirge, Erzgebirge und Lausitzer Bergland sowie das Talnetz der Schwarzen Elster. Hauptsächlich im regenreichen Thüringer Wald und im Harz findet sich die ungünstigere Variante; hier steht der Futter-Hackfruchtbau (Futterrüben/Kartoffeln, bisweilen mit Hafer und Gerste vermischt) vornehmlich im Dienst der Viehhaltung. Der Anteil des Dauergrünlandes (Wiesen, Weiden) erreicht im Thüringer Wald mehr als 55 % der LN (Heimat und Welt, S 16/1, TH 17/1).

● Als vierte Agrarregion können die weit verstreuten kleinen Gebiete der *Sonderkulturen* (Wein-, Obst- und Gemüsebau) zusammengefaßt werden, deren Verbreitung am meisten von wirtschaftlichen Faktoren bestimmt wird: Sie liegen im Umkreis ihrer wichtigsten Absatzgebiete, der großen Städte. Singularitäten sind der seit dem 18. Jh. betriebene Gartenbau (Blumen- und Gemüse[samen]zucht) von Erfurt – ähnlich Quedlinburg und Eisleben – und die auf das Mittelalter zurückgehende Teichwirtschaft der Oberlausitz. Stellenweise hat die natürliche Gunstlage (Wärme, Steilhänge) den kleinflächigen Rebbau, teilweise vergesellschaftet mit dem Obstbau als Nachfolgekultur, ermöglicht: an Saale (von Jena bis Naumburg) und Unstrut (bei Freyburg), im Elbetal (von Diesbar-Seußlitz bis Pillnitz), am Süßen See östlich

Eisleben (Höhnstedt) und am Hochufer der Schwarzen Elster östlich Jessen. Diese Anbaugebiete bei 51-52° n.Br. gehören zu den nördlichsten Lagen des verbreiteten Hangweinbaus in Europa. Auch unabhängig vom ehemaligen Rebbau gibt es kleine und große Obstbaugebiete (z.b. in der westlichen Lommatzscher Pflege bei Mügeln und in der Altenburger Börde) (Heimat und Welt, S 17/3, SA 17/3).

Berücksichtigt man die Betriebsverhältnisse, stehen sich in unserer Region zwei durch Übergänge verbundene Extreme gegenüber: einerseits die relativ trockenen, schwarzerdereichen Lößbörden mit dem vorherrschenden Zuckerrüben- und Weizenanbau und unbedeutender Groß- und Kleinviehhaltung auf großbetrieblicher Basis mit Vollerwerbsbauern/-landwirten, andererseits die feuchten Mittelgebirge mit dem dominierenden Grünland, der Rinderhaltung und dem untergeordneten Ackerbau (Futterbau) auf kleinbetrieblicher Basis mit Nebenerwerbsbauern.

Trotz des krassen Eingriffs in die Betriebsstruktur während der DDR-Zeit, als die Kollektivierung nach sowjetischem Vorbild verwirklicht wurde, haben sich die beschriebenen Agrarregionen als Landnutzungszonen bis heute im großen und ganzen erhalten (Kap. 5.1).

Weitere Literatur: ABEL 1956; Atlas des Saale- und mittleren Elbegebietes, Erläuterungen; Atlas DDR; Autorenkollektiv 1974, 1977; GUMPERT 1980

4.1.2 Der Bergbau

Im Kap. 2 wurde angedeutet, daß die östliche Mitte reich an wirtschaftlich verwertbaren Bodenschätzen und Industrierohstoffen ist. Die Lagerstätten verteilen sich auf alle orographischen Einheiten und bieten eine große Vielfalt. Es fehlen jedoch die großen Eisenerz- und geeigneten Steinkohlenlagerstätten, auf denen andernorts die Schwerindustrie basiert. Weil Wertschätzung und Bedarf sowie Verwendungsmöglichkeiten zeitlich bedingten Schwankungen unterliegen und im Ablauf der jüngeren Geschichte immer wieder neue Vorkommen entdeckt worden sind, hat die Ausbeutung in mehreren historischen Epochen stattgefunden. Für den einzelnen Standort ist dies durch verschiedene innere und äußere Einflüsse mit manchem Höhe- und Tiefpunkt verknüpft (gewesen), die nicht immer in eine allgemeine Periodisierung passen.

Um die wesentlichen Merkmale herausstellen zu können, sei im folgenden zwischen dem vornehmlich alten Bergbau der Mittelgebirge und dem jungen Bergbau des Tieflands unterschieden und an je einem regionalen Beispiel (Erzgebirge und Mitteldeutsches Braunkohlenrevier) eingehender erörtert.

4.1.2.1   Der alte Bergbau der Mittelgebirge

Obwohl sich der Bergbau des *Erzgebirges* – bis auf unbedeutende Ausläufer in der Gegenwart – in vormoderner Zeit abgespielt hat, sind von ihm nachhaltige Impulse für Besiedlung, Bevölkerung und gewerbliche Wirtschaft ausgegangen. Wie im Harz gründet er auf den weit verstreuten Vorkommen miteinander vergesellschafteter *Edel-* und *Buntmetallerze*, die – teilweise im Kontakt mit den Granitstöcken – vornehmlich als Ganglagerstätten ausgebildet sind (Abb. 24). Bedeutsam war seit dem 12. Jh. das Freiberger Revier im Osterzgebirge (Blei-Zinn-Silber-Gruppe), bei dem die Silbergewinnung im Vordergrund stand. Auf die Gründung der Stadt, die Zuwanderung von Bergleuten aus dem Harz und die frühe Blüte der wettinische Landesherrschaft, die das Bergregal besaß und aus dem Bergbau Reichtum und Macht schöpfte, wurde schon hingewiesen (Kap. 3.2.2). Bis in die Neuzeit ist die bergbauliche Tätigkeit hier nicht abgerissen. Die große Tradition des Standorts dokumentiert u.a. die Gründung der Freiberger Bergakademie (1765), die als Wiege der Geologie in Deutschland gilt; etwa gleichzeitig (1775) entstand eine entsprechende Technische Hochschule in Clausthal (Oberharz).

Auf den frühen Bergbau im Freiberger Revier und an einigen wenigen anderen Standorten (u.a. auch verbreitet Eisenerze) folgte die eigentliche *Blütezeit* für das ganze Gebirge erst im 15. und 16. Jh., als um Schneeberg, Annaberg, Marienberg, Altenberg und in anderen Revieren neue Edel-, Bunt- und Eisenmetall-Lagerstätten gefunden wurden. Silber für Münzen, Blei für die neuen Feuerwaffen und Eisen zur Herstellung von Werkzeug, Gebrauchs- und Kunstgegenständen waren sehr begehrt. Vielfach hatte die Ausbeutung der sekundären Lagerstätten (Seifen) den Weg zu den primären Vorkommen gewiesen.

Vor allem die Entdeckung oberflächennaher Silber- und Zinnerze rief das zweite „Berggeschrey" hervor und löste eine Siedlungswelle aus (Kap. 3.2.2). Von den neu gegründeten Bergstädten wuchs beispielsweise Annaberg im Reformationszeitalter, in dessen Nachbarschaft man Anfang des 16. Jhs. mehr als 600 Gruben zählte, von 3000 (1500) auf 12 000 Einw. (1530). Dies bedeutete unter den damaligen Verhältnissen Großstadtgröße (1530 hatte Dresden 6300, Leipzig 10 000 und Chemnitz 3000 Einw.). Die Stadt gehörte ebenso wie die Bergstadt Goslar im Harz (12 000 Einw.) seinerzeit zu den wohlhabendsten in Deutschland. Im böhmischen St. Joachimsthal lebten 1526 sogar 18 000 Menschen (in Prag 48 000).

Anders als beim bisher üblichen Bergbau auf der Grundlage vieler kleiner selbständiger Gruben kam es jetzt angesichts des zu erwartenden Gewinns zur Fusion der Unternehmen. Zugleich trieben die örtlichen Bergherren im frühkapitalistischen Stil die technische Entwicklung voran und wurden durch Erfindungen in die Lage versetzt, erstmals einfache Maschinen für Abbau, Förderung und Aufbereitung der Erze anzuwenden. Zugleich erließ der Lan-

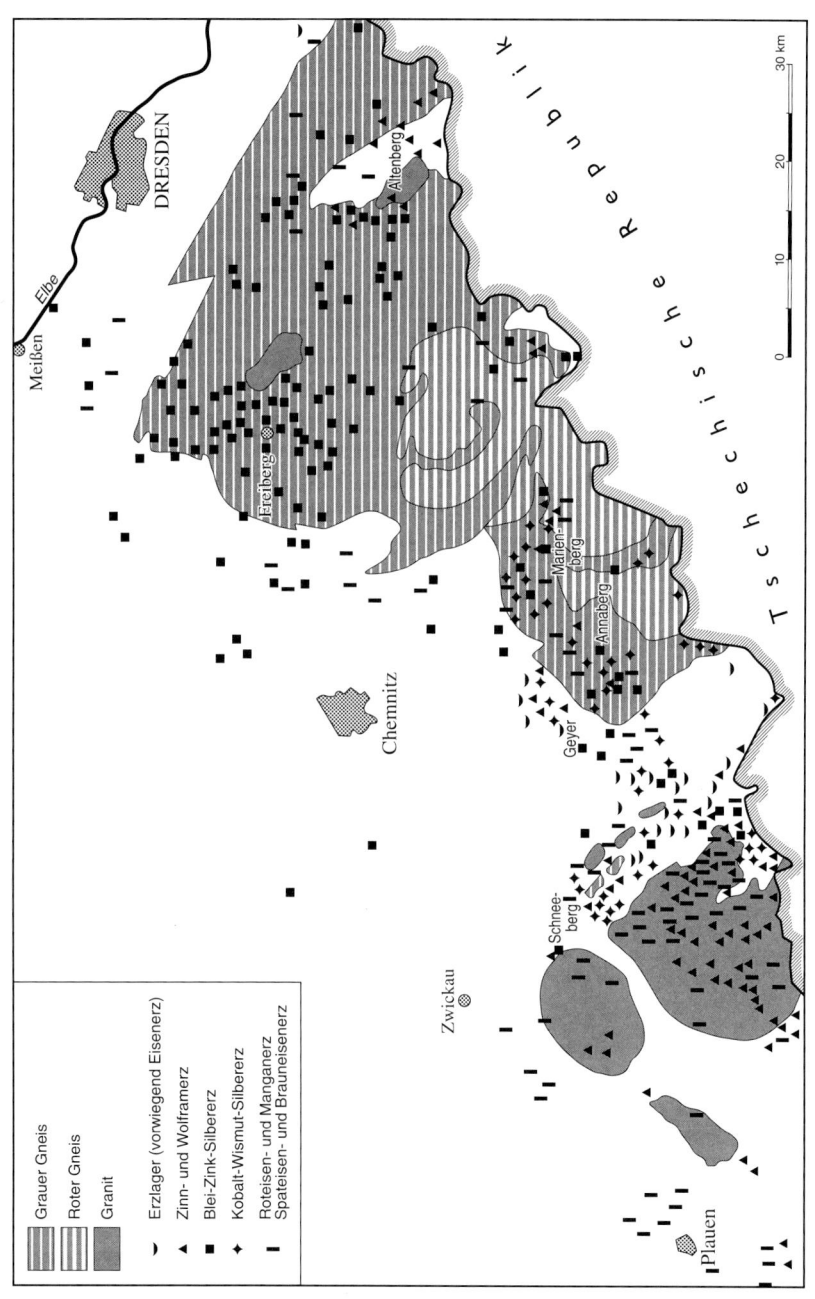

Abb. 24: Die Lagerstätten des sächsischen Erzgebirges (nach PIETZSCH 1962)

desherr feste Regeln, die von jetzt an durch Bergbehörden überwacht wurden. Der finanzielle Erfolg war so groß, daß z.B. Annaberger Bergherren für weit entfernte Reviere (im Ural und in Venezuela) Hilfe leisten konnten. Der „erzgebirgische Bergbau ... repräsentierte Welthöchststand" (O. WAGENBRETH und E. WÄCHTLER 1990, S. 24).

Schon Ende des 16. Jhs. begann in den meisten Revieren der unaufhaltsame Niedergang, nachdem die oberflächennahen Lagerstätten ausgebeutet worden waren. (Annaberg zählte 1550 schon 5400, 1699 nur noch 3400 Einw., Joachimsthal bereits 1621 2200 Einw.) Den Schlußpunkt setzte vielen, im 17. Jh. noch bestehenden Gruben der Dreißigjährige Krieg. Nach einem gewissen Aufschwung Ende des 18. Jhs., als die tieferliegenden Wismut-, Wolfram-, Kobalt- und Nickelerze gefördert wurden, setzte sich das Siechtum im 19. Jh., örtlich bis ins 20. Jh. fort. Die wichtigsten Gründe für den Niedergang seit der frühen Neuzeit waren die rasche Erschöpfung der abbauwürdigen Lagerstätten nach intensivem Abbau, ferner Holzmangel und Wasserprobleme, zuletzt auch die wachsende Konkurrenz des überseeischen Bergbaus, der auf Grund großer Vorkommen, neuer Techniken und billiger Arbeitskräfte den Weltmarkt eroberte.

Welche *Wirkung* hatte die etwa hundertjährige Blütezeit des Bergbaus? Offensichtlich sind die landschaftlichen Wirkungen: die Waldrodung bzw. -verwüstung für die Gewinnung von Brenn- und Grubenholz, für dessen Transport die Floßkanäle, die Anlage von Schlämmteichen für die Erzwäsche, die Wasserleitungen, Abraumhalden u.ä. und – nicht zuletzt – die Bergschäden, die von den weit verbreiteten wannenförmigen Bodensenkungen mit der Gefährdung von Gebäuden bis zu außerordentlichen Einstürzen (Bingen bei Geyer und Geising) reichen. Tatsächlich stößt man bis heute vielerorts auf die Zeugen jener emsigen, unter heute unvorstellbaren Arbeitsbedingungen verrichteten (Sammel-)Tätigkeit. Zur „Infrastruktur" des Bergbaus gehört auch das sehr dichte Straßennetz im Gebirge, das den Warenaustausch mit dem Gebirgsvorland – u.a. zur Versorgung der Menschen in den neuen, nicht autarken Bergbausiedlungen – sicherstellte.

Unter den siedlungsgeographischen Folgen hat außer den erwähnten Stadtgründungen die endgültige Erschließung der Gebirgs-Kammlagen durch zahlreiche Einzel- bzw. Streusiedlungen (mit Ortsnamenendungen auf -hütten, -berg, -seifen oder -hammer) Bedeutung. Sie erhielt vom erz-/metallverarbeitenden Handwerk, den Hütten-, Hammer- und Pochwerken („Bergfabriken"), den entscheidenden Anstoß.

Gleichzeitig (und bis ins 18. Jh.) entstanden solche lockeren Weiler – meist mit Wohnstallhäusern auf einer durch Feldgraswirtschaft genutzten Einödflur – durch bäuerliche Nachsiedler. Aber auch die traditionellen Waldgewerbe (Holzfäller, Flößer, Harzer, Köhler, Pottascher, Pechsieder, Glasbläser u.ä.) und das Dorfhandwerk sowie (im Osterzgebirge) böhmische Exulanten, die während der Gegenreformation in Kursachsen mit etwa 75 000

Menschen den einzigen großen Bevölkerungsschub nach der Ostbewegung von außen brachten, waren an dieser jüngsten Siedlungsschicht in großer Höhe beteiligt.

Vom Bergbau ging außerdem eine siedlungs- und wirtschaftsgeographische Fernwirkung aus: Leipzigs Aufstieg zum zentralen Handelsplatz Mitteldeutschlands und der Glanz der barocken Residenz Dresden unter den kunstsinnigen wettinischen Kurfürsten wären ohne ihn nicht denkbar gewesen. Auch Zwickau und Pirna an der Elbe als Zentren von Eisenverarbeitung bzw. -handel waren Nutznießer des Montanwesens.

Schwerer faßbar, aber noch wichtiger sind die bevölkerungs- bzw. sozial- und wirtschaftsgeographischen Folgen, weil sie die künftige Entwicklung im Gebirge und im Gebirgsvorland vorbestimmt haben. Die Zuwanderung und das natürliche Wachstum in den Bergbausiedlungen und -städten hatte in der frühen Neuzeit eine merkliche Verschiebung der Bevölkerungsverteilung in Mitteldeutschland herbeigeführt. Der alte Gegensatz von bevorzugtem Tiefland bzw. Gebirgsvorland und benachteiligtem Gebirge wurde verwischt und erstand auch beim Niedergang des Bergbaus trotz Abwanderung nicht wieder in der ursprünglichen, allenfalls in abgeschwächter Form. Die Bevölkerung verteilte sich über den Gesamtraum gleichmäßiger als zuvor.

In wirtschaftlicher Hinsicht waren mit den Bergwerken die Verhüttungsbetriebe und das Metallgewerbe automatisch verbunden. Bevor die Eigenkapitalbildung möglich geworden war, stellten reiche Handelsherren aus Augsburg, Nürnberg, Frankfurt/Main, Magdeburg und Leipzig das nötige Anfangskapital für solche frühindustriellen Betriebe zur Verfügung. So förderte der Erzbergbau das kapitalistische Denken und das frühe Aufkommen einer Unternehmerschicht, ebenso aber auch die handwerklich-gewerbliche Erfahrung vieler Menschen im Gebirge. Diese Tatsachen waren maßgebliche Voraussetzungen für die Überwindung der Krise bei seinem Niedergang. Da Ersatzgewerbe fehlten, litt die Bevölkerung zwar zunächst unter großer Armut. Lediglich die Kleineisenindustrie hatte an den weit vertreuten Standorten eine gewisse Bedeutung behalten können und verhalf einer kleiner Menschenzahl aus der schlimmsten Not. Unterdessen formierten sich durch Erfindergeist und Investitionsbereitschaft neue Gewerbe auf breiter handwerklicher Basis und verschafften der Bevölkerung Arbeit und Brot (Kap. 4.1.3.1). So waren die ehemaligen, mittlerweile gewerblich durchdrungenen Bergbaugebiete des Erzgebirges besser auf das Industriezeitalter vorbereitet, als es in den rein agrarisch gebliebenen Räumen z.B. des Tieflands der Fall sein konnte. Gleiches gilt für die viel kleinere Zahl von Bergwerks-Standorten im Thüringer Wald.

Daß dieser Entwicklungsgang aber kein regelhafter gewesen ist, zeigt die Situation im *Harz*. Auf Bergbau und Hüttenwesen, die ähnliche Schwankungen von Blüte und Niedergang durchliefen wie im Erzgebirge und im Industriezeitalter an Reststandorten überlebten (u.a. Buntmetalle in den Revieren

von Goslar, Clausthal und Bad Grund; Eisen- und Manganerze, Pyrit bei
Elbingerode, Flußspat bei Rottleberode und Schwerspat bei Lauterbach),
folgte keine gewerblich-industrielle Phase im Gebirge selbst. Hier schaffte
erst der moderne Tourismus neue Erwerbsmöglichkeiten. Aus dem Niedergang des Bergbaus zogen vielmehr die Harzrandstädte – alles frühe Gründungen – Gewinn. Auf sie konzentrierte sich das neue Wirtschaftsleben, so
daß bis auf Ausnahmen (z.b. Gernrode, Elbingerode) im Gebirge die wald-
und landwirtschaftliche Nutzung bis an die Schwelle der Gegenwart die
Oberhand behielt.

Eine Ausnahmestellung hat hier indessen der seit etwa 1200 umgehende
Bergbau auf den *Kupferschiefern* des unteren Zechsteins. Die Lagerstätte am
östlichen Harzrand, im *Mansfelder Land* zwischen Hettstedt und Eisleben,
gehörte zu den reichsten in Europa und erbrachte noch bis zum Zweiten Weltkrieg (zusammen mit dem erst 1988 eingestellten Erzbergbau am Rammelsberg bei Goslar aus Ganglagerstätten im Mitteldevon) den Hauptanteil der
deutschen Kupfererz-Erzeugung. Auf die Blütezeit im 15./16. Jh., als die
Gewinnung des Silberanteils der Kupfererze die Produktion in Oberharz und
Erzgebirge übertraf, folgte nach langer Unterbrechung mit dem Aufkommen
der Elektrizitätswirtschaft in der zweiten Hälfte des 19. Jhs. durch die Erzeugung von Kupferdraht eine neue Aufwärtsentwicklung. Die 1851 neu geord-
nete *Mansfeldische Bergbauende Gesellschaft* förderte das in den Mergel-
schiefern und seinen Nachbargesteinen fein verteilte Kupfererz (Cu-Gehalt:
2-3 %) zusammen mit einigen wertvollen Nebenprodukten aus Schächten bis
über 1000 m Teufe und verhüttete es an Ort und Stelle. 1969 endgültig eingestellt, sind die ehemaligen Aktivitäten an den großen Abraumhalden abzulesen, die das auffälligste (künstliche) Reliefelement am Südostrand des Harzes bilden.

Erst in jüngerer Vergangenheit treten die *Steinkohlenlager* des produktiven
Karbons im Übergang vom Erzgebirge zum *Erzgebirgsbecken* ins Blickfeld
des wirtschaftlichen Interesses und erlangen bei der frühen Industrialisierung
Sachsens, besonders in der zweiten Hälfte des 19. Jhs. (zusammen mit der
Lagerstätte im Rotliegenden des Plauenschen Grundes bei Dresden) als Energiequelle große Bedeutung. Das Königreich konnte sich zeitweise selbst ver-
sorgen und darüber hinaus noch exportieren. In den Revieren von Zwickau
(Abbau seit 1348 nachgewiesen) und Lugau-Oelsnitz (seit 1844) wurden um
1900 von 32 Schächten in 11 abbauwürdigen Flözen mit einer Mächtigkeit
bis 8 m einerseits Pechkohle für die Verkokung und Gaserzeugung, andererseits Rußkohle als Heizmaterial für Haushalte, Dampfmaschinen, Lokomotiven u.ä. gefördert und im engeren Umkreis, später auch im weitab gelegenen
mitteldeutschen Raum verbraucht. Der Höhepunkt der Gewinnung fiel in das
Jahr 1913, als 26 000 Bergarbeiter etwa 5,4 Mio. t Steinkohle förderten. Die
geringe Qualität der Kohle, ungünstige Abbaubedingungen (viele Verwer-

fungen, Schächte bis 1100 m Teufe), altertümliche Fördermethoden und die Lohnkonkurrenz des Uranbergbaus in unmittelbarer Nähe (Kap. 5.2.2) waren ausschlaggebende Gründe dafür, daß der Bergbau 1971 bzw. 1977 endgültig eingestellt wurde.

4.1.2.2   Der junge Bergbau des Tieflands

Der junge Bergbau fußt hauptsächlich auf den Bodenschätzen des Deckgebirges, deren wirtschaftlicher Wert – nach älteren Vorläufern – erst im 19. und 20. Jh. zum Tragen kommt. Im folgenden werden die für die räumliche Entwicklung wichtigen Vorkommen von Stein- und Kalisalzen, besonders aber die in ihrer Wirkung kaum zu unterschätzenden Braunkohlenlager vorgestellt.

Die *Salzvorkommen* sind – entsprechend ihrer Löslichkeit zuerst Anhydrit (Gips), dann Steinsalz, zuletzt Kalisalze – durch Verdunstung in abflußlosen Meeresbecken ausgeschieden worden und in mehreren geologischen Formationen mit marinen Ablagerungsbedingungen (vgl. Tab. 1) als Salzstöcke (in der subherzynen Kreidemulde) oder als flachlagernde Sedimente verbreitet. Sie kennzeichnen insbesondere den mittleren und oberen Zechstein im weiten Umkreis des Harzes und an der oberen Werra.

Das *Steinsalz*, seit dem Hochmittelalter in Bergwerken, durch Aussolen aus Bohrlöchern oder Grubenbauen gewonnen und durch Gradierwerke und Salinen gereinigt, findet als Speisesalz oder für chemische Zwecke Verwendung. Einige Ortsnamen weisen direkt auf die frühe wirtschaftliche Bedeutung des Rohstoffs für die Siedlungen hin: z.B. Halle, Salza, Salzelmen, Salzderhelden. Auf dem Kochsalz der Zechstein- (und Muschelkalk-) Lager gründen auch zahlreiche Solquellen (u.a. Salzungen, Sooden, Salzhemmendorf, Salzschlirf).

Der Wert der *Kalisalze* – früher als unverwendbarer Abraum bei der Steinsalzgewinnung auf Halde gelagert – wurde erst 1856 entdeckt und in großem Umfang seit 1861, als die erste Chlorkaliumfabrik in Staßfurt ihren Betrieb aufnahm, im Gebiet Bernburg-Schönebeck-Magdeburg, im Umkreis des Harzes (Sondershausen, Bleicherode und Bischofferode) und im oberen Werragebiet (Merkers) für die Herstellung von Kunstdünger und als Ausgangsprodukt für die chemische Industrie bergbaulich gefördert. Die Art der Verwendung richtet sich nach dem unterschiedlichen Mineralgehalt. Zusammen mit den elsässischen Vorkommen verfügte das Deutsche Reich bis 1918 über das Weltmonopol der Kaligewinnung.

Noch mehr als die Salzgewinnung hat die Ausbeutung der in großen Teilen des Tieflands verbreiteten *Braunkohlenlager* landschaftlich und sozioökonomisch tiefgreifend und nachhaltig gewirkt. Ihre Förderung ist in unserer Teilregion ein wesentlicher Antrieb für den Übergang ins Industriezeitalter, wobei sich Bergbau und Industrie in ihrem Wachstum wechselseitig bedingen.

Die abbauwürdigen Braunkohlenvorkommen verteilen sich auf das ältere westelbische „Mitteldeutsche Revier" und das jüngere ostelbische „Lausitzer Revier", das teilweise außerhalb der von uns gezogenen Grenzen liegt und bis in die 1920er Jahre noch keine größere Bedeutung hatte. Im Mitteldeutschen Revier lagert unter den pleistozänen und tertiären Deckschichten auf einer Fläche von 2500-2700 km² westlich der Linie Leipzig-Bitterfeld alttertiäre, östlich davon jungtertiäre Braunkohle (Abb. 28).

Im Weißelsterbecken südlich von Leipzig und um Halle unterscheidet man die ältere (eo-/unteroligozäne) und jüngere (oberoligozäne) Braunkohlenformation mit drei bis vier durch Sand- und Tonbänke getrennten Hauptflözen. Die Mächtigkeit der Flöze schwankt von einigen Metern bis zu zwei Dekametern. In Sedimentations-Mulden kann sie aber auch auf beträchtlich höhere Werte anschwellen, z.b. im Geiseltal bei Merseburg auf >110 m. Im Delitzsch-Bitterfelder Raum sind die Lagerstätten hauptsächlich miozänen Alters.

Die Vorteile für den Abbau der Braunkohle liegen auf der Hand: Es sind die großen, wirtschaftlich verwertbaren Reserven (zusammen mit dem ostelbischen Revier etwa 20 Mrd. t) und ihre weitgehend ungestörte, horizontale und oberflächennahe Lagerung. Mit dem nordwärtigen Abtauchen des variskischen Grundgebirges gelangen die Flöze naturgemäß in tiefere Horizonte, so daß für ihre Gewinnung die Beseitigung größeren Abraums (mit >100 m mächtigen Deckschichten) und umfangreiche wassertechnische Maßnahmen erforderlich sind. Außerdem schwankt die Flözmächtigkeit stärker. Die Leistungsfähigkeit der Fördergeräte muß dementsprechend gesteigert werden, der Abbau wird teurer und die Rentabilitätsgrenze rascher erreicht.

Die erdige Weichbraunkohle eignet sich einmal als primärer Energieträger für die Erzeugung von Wärme, Gas und Elektrizität, zum anderen als Rohmaterial für die Gewinnung zahlreicher chemischer Grundstoffe. Ihre Qualität schwankt je nach Lagerstätte in Abhängigkeit vom Gehalt an Wasser, Asche, Bitumen, Salzen und Schwefel und bestimmt den Verwendungszweck. Außer der nur mit großem technischen Aufwand verwertbaren Salzkohle sind die wichtigsten Varianten

● die *Brikettkohle* mit einem mittleren Asche- und Bitumengehalt, die als Brennstoff für Industrie, Heizwerke und Haushalte geeignet ist,

● die aschereiche *Kesselkohle*, die zur Stromerzeugung in (Groß-)Kraftwerken verheizt wird, und

● die bitumenreiche *Schwelkohle*, die das Ausgangsmaterial für die Gewinnung von Teer, Mineralölen, Treibstoff und anderen chemischen Veredelungsprodukten bildet und die ebenfalls für die Brikettierung verwendet wird.

Die Entwicklung des *Braunkohlenbergbaus* lief in mehreren Phasen ab. 1671 bei Meuselwitz als vermeintliche Steinkohle entdeckt, begann die Ausbeutung der Lagerstätten am Südrand ihres Verbreitungsgebietes, wo die Flöze an der Oberfläche ausstreichen. Hier kam es in einer *ersten Phase* um die Mitte des 18. Jhs. an mehreren Stellen zur Förderung auf klein- und kleinstbetrieblicher Grundlage für den eigenen oder örtlichen Bedarf, weil nach den bergrechtlichen Verhältnissen (dem kursächsischen Bergbaumandat von 1743) nur die Grundeigentümer das Abbaurecht hatten. Es waren in der Mehrzahl Bauerngruben im Nebenerwerb (Tiefbau) ohne Aufbereitung oder Verarbeitung, die seit etwa 1800 handgeformte Naßpreßsteine herstellten.

Für den Aufschwung in einer *zweiten Phase*, die ungefähr den Zeitraum von 1850-1890 umfaßte, waren mehrere Umstände verantwortlich. So trieb – als auslösender Faktor – der wachsende Holzmangel die Suche nach einem Ersatzbrennstoff voran. Mit der Brikettierung (Wasserentzug) wurde 1858 ein Aufbereitungsverfahren entwickelt, das den Transport der „Trockenpreßsteine" über mittlere Entfernungen rentabel machte. Durch den Eisenbahnbau entstand zugleich ein leistungsfähiges Verkehrsnetz, das neue Absatzgebiete erschloß. Die Beseitigung der bergrechtlichen Schranken durch die preußische Bergbaunovelle 1869 ermöglichte den Übergang zu größeren Betriebseinheiten im Haupterwerb, die von kapitalkräftigen Handwerkern, Kaufleuten und Fabrikbesitzern aufgebaut wurden. Daraufhin wurde die Mechanisierung des Abbaus möglich, und die industrielle Weiterverarbeitung der Braunkohle begann. Nicht zuletzt muß dem Zuckerrübenanbau eine Initiatorrolle zugeschrieben werden; denn in den Zuckerfabriken der Börden wurde die Braunkohle als Heizmaterial zuerst eingesetzt (1848), ehe Ziegeleien, Salinen, Kalk- und Spiritusbrennereien und endlich die Haushalte folgten. Noch 1860 gingen 57 % der Braunkohlenförderung in die neue Zuckerindustrie, deren Zuckererzeugung den Import des Rohzuckers aus Zuckerrohr überflüssig machte. „Die Zuckerindustrie hat den Braunkohlenbergbau großgezogen" (G. AUBIN 1924, S. 17).

Allmählich entwickelten sich neben kleinen Abbaugebieten im nördlichen und östlichen Harzvorland die großen Reviere von Altenburg-Meuselwitz (Schwelkohle), Zeitz-Weißenfels (Schwel- und Kesselkohle) und – isoliert davon – Bitterfeld (Kessel- und Brikettkohle) im Tiefbau und, mit dem technischen Fortschritt, im oberflächennahen Tagebau; erst im 20. Jh. folgten das Geiseltal bei Merseburg (Brikettkohle) und Böhlen-Espenhain südlich von Leipzig (Schwelkohle). Obwohl auf der Verarbeitung der wertvollen Schwelkohle in den südwestlichen Revieren (Hohenmölsen 1859) schon das erste Unternehmen gründete *(Sächsisch-Thüringische Gesellschaft für Braunkohlenverwertung* 1854), errang das Bitterfelder Revier durch die Belieferung der umliegenden Städte mit Briketts, insbesondere des nach der Reichsgründung schnell wachsenden Berlins, einen Entwicklungsvorsprung von etwa zwei Jahrzehnten. Trotz der günstigen Bedingungen blieb eine großräumige Wirkung des Bergbaus im mitteldeutschen Tiefland dennoch zunächst aus, weil die Konkurrenz der Steinkohle und der qualitativ besseren und billigeren böhmischen Braunkohle noch nicht überwunden war.

Erst in einer *dritten Phase* veränderten neue Großverbraucher die Dimension des Bergbaus grundsätzlich. Durch die schon nach 1890 – zuerst im Bitterfelder Revier – beginnende Ansiedlung von Großbetrieben west- und süddeutscher Chemiekonzerne auf billigem und günstig gelegenem, ebenen Baugelände und die Errichtung von Kraftwerken zur Verstromung der Braunkohle für Industrie, Haushalte und die Bergwerke selbst – meist in unmittelbarer Nachbarschaft der Gruben – setzte der großtechnische Abbau der Braunkohle (seit 1920 der Großtagebau) ein. Die Wachstumstendenz sollte künftig anhalten, da durch das Energie-Verbundsystem auch der Abnehmerkreis in größerer Entfernung (Städte, Industrie) erheblich zunahm. Es entstanden weitere Neugründungen, andere Bergwerke fusionierten zu großen Unternehmen, und Aktiengesellschaften formierten sich; Braunkohlengewinnung und Brikettproduktion konzentrierten sich zunehmend in der Hand weniger Konzerne (1919 *Mitteldeutsches Braunkohlensyndikat*), Bergbau- und Industriekapital verschmolzen und förderten die Ansiedlung der Braunkohlenfolgeindustrie (Kap. 4.1.3.2).

Mit Ausläufern bis in die Köthener Lößebene, ins nördliche Harzvorland (Aschersleben-Nachterstedt) und die westliche Dübener Heide bildete sich zwischen Mittelgebirgsfuß und mittlerer Elbe eine breite, an ihren Brennpunkten landschaftsbeherrschende Bergbau-(und Industrie-)Region auf einer Längserstreckung von etwa 100 km heraus, die nur zwischen dem Bitterfelder und den Halle-Leipziger Revieren eine größere Lücke hatte. Doch wandelte sich ihre innere Gliederung durch Auskohlung und neue Überbaggerung ständig. Im gesamten Mitteldeutschen Revier förderten 1922 etwa 37 000 Beschäftigte 137 Mio. t Braunkohle.

Es sei vorweggenommen, daß sich das Schwergewicht des Abbaus nach dem Zweiten Weltkrieg – besonders während der Ölkrisen der 70er Jahre – in einer *vierten Phase* allmählich in das Lausitzer Revier um Senftenberg, Spremberg, Hoyerswerda und Lübbenau (DDR-Bezirk Cottbus) verlagerte, das die größeren, aber geringerwertigen Vorräte besitzt. Hier hatte die Gewinnung der jüngeren (miozänen) Braunkohle Mitte bis Ende des 19. Jhs. in der Oberlausitzer Heide (Muskau 1890) angefangen, wegen der abseitigen Lage des ländlichen Raums aber erst seit 1919 an Bedeutung gewonnen. Von geringerem Belang, freilich regional wichtig, waren von jeher die Oberlausitzer Vorkommen an der Neiße bei Görlitz und um Zittau, u.a. für das (alte) Kraftwerk Hirschfelde.

Fragen wir nach den vielseitigen *Wirkungen* des Braunkohlenbergbaus, so werden wir zuerst auf die unmittelbaren und augenfälligen landschaftlichen Veränderungen verwiesen, die mit der Annäherung an die Gegenwart immer größeren Umfang annehmen. Im Hinblick auf die riesigen Ausmaße der

Abbaugebiete ist in diesem Zusammenhang der Begriff *Landschaftszerstörung* gewiß keine Übertreibung. Tatsächlich bedeuten die Großtagebaue einen erheblichen Eingriff in das natur- und kulturräumliche Gefüge: den Entzug wertvoller landwirtschaftlicher Nutzfläche (Lößboden!), das Verschwinden bzw. die Verlegung ländlicher Siedlungen, die Absenkung des Grundwasserspiegels (und damit die abnehmende Bodenfruchtbarkeit in der Nachbarschaft der Gruben), die Flußumleitungen, den Neubau von Verkehrswegen (Straßen und Gleisanlagen), Stromleitungen, Wasserspeichern u.a. Nach dem im Deutschen Reich geltenden Berggesetz, das die Herstellung einer intakten Bergbaufolgelandschaft vorsieht, müssen die ausgekohlten Tagebaue vollständig rekultiviert werden. Doch entstehen im Zuge einer wachsenden Produktion durch wandernde Gruben immer neue Zerstörungen, ehe die Restlöcher verschüttet, aufwendig dem alten Zustand wieder angeglichen und z.B. einer umweltverträglichen land- und forstwirtschaftlichen oder touristischen Nutzung zugeführt werden können.

Unlösbar mit der Gewinnung des Rohstoffs verbunden sind die Aufbereitungs- und Verarbeitungsanlagen, insbesondere Brikettfabriken und Kraftwerke. Als weithin sichtbare Landmarken des Flachlandes verkörpern sie den Tribut an die Landschaft, den ein entwickelter Industriestaat für den „Fortschritt" zu zahlen bereit ist. Zusammen mit der Staubentwicklung der Gruben verursacht die sogenannte Braunkohlenindustrie eine immense Luftverschmutzung, insbesondere durch die SO_2-Emission (Kap. 5.3).

Als mittelbare Wirkung steht diesen überwiegend negativen Folgen der bedeutsame Tatsachenkomplex gegenüber, daß der Braunkohlenbergbau die Industrialisierung in einem weithin agrarisch geprägten Raum stürmisch vorangetrieben und damit zahlreichen Menschen neue Beschäftigungsmöglichkeiten geboten, den Wandel der traditionellen Landwirtschaft in einen ertragsintensiven Produktionszweig beschleunigt, die Bildung des Ballungsraumes Halle-Leipzig, d.h. die wachsende Verstädterung der Bevölkerung, ausgelöst und damit insgesamt den Umbruch zur Gegenwart eingeleitet hat. Seine Wirkung beschränkt sich aber nicht nur auf die unmittelbare Nachbarschaft im Tiefland, sondern sie geht weit darüber hinaus. Die Braunkohle, als Brikett oder in elektrischen Strom umgewandelt, spielt als Brennstoff und Energielieferant eine tragende Rolle für die Entwicklung fast aller mitteldeutschen Industriegebiete und hat nicht zuletzt das Holz als Hausbrand ersetzt, weil Wasserkraft und Steinkohle aus der Region den wachsenden Bedarf bei weitem nicht mehr decken konnten. Somit verklammert sie seit den 20er Jahren die – sich immer mehr ergänzenden – Wirtschaftsräume Mitteldeutschlands.

Selbstverständlich ist der Braunkohlenbergbau für den Einzug des Industriezeitalters nicht allein verantwortlich zu machen. Die neue Epoche hängt von weiteren Faktoren ab, die im folgenden Abschnitt besprochen werden.

Weitere Literatur: Autorenkollektiv 1974, 1977; BARTHEL 1962; BERKNER 1995; SEEDORF 1986; THOMASIUS 1994; VOPPEL 1941; WAGENBRETH, WÄCHT-LER 1986, 1990

4.1.3   Die Industrie

Auf Grund der unterschiedlichen Entwicklungen und Strukturen, wie sie in Kap. 4.1.2 schon angeklungen sind, müssen wiederum die Mittelgebirge mit ihren Vorländern einerseits und das Tiefland andererseits gegenübergestellt werden. Außer diesem wichtigen Süd-Nord-Kontrast ist die Sonderstellung einiger großstädtischer Industrien zu berücksichtigen. Da nicht alle Industriegebiete im einzelnen zur Sprache kommen können, wird wiederum exemplarisch vorgegangen. Um dennoch einen Überblick und eine Handhabe für die folgende Auswahl zu gewinnen, sei die charakteristische Branchenverteilung aus den 1930er Jahren einleitend in Zahlen wiedergegeben (Tab. 8 und 9).

Tab. 8: Beschäftigte nach Gewerbegruppen/-klassen in Sachsen-Anhalt und Thüringen 1933

| Gewerbegruppe | Sachsen-Anhalt | | | Thüringen | |
	Reg.-Bez. Magdeburg	Anhalt	Reg.-Bez. Merseburg	Reg.-Bez. Erfurt	Übriges Thüringen
Steinkohle	–	–	259	–	–
Braunkohle	2010	1794	20859	–	5062
Erze	5	–	8304	31	88
Salze	1333	1232	1119	1315	2631
Gesteine, Kalk					
Gips, Ziegel	5333	1505	6296	2559	9191
Keramik	1465	186	3501	197	10137
Glas	72	22	282	1243	9933
Eisen, Stahl, Metall(waren)	13303	2616	14028	17037	38720
Maschinen, Apparate	17290	7398	11051	11018	16877
Elektrotechnik,Optik	3212	817	2934	1933	15540
Chemie	5788	4382	31703	461	4035
Textilien	1956	241	931	9848	36131
Papier	2873	752	4874	2092	7162
Vervielfältigung	4575	1213	5573	2654	6537
Leder, Kautschuk	2461	433	3747	1245	6653
Holz	9411	2793	12169	5593	22790
Musikinstrumente	60	12	356	55	620
Spielwaren	4	–	88	48	8817
Nahrungs-/Genußmittel	40073	9807	34144	22630	35923
Bekleidung	17407	3405	17144	11182	20419
Summe	128631	38608	179362	80311	241324

Tab. 9: Beschäftigte nach Gewerbegruppen/-klassen in Sachsen und Niederschlesien 1933

	KH Leipzig	KH Zwickau	KH Chemnitz	KH Dresden-Bautzen	Nieder-schlesien links der Neiße	Summe Mittel-deutsch-land (Tab. 8 und 9)
Steinkohle	–	8169	7317	900	–	16645
Braunkohle	5482	–	5	39	4123	52263
Erze	–	–	–	–	–	8428
Salze	–	–	–	–	–	7630
Gesteine, Kalk, Gips, Ziegel	7161	2347	2379	11134	3176	64842
Keramik	2061	419	257	5907	1322	28963
Glas	429	161	48	3956	8469	30940
Eisen, Stahl, Metall(waren)	16182	15645	13157	24720	2125	187977
Maschinen, Apparate	15947	10289	23039	25774	2638	203172
Elektrotechnik, Optik	7703	2580	5151	13004	894	158705
Chemie	6474	890	1893	10144	409	87549
Textilien	34004	78293	123020	40488	1635	370848
Papier	11310	7196	6116	14131	1475	71556
Vervielfältigung	18008	3496	3697	10206	1300	113131
Leder, Kautschuk	2279	1203	1035	5931	361	36183
Holz	8835	7977	7344	18191	3522	142057
Musikinstrumente	785	5375	176	277	15	9889
Spielwaren	283	68	866	1077	1	11965
Nahrungs-/Genußmittel	30103	18375	20096	54793	5460	399863
Bekleidung	26018	25839	13496	38698	3407	328558
Summe	193064	188322	229092	279370	40322	2319000

KH = Kreishauptmannschaft

Quelle: W. SCHMIDT in Atlas des Saale- und mittleren Elbegebietes, Erläuterungen

4.1.3.1 Die Industrie der südlichen Mittelgebirge und ihrer Vorländer

Die gewerbliche Vorphase

Die Industriewirtschaft der südlichen Höhenregionen gründet fast überall auf einer gewerblich-handwerklichen Vorphase. In dieser vorindustriellen Wirtschaftsform werden die Waren in Handarbeit unter Zuhilfenahme von Werkzeugen und einfachen Geräten mit beweglichen Teilen („Maschinen") von Anfang bis Ende (ohne Arbeitsteilung) vom Handwerker allein gefertigt. Wir wissen bereits, daß in den alten Bergbaugebieten die Voraussetzungen für die Entwicklung von Gewerben („Bergbau-Nachfolgeindustrie") besonders günstig waren. Aber auch abseits von diesen Regionen mit frühem Unternehmertum und erfahrener Arbeiterschaft wie im Erzgebirge gab es zahlreiche, oftmals von der Landesnatur gebotene, weit in die Vergangenheit zurückreichende Ansatzpunkte. Vor allem in den Höhengebieten hatten die ungenügenden Größen der landwirtschaftlichen Betriebe einen Zuverdienst für die Existenzsicherung unabdingbar gemacht. Jedenfalls erlebte die gewerbliche Wirtschaft – ausgelöst durch den steigenden Bedarf der wachsenden Bevölkerung, bewußt gefördert von den Landesherren (Kameralismus) und angeregt durch neue Handelsbeziehungen – im Zeitalter des *Merkantilismus* (16.-18. Jh.) einen großen Auftrieb.

Das frühe Gewerbe, das in den Städten schon im Spätmittelalter hochentwickelt war und nun den ländlichen Raum stärker durchdrang, schloß fast ausnahmslos an die heimischen Ressourcen an. Es war *rohstofforientiert* und auf bestimmte Produkte *spezialisiert*. So erwuchs aus der Landwirtschaft mit dem Anbau von Flachs und Lein und der Viehhaltung (z.B. Schafwolle) das vielseitige Textilgewerbe, weit verbreitet mit Weberei und Wirkerei, örtlich mit Besonderheiten wie Posamentieren (Borten, Schnüre, Quasten als Besatz für Kleidung und Wäsche), Klöppeln (Spitzenmachen), Sticken und Wäsche-Weißnähen; Tierhäute und -felle wurden in Gerbereien verwertet und zogen die Lederverarbeitung nach. Erzbergbau und Erzhütten verschafften dem Metallhandwerk das Ausgangsmaterial für die Fertigung; die Kleineisenverarbeitung mußte den großen Bedarf an Gebrauchsgegenständen für Landwirtschaft und Haushalte decken, und Kunsthandwerker stellten aus Edelmetallen Schmuckwaren her. Schon früh von den traditionellen Waldgewerben aufbereitet, lieferten die Wälder mit Holz(kohle), Baumharz, Pottasche und Quarzsand die Rohstoffe für die Herstellung von Holz- und Spielwaren, Papier, Glas und Porzellan; außerdem war ihr Reichtum an Heilkräutern und Beeren die Grundlage der Arzneimittelgewinnung.

Diese Gewerbe wurden als sogenannte *Hausindustrie* (auch: Heimgewerbe) in der eigenen Wohnung oder Werkstatt, d.h. nicht in gesonderten Fabrikationsgebäuden ausgeübt. Auf solche Weise verschafften sich auch die Bauernfamilien einen Neben- oder Zuverdienst, so daß die Verbindung zur Landwirtschaft gewahrt bleiben konnte. Im Arbeitsverhältnis bestanden zwei Formen. Einmal gab es den rechtlich wie wirtschaftlich selbständigen Erzeuger, zum anderen war die Arbeit häufig im frühkapitalistischen *Verlagssystem* organisiert, bei dem die Produzenten vom Arbeitgeber wirtschaftlich abhängig waren: Ein Unternehmer (Verleger) schoß das Kapital für den Ankauf des Rohmaterials vor, ließ es von den Verlegten (Handwerkern) auf niedriger Lohnstufe oder gegen Warentausch verarbeiten und sorgte für den Vertrieb der Erzeugnisse.

Zunächst auf den örtlichen oder regionalen Bedarf eingestellt, kamen allmählich – u.a. angeregt durch die Leipziger Warenmesse – Handelsbeziehungen über größere Entfernungen zustande, so daß bei geschickter Geschäftsleitung manche Gewerbe bzw. Standorte einen gewinnbringenden Aufschwung nehmen konnten, wobei sich die soziale Kluft zwischen Verlegern und Verlegten freilich meist vertiefte. Immerhin machten sich im 18. Jh. manche Abhängigen unter großen Mühen selbständig und gründeten kleine Familienunternehmen als ausschließliche Existenzgrundlage. Andererseits entstanden bei höherem Kapitalaufwand die *Manufakturen* (in Kursachsen zählte man Ende des 18. Jhs. allein 150 Neugründungen), d.h. Verarbeitungsstätten, bei denen im Gegensatz zur Hausindustrie die Einheit von Wohn- und Arbeitsplatz wegfiel (mit Pendlern z.B. im Dresdner Raum). Es wurden freie Lohnarbeiter beschäftigt und die Produkte arbeitsteilig, aber weiterhin in überwiegender Handarbeit gefertigt (Abb. 25).

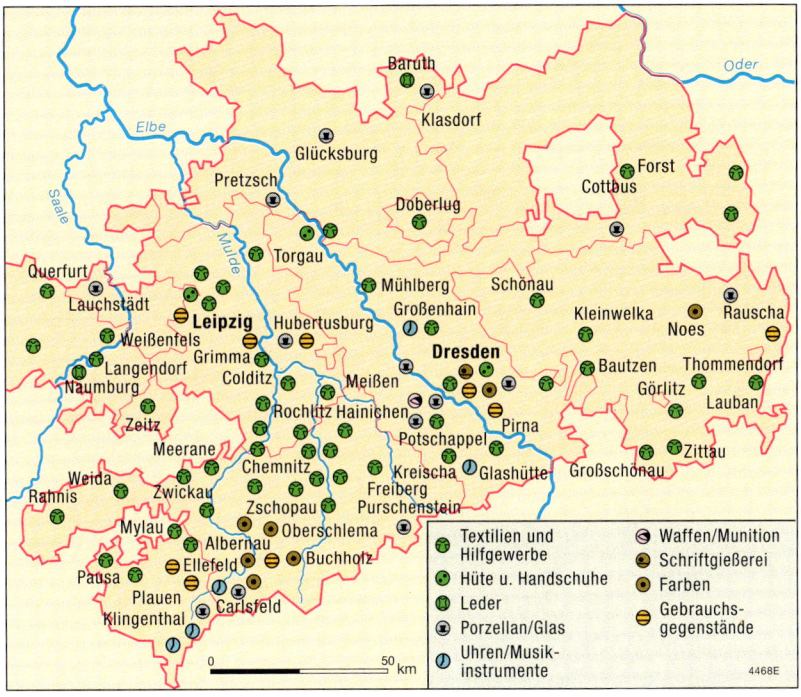

Abb. 25: Die Manufakturen in Kursachsen im 16.-19. Jahrhundert (nach Forberger *1958)*

Wegen der ubiquitären Rohstoffbasis war das *Textilgewerbe* naturgemäß allgegenwärtig; seine Schwerpunkte lagen in Kursachsen: Oberlausitz (Woll- und Leineweberei; Heimat und Welt, S 18/3), Chemnitz und Umgebung (seit dem 18. Jh. [Baum-]Wollweberei, Strumpf- und Handschuhwirkerei), Westerzgebirge (Klöppelei, Stickerei, Posamentieren) und Vogtland (Wollverarbeitung, Spitzenfertigung, Stickerei). Im Thüringischen hatten Saalisches Schiefergebirge, Obereichsfeld (beide: Zeugmacherei, Leineweberei) und Apolda (Strumpfwirkerei) eine wichtige Stellung.

Ähnlich gestreut, aber nicht so beherrschend stellt sich das hinsichtlich seiner Endprodukte sehr breit gefächerte *Holzgewerbe* im Thüringer Wald, Holzland und Erzgebirge dar, das für den Haus- und Landwirtschaftsbedarf arbeitete und durch Basteltrieb und Erfindergeist allmählich in die Holzschnitzkunst und Spielwarenherstellung (Sonneberg im Thüringer Wald, Olbernhau/Seiffen im Erzgebirge) überging; der Bau von Musikinstrumenten wurde dagegen von böhmischen Exulanten eingeführt (Markneukirchen und Klingenthal im Elstergebirge). Beide Spezialzweige des Holzhandwerks genossen früh Weltruf.

Das *Metallgewerbe* hatte deutlicher konzentrierte Standorte. Aus ihm entwickelte sich z.b. die südthüringische Waffenproduktion in der Bergstadt Suhl und in Zella-Mehlis, während in Ruhla Messerschmiede zu Hause waren und in Schmalkalden verschiedene hochwertige Werkzeuge hergestellt wurden. Auch im Erzgebirge, vor allem um Aue und Schwarzenberg, blühte das Eisengewerbe an mehreren Stellen (z.b. Weißblechherstellung, Blechwaren).

Das *Glasgewerbe* besaß im Thüringer Wald/Schiefergebirge (z.b. Stützerbach, Lauscha), wo die Glasbläserei in Glashütten mit der Erzeugung aller Arten von Gegenständen schon im 15./16. Jh. einen hohen Stand erreicht hatte, im Holzland (Klosterlausnitz) und in der preußischen Oberlausitz, das ist Niederschlesien links der Neiße (Weißwasser, Niesky, Rothenburg), Bedeutung. Auch die im 18. Jh. nacherfundene *Porzellan*-Fabrikation wurde im Thüringer Schiefergebirge in einer Vielzahl von Siedlungen (Beginn 1761 in Sitzendorf/Schwarzburg) heimisch und war u.a. auf den Bedarf der vielen kleinen Residenzen ausgerichtet. (Der Erfinder des Meißner Porzellans [1708], Böttger aus Schleiz, stammte von hier.)

Daneben gab es einzelne Standorte seltener Handwerkszweige wie die Strohflechterei (z.b. Kunstblumen) in Sebnitz und Neustadt (Ostsachsen), die Herstellung von Bürsten, Besen und Pinseln in Schönheide-Stützengrün (Westerzgebirge) oder von Korken in Dermbach (Vorderrhön). Die von Laboranten hergestellten und von Hausierern in regem Handel zusammen mit den anderen Handwerksgütern vertriebenen Arzneimittel (Olitäten) waren für einige Gemeinden des oberen Erzgebirges (z.b. Jöhstadt, Pockau) und des Thüringer Schiefergebirges (oberes Schwarzatal: Oberweißbach, Königsee u.a.) typisch; von hier aus wurden auch Gebiete jenseits der Grenzen deutscher Länder bedient (K. H. KAUFHOLD 1986).

Um 1800 werden beispielsweise für die spätere Kreishauptmannschaft Chemnitz (d.h. SW-Sachsen) in den wichtigsten Gewerbezweigen die folgenden Beschäftigtenzahlen genannt (G. KEHRER 1973): Baumwollweberei mehrere zehntausend, Strumpf-/Handschuhwirkerei 35 000, Spitzen-/Posamentenherstellung 30 000, Holzspielwaren 5000 und Metallverarbeitung 3000 Personen.

Industrialisierung und Industriegebiete

Seit Anfang des 19. Jhs. begann – in den einzelnen Gewerbezweigen zu verschiedenen Zeitpunkten und mit unterschiedlicher Stärke – die Massenfertigung nach standardisierten Mustern. Dies war nur mit Hilfe von großen Kapitalmengen unter Inanspruchnahme von Bankkrediten und einer ausgebildeten, vielköpfigen Lohnarbeiterschaft, insbesondere aber durch die Einführung der maschinellen Produktion möglich. Aus den Manufakturen gingen die Fabriken hervor, oder solche wurden neu gegründet, während das Handwerk (in oft unscharfer Abgrenzung) daneben erhalten blieb.

Triebfedern des Fortschritts waren

● technische Neuerungen, vor allem die Erfindung der Dampfmaschine Ende des 18. Jhs. in England, welche die Mechanisierung des Produktionsablaufs erleichterte und den Betriebsstandort von der Wasserkraft löste (erster Einsatz in Mitteldeutschland 1822),

● der in diesem Zusammenhang stehende Aufbau des Eisenbahnnetzes (Die erste deutsche Ferneisenbahn verband seit 1839 Leipzig mit Dresden.),

● der Wegfall der Zollschranken (Deutscher Zollverein 1834),

● die Gewerbefreiheit (je nach Territorium zu verschiedenen Zeitpunkten im 19. Jh.),

● die Anfänge des Bankenwesens und

● die vehement wachsende Bevölkerung, welche die Nachfrage nach industrieller Massenware auslöste.

Der Industrialisierungsprozeß ist im südlichen Thüringen und Sachsen durch die folgenden Merkmale gekennzeichnet: Im Laufe der Entwicklung machten sich die meisten Produktionszweige von den heimischen Ressourcen unabhängig, weil sie die unerläßlichen Rohstoffe nun über die neuen Verkehrswege billig importieren konnten. Um die erhöhte Nachfrage befriedigen zu können, mußte dabei der optimale, kostengünstigste Produktionsstandort gesucht werden. Einige Unternehmen wechselten daraufhin über geringe Entfernungen aus dem Gebirge in die verkehrsgünstige Lage an seinem Rand oder legten dort Filialbetriebe an; die große Mehrzahl der Fabriken entstand hier aber neu, d.h. ohne das Zwischenstadium der Manufaktur. Damit verlagerte sich der Schwerpunkt der Industrie allmählich in die Vorländer (Erzgebirgsvorland, Thüringer Becken, Südthüringen), wo die Städte erste Ansatzpunkte waren. Sie vermochten den steigenden Arbeitskräftebedarf bequem zu decken und waren zugleich das anfänglich wichtigste Absatzgebiet. Durch den Ausbau des Verkehrsnetzes und verschiedene Produktionsumstellungen blieben die alten Standorte im Gebirge auf die Dauer zwar konkurrenzfähig; gleichwohl hatten sie das schwächere Wachstum. Für die Fabriken wurde in den Siedlungen der topographische Standort an den Gewässern bevorzugt, weil das Wasser zur Energieerzeugung (und für verschiedene Verarbeitungsprozesse) solange ein unerläßlicher Rohstoff blieb, bis neue Energiequellen zur Verfügung standen.

Somit stellte sich die Industrie auf Verkehr und Absatz, in erster Linie aber auf die Arbeitskraft ein *(verkehrs- und arbeitsorientierte Industrie).* Zugleich lösten sich viele Unternehmen durch Vergrößerung oder Fusionierung von der handwerklichen Betriebsgröße. Es schoß eine Vielzahl von kleinen, mittleren und großen *Mittelbetrieben* aus dem Boden, deren Belegschaften zehn bis höchstens 100 Personen zählten. Nicht zuletzt zogen die bodenständigen Unternehmen aus der handwerklichen Tradition großen Nutzen; der Erfindungsreichtum ihrer Mitarbeiter sicherte ihnen wiederholt einen Wettbewerbsvorsprung. Trotz niedriger Löhne und schlechter Lebensbedingungen starb die Hausindustrie unterdessen noch nicht aus; sie hielt sich sowohl im Erzgebirge als auch im Thüringer Wald bei bestimmten Branchen bis in die

30er Jahre unseres Jahrhunderts in ansehnlichem Umfang (Abb. 27). In selte-
nen Fällen wurde der Gewerbezweig beim Übergang vom Handwerk zur
Industrie gewechselt; so fanden viele Arbeitskräfte des Obereichsfeldes nach
dem Niedergang der wollverarbeitenden Hausindustrie beispielsweise Beschäftigung in den neuen Tabakfabriken.

Die Entwicklung zum *Großbetrieb* – weniger durch die Einwirkung fremder Konzerne als vielmehr durch Eigenkapitalbildung – begann teils vor, teils
nach dem Ersten Weltkrieg, als an den großstädtischen Standorten bedeutende Werke mit nationaler und internationaler Geltung errichtet wurden
(Phase der „Hochindustrialisierung"). Entscheidend dafür war u.a. die neue
„unbegrenzt" verfügbare Energie auf Braunkohlenbasis (Elektrifizierung),
nachdem bislang die lokale Wasserkraft und/oder die heimische Steinkohle,
zeitweise ergänzt durch den teuren Brennstoff aus dem Ruhrgebiet und Ober-
schlesien, eine Ausweitung erschwert hatten. Damit waren schließlich die
Voraussetzungen für die weitere Spezialisierung und den Verbund der Industriezweige geschaffen. Die Branchen stimmten sich durch Zulieferung aufeinander ab und erzeugten hochwertige Waren nicht allein für den (mittel-)
deutschen Markt, sondern – wie in der Textilindustrie von Anfang an – auch
für den Export. Naturgemäß entwickelten sich darüber hinaus spezielle
Zweige, die keinen Bezug mehr zum herkömmlichen Handwerk erkennen
ließen und nicht mit anderen Branchen am Ort oder in der Region verflochten waren. Zugleich entstand eine gewisse räumliche Bindung der Betriebsstruktur: Die Großbetriebe kennzeichnen die Gebirgsvorländer und -becken,
Klein- und Mittelbetriebe sind das bestimmende Element in den höheren
Regionen.

Die südlichen Mittelgebirge, ihre Ränder und Vorländer, vor allem im östlichen Teil, schließen sich allmählich zu einer deutschen *Industrieregion
ersten Ranges* zusammen, deren Charakter insgesamt mittelständisch ist. Sie
erlebt nach 1870 bis zum Ersten Weltkrieg und noch einmal in den 1920er
Jahren das größte Wachstum (Atlas des Saale- und mittleren Elbegebietes,
49–50). W. SCHLESINGER (1965) verbindet die jüngere Phase mit dem Terminus „Überindustrialisierung" und meint damit die negativen Folgeerschei-
nungen der freien, noch nicht sozialen Marktwirtschaft für die Bewohner von
Städten und Dörfern, die in den schnellen Wandlungsprozeß gleichermaßen
einbezogen worden sind. Die rasch gebauten Wohnviertel zwischen den
Fabriken mit geringer Lebensqualität gaben den Siedlungen ein neues, vielfach häßliches Gesicht; Arbeiter und Arbeiterbauern (als soziale Doppelexi-
stenzen) traten an die Stelle von Bauern und Handwerkern, beides allerdings
mehr in Sachsen als in Thüringen, wo die geringere Industriedichte der Landwirtschaft immer noch genügend Platz beließ (Tab. 10; Kap. 4.2).

Tab. 10: Die Erwerbstätigkeit nach Wirtschaftssektoren 1925 [%]

Gebiet	Land- und Forstwirtschaft	Industrie und Handwerk	Handel und Verkehr
Sachsen	12,4	60,8	17,0
Thüringen	29,3	49,0	12,7
Mitteldeutschland (ohne Anhalt)	32,8	41,1	15,4
Deutsches Reich	30,5	41,4	16,5

Quelle: J. JOHN 1981

Als Ergebnis des ökonomischen Umbruchs haben sich bestimmte Schwerpunkte herausgeschält, die nachstehend auswahlweise als abgrenzbare *Industriegebiete* aufgeführt sind. Sie schließen in aller Regel an die alten Zentren des Handwerks an, sind aber meistens weit darüber hinaus gewachsen. Das gemeinsame strukturelle Kennzeichen der (süd-)sächsisch-thüringischen Industriegebiete, die mit Nordböhmen und Oberfranken eine bedeutende Wirtschaftsregion im Herzen Mitteleuropas bilden, ist die Vorherrschaft der Verbrauchsgüterindustrie und die Verteilung auf eine Vielzahl von Standorten. Grundstoff- oder gar Schwerindustrie (Investitionsgüterindustrie) bilden die seltene Ausnahme.

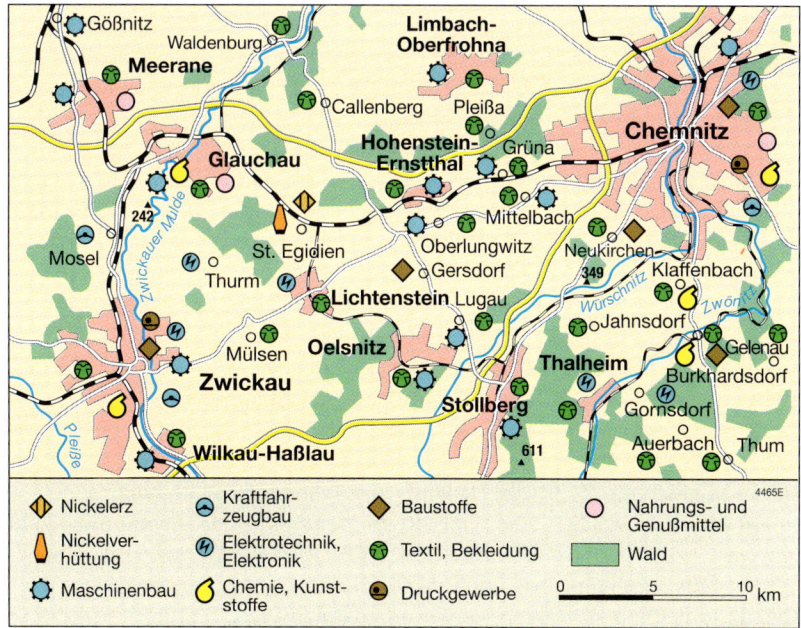

Abb. 26: Das westsächsische Industriegebiet zwischen Chemnitz und Zwickau um 1990

Das *westsächsisch-ostthüringische Industriegebiet* hat als ältestes in Deutschland mit fast 60 % der Beschäftigten im sekundären Wirtschaftssektor eine hervorragende Stellung (Abb. 26). Es umfaßt Mittelgebirge wie Gebirgsvorland und erstreckt sich auf das Westerzgebirge, das Erzgebirgsbecken und das Saalische Schiefergebirge (Vogtland) mit Ausläufern in Ostthüringen (bis zur Saale), im Mittelsächsischen Hügelland und im Osterzgebirge. Im zentralen Teil, um die Industriegroßstädte Chemnitz und Zwickau, ist es ein vielkerniger, verstädterter Ballungsraum mit der größten Bevölkerungsdichte in Deutschland geworden; das (West-)Erzgebirge gilt als die am dichtesten besiedelte Höhenregion Europas. Außer den o.g. allgemeinen Faktoren haben die Gewinnung der Steinkohle in den Revieren von Zwickau und Lugau-Oelsnitz und der frühe Eisenbahnbau in den 50er und 60er Jahren des 19. Jhs. die Initial- und Wachstumsphase der gewerblichen Wirtschaft hier in besonderer Weise begünstigt.

Vor allen anderen Branchen ist die *Textilindustrie* mit 160 000 Beschäftigten (1933) in Woll-, Baumwoll- und Leinenverarbeitung zu nennen, die Sachsen die führende Stellung im Deutschen Reich sicherte. Den Übergang vom Manufakturwesen zur maschinellen Erzeugung brachten um 1800 die chemische Bleiche, die Einführung der Spinnmaschine und des mechanischen Webstuhls sowie der neue Rohstoff Baumwolle. Anfangs von englischen Fachleuten beraten, sind die Produktionsstufen der Textilindustrie Spinnerei, Zwirnerei, Weberei, Wirkerei, Stickerei, Färberei, Bleicherei und Druckerei in ein- oder mehrstufig aufgebauten Fabriken lokalisiert; daran schließen sich oftmals die Werke der *Bekleidungsbranche* an. Die Standorte verteilen sich auf die Großstädte Chemnitz, Zwickau, Plauen und Gera sowie auf eine Vielzahl von kleinen Mittelstädten, Kleinstädten und Industriedörfern, in denen sich je nach Siedlungsgröße entweder eine Spezialbranche oder mehrere Teilzweige niedergelassen haben. So sind die Produkte (und Firmen) einzelner Orte im engen und weiten Umkreis von Chemnitz weltbekannt geworden: Handschuhe, Trikotagen (Limbach-Oberfrohna, Burgstädt), Strümpfe (Oberlungwitz, Auerbach, Thalheim, Gelenau), Möbelstoffe (Kirchberg, Hohenstein-Ernstthal), Baumwollgarne (Mittweida, Floha), Spitzen (Annaberg-Buchholz, Schneeberg), Oberbekleidung (Lößnitz), Buntstickerei (Eibenstock), Spinnstoffe (Glauchau), Wollstoffe (Meerane) u.v.a. In der Regel stimmen die genannten Klein- und Mittelstädte mit den spezialisierten Erzeugungsstandorten der handwerklichen Vorphase überein. Den größten Aufschwung nahm im 20. Jh. die Strumpf- und Trikotagenherstellung.

Gleichzeitig wächst eine vielseitige *Metallindustrie* heran. Sie steht zunächst im Dienst des Textilgewerbes (Textil- und Werkzeugmaschinen, Wirknadeln u.ä.), verselbständigt und spezialisiert sich aber bald und überflügelt schließlich vom Ertrag her die arbeitsintensivere Textilindustrie (1933 ca. 60 000 Beschäftigte). Die Firmennamen Diamant, Wanderer, DKW,

Horch/Audi (später zur Autounion zusammengeschlossen) und Hartmann sind Symbole für die Erzeugung von Fahrzeugen aller Art, von Fahr- und Motorrädern, Personen- und Lastwagen bis hin zu Lokomotiven. Daneben formiert sich die Zulieferindustrie (z.B. Fahrzeugteile, Spezialaufbauten, Meßgeräte). Obschon die dezentrale Verteilung der Erzeugungsstandorte innerhalb des Industriegebietes auch für die Metallbranche (z.B. für den Fahrzeugbau in Zschopau, Werdau, Reichenbach i.V. und Penig) gilt, stehen die größten Werke in den Großstädten Chemnitz und Zwickau. Das bedeutendste Zentrum der Maschinen- und Textilindustrie jener Zeit ist Chemnitz, als „deutsches Manchester" gelobt, als „Rußchemnitz" verschrien, das ebenso wie Zwickau eine große Branchenbreite und eine beherrschende Stellung im Textilhandel besitzt. Insgesamt gesehen ist der Maschinenbau, der in der zweiten Hälfte des 19. Jhs. die führende Position in Deutschland erringt, stärker auf die Industrie-Großstädte konzentriert, während die Textilindustrie ihr Umland beherrscht.

Neben anderen Branchen ergänzen die *Holzstoff-, Papier- und Pappe-(Kartonagen-)Fabrikation* der Gebirgstäler (z.B. Annaberg-Buchholz) und die *elektrotechnische Industrie* (vor allem Chemnitz) den führenden Maschinen-/Gerätebau und das Textilgewerbe an den genannten Standorten oder anderen Plätzen. Unabhängig davon gehören zum westsächsisch-ostthüringischen Industriegebiet noch andere Zweige, wie die Herstellung von *Spielwaren und Musikinstrumenten*, die an die o.g. Handwerksorte anschließen und sich von dort ausgebreitet haben. Beispielsweise gelangte die handwerklich-industrielle Herstellung von Musikinstrumenten (Klaviere, Harmonikas, Akkordeons, Orchesterinstrumente u.a.) von den Geigenbauorten Klingenthal und Markneukirchen des Vogtlands ins Thüringische und hielt in Gera, Langenberg, Eisenberg, Altenburg und anderen Orten Einzug. Die Spielwarenindustrie folgte von Seiffen-Olbernhau dem Flöhatal abwärts und verteilte sich hier auf viele kleine Standorte, jeweils mit einem großen Anteil der Heimarbeit. Dabei trat die Fertigung von Weihnachtsschmuck (Pyramiden, Schwibbögen, Nußknackern, Räuchermännchen und anderen Holzfiguren) in den Vordergrund.

Das *Industriegebiet des Thüringer Waldes/Schiefergebirges* hat einen anderen Charakter. Zwar ist auch hier, noch mehr als in Sachsen, der Klein- und Mittelbetrieb maßgebend, und die – wegen der Wasserkraft meist talgebundenen – Standorte verteilen sich aus Gründen der Arbeitskraft in weiter Streuung ebenso auf viele städtische und ländliche Siedlungen, wenngleich die größeren Fußorte des Mittelgebirges die gewerbliche Wirtschaft am stärksten auf sich gezogen haben (Heimat und Welt, TH 15/2). Obschon längst von ihr gelöst, tritt jedoch der ehemalige Bezug zur ursprünglichen Rohstoffbasis deutlicher hervor als im Sächsischen („bodenvererbte Industrie"; E. KAISER 1933), und die Branchenvielfalt mit der Erzeugung hochwertiger Güter, ja von Spezialitäten in Verbindung mit der Hausindustrie ist ein typisches Kennzeichen. Schließlich bildet die Entwicklung zum Großbetrieb noch die seltene Ausnahme. Insgesamt führt diese Industriestruktur nirgends zu solchen Ballungen wie in Westsachsen. Trotzdem bindet die Beschäftigung im sekundären Sektor des Thüringer Waldes lange Zeit mehr Menschen als im verkehrsgünstiger gelegenen, agrarisch durchdrungenen Thüringer Becken. Dieses Verhältnis ändert sich erst in der zweiten Hälfte des 20. Jhs.

Generalisierend kann man hervorheben, daß – neben anderen Zweigen – die Metall-, Elektro-/Feinmechanik-, Glas- und Porzellanindustrie die wichtigsten Branchen sind. Das *Metallgewerbe*, in erster Linie vertreten durch den Maschinen- und Fahrzeugbau, zum Teil mit *elektrotechnischen und feinmechanischen Werken* verbunden, konzentriert sich auf die Fußorte des Thüringer Waldes im engeren Sinn, besonders im Westen und Südwesten: Die größeren Standorte Eisenach (Fahrzeugbau; Heimat und Welt, TH 8/3), Ruhla (ursprünglich Uhrenherstellung, später Meßgeräte), Schmalkalden (Kleineisenwaren, z.B. Schlösser, Feilen, Bohrer), Zella-Mehlis (Feinmechanik), Suhl (Sportwaffen und Motorräder) und Meiningen (schon im südlichen Vorland; neben elektrotechnischer auch Möbelindustrie) verfügen zwar immer über einen dominierenden Industriezweig, haben außerdem aber zumindest kleine Fabriken anderer Branchen. Im östlichen Teil, dem Thüringer Schiefergebirge, ist außer der *Porzellanindustrie* (Feinkeramik) die *Glasindustrie* kennzeichnend (Heimat und Welt, TH 19/2). In enger Nachbarschaft der Glashütten (1937 wurden 42 gezählt) hat sie fast jede Gemeinde erfaßt. Am Hauptplatz Ilmenau (mit Fachschule), in Lauscha, Steinach, Neuhaus a.R., Steinheid und vielen anderen Siedlungen erzeugt die Glasindustrie, die seit 1830 in Kombination mit der Feinmechanik/Optik das deutsche Monopol für technische Hohlgläser erwirtschaftet hat, eine bunte Mischung: Laborgeräte, Thermometer, Glühbirnen und andere Glasinstrumente, Glasfasern, Haushaltsgegenstände wie Thermosflaschen, Geschirr, außerdem Glasspiel- und -schmuckwaren (seit 1877 auch Christbaumschmuck), ferner Kunstglas (u.a. Sonnenmühlen), Brillen und Glasaugen. 1925 waren in dieser Branche mit einem großen Anteil der weiterverarbeitenden Hausindustrie ca. 14 000 Menschen beschäftigt. Die Vielseitigkeit des Thüringer Waldes rundet die Industriestadt Sonneberg und ihre Umgebung mit der beherrschenden *Spielwaren*-Herstellung – später von Fabriken der Elektrotechnik und des Maschinenbaus aufgewertet – ab (Abb. 27).

Im *Thüringer Becken*, dessen landwirtschaftliche Erzeugung dank Klimagunst und Bodengüte einen hohen Rang genießt, verteilt sich die Industrie auf die vorwiegend mittelgroßen Städte, während der ländliche Raum seinen Charakter bewahrt. Es sind gewissermaßen Einzelstandorte, die nur an wenigen Stellen zusammenwachsen, so daß von einem Industriegebiet im Sinne des Wortes nicht gesprochen werden kann. Auch die Branchenverflechtung

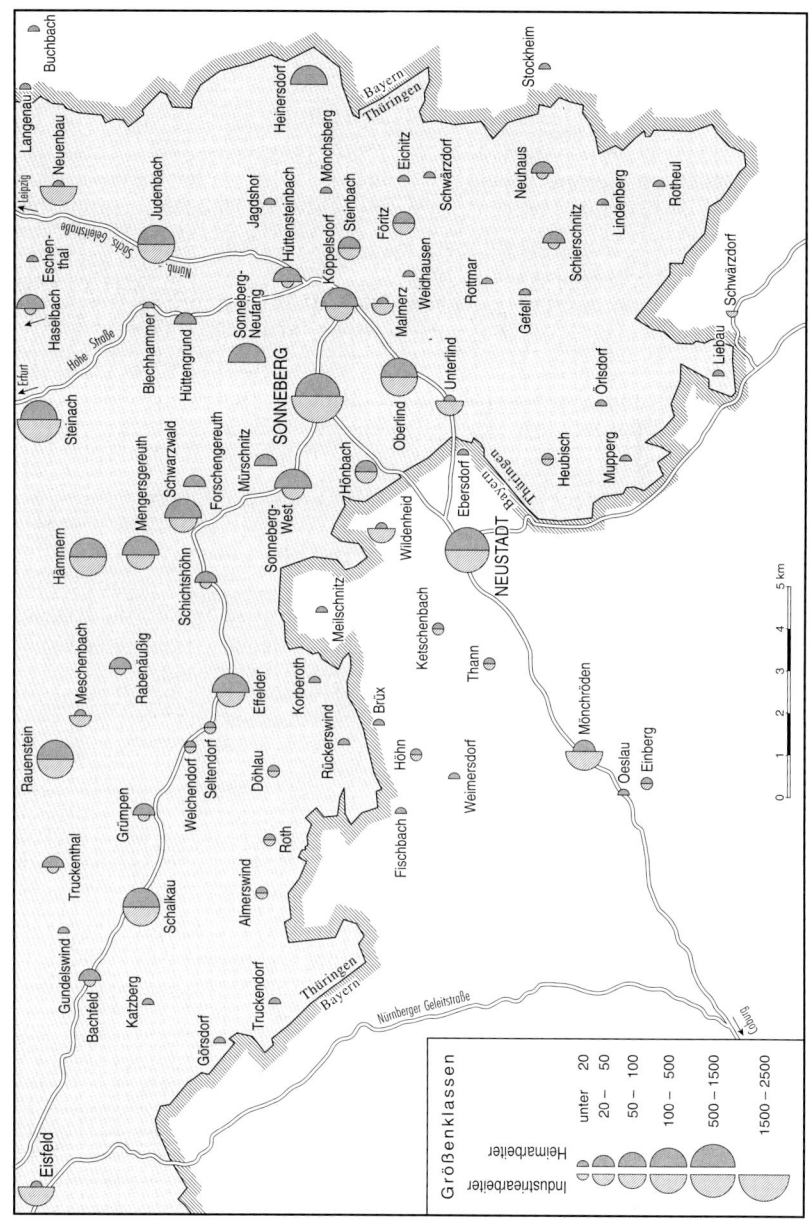

Abb. 27: Die thüringische Spielwarenindustrie 1929 nach Betriebsgrößenklassen u. Beschäftigungsart (nach RITTER, STEINAUER 1995)

ist geringer als in Westsachsen, aber im Fahrzeugbau weit gediehen. Nicht immer geht die handwerkliche Stufe an Ort und Stelle voraus; manche Werke sind auch durch Initiative von außerhalb ins Leben gerufen worden. Die Branchenvielfalt, ein Merkmal der gesamten thüringischen Industriestruktur, bleibt auf solche Weise erhalten.

Anders als im Thüringer Wald tritt freilich der Großbetrieb stärker hervor; mehrfach ziehen einige wenige Fabriken die Masse der Beschäftigten auf sich und sind so zum Aushängeschild der betreffenden Stadt geworden, wie z.b. Zeiss und Schott in Jena (Heimat und Welt, TH 9/1). Die größeren Standorte im und am Rande des Thüringer Beckens, repräsentieren infolgedessen – zusammen genommen – eine ziemliche Breite: Erfurt (u.a. Metallverarbeitung/Elektrotechnik, Bekleidung, Lederwaren; Heimat und Welt, TH 15/1), Jena (Glas, Feinmechanik/Optik, Arzneimittel), Gotha und Weimar (vor allem Maschinenbau), Arnstadt und Sömmerda (Elektrotechnik), Apolda (Textilien), Kahla (Porzellan), Waltershausen (Fahrzeugbau, Gummiwerke), Rudolstadt-Schwarza (Chemiefasern), Freyburg und Nordhausen (Getränke), Stadtroda (Möbel) und Pößneck sowie Saalfeld (vielseitig, u.a. Nahrungsmittel, Optik, Maschinenbau, Lederwaren). In der Orlasenke bei Saalfeld befindet sich die einzige Grundstoffindustrie von Rang, die Maxhütte in Unterwellenborn mit Stahlerzeugung, deren Rohstoffe die Chamosite von Schmiedefeld im Thüringer Schiefergebirge und der Brauneisenstein von Großkamsdorf (Zechsteinkalk) in unmittelbarer Nachbarschaft sind.

4.1.3.2   Die Industrie des westlichen Tieflands

Während der Nordosten Mitteldeutschlands – abgesehen vom Lausitzer Braunkohlenrevier – bis heute eine sehr niedrige Beschäftigungsziffer in der Industrie aufweist, war der Nordwesten durch seine zentrale Lage von jeher ein bevorzugter Raum in Mitteleuropa. Mit seinem früh entwickelten Verkehrsnetz, das von Leipzig und Halle aus in alle Richtungen weist, und dank der großen Flächenreserven in der Ebene hatte er scheinbar auch die weitaus besseren Ausgangsbedingungen beim Eintritt in das Industriezeitalter als die Höhenregionen des Südens. Trotzdem kamen die günstigen geographischen Voraussetzungen zunächst nicht zur Geltung, weil sich die Grenzen zwischen den Territorien und das Eigeninteresse der Großstädte, insbesondere Leipzigs, das nur die eigenen gewerblichen Initiativen förderte, ebenso wie die traditionelle agrarische Prägung für einen wirtschaftlichen Umschwung als hinderlich erwiesen. Handwerkliche Tradition bzw. ausgebildete Arbeiter waren nur in den (groß-)städtischen Siedlungen vertreten. So verzögerte sich die Industrialisierung im Vergleich zum Süden Mitteldeutschlands spürbar, d.h. um mehr als ein halbes Jahrhundert. Sie gewann erst um 1870 Gestalt, schritt aber mit Annäherung an das 20. Jh. und besonders seit dem Ersten Weltkrieg um so rascher voran und übersprang in mancherlei Hinsicht Zwischenstufen, die bei einer längeren und kontinuierlichen Entwicklung wie im Erzgebirge oder im Thüringer Wald durchlaufen wurden. Die von ihr erfaßten Gebiete repräsentieren gewissermaßen die zweite Phase der technisch-industriellen Revolution (Atlas des Saale- und mittleren Elbegebietes, 49-50).

Die Rahmenbedingungen für den Einzug der Industriewirtschaft sind hier anders und greifen vielfältig ineinander. Der Ausgangspunkt liegt bei den Umstellungen in der Landwirtschaft. Seit etwa 1830 setzte in der Magdeburger Börde der durch zollpolitische Maßnahmen Preußens gestützte Anbau der Zuckerrübe – im Wechsel mit der Brachfrucht Zichorie als Zusatz für den neuen Malzkaffee – verstärkt ein. Für den Extraktionsprozeß erforderte die Hackfrucht ebenso wie die Weiterverarbeitung der im Umkreis des Harzes geförderten Salze Energie. Wegen des immer stärker um sich greifenden Holzmangels in dem seit alters waldarmen Agrarland der Lößgebiete rückte nach Überwindung rechtlicher, technischer und infrastruktureller Probleme die Braunkohlengewinnung in den Blickpunkt des Interesses. Der neue Rohstoff revolutionierte das Wirtschaftsleben Mitteldeutschlands; denn er wurde nicht nur in der Zuckerindustrie und in verwandten Branchen der Nahrungsmittelerzeugung sowie in den Salinen als Brennmaterial eingesetzt. Die Braunkohlengewinnung war zugleich die unerläßliche Basis für die Entwicklung der energieerzeugenden und chemischen bzw. elektrochemischen Industrie, und sie zog die (spätere) Ansiedlung der Großchemie nach. Schließlich löste sie indirekt den Aufschwung der Maschinenindustrie aus und hatte eine erhebliche Fernwirkung im mitteldeutschen Raum.

Beim Industrialisierungsprozeß ist vor allem die Tendenz zur Gründung großer Werke unverkennbar. Als Grundstoff- und Folgeindustrie verarbeiten und veredeln sie die einheimischen Rohstoffe oder es handelt sich um Branchen, die als Zulieferer zur Ausrüstung der rohstoffverwertenden Industrie beitragen. Bei einem statistischen Vergleich der Betriebsgrößenklassen schlägt sich die Dominanz der Großbetriebe im Tiefland, selbst in den summarischen Werten für die mitteldeutschen Länder, deutlich nieder (Tab. 11).

Das sogenannte *mitteldeutsche Industriegebiet* (G. AUBIN 1924), das bei großzügiger Auslegung von Zeitz und Altenburg im S bis nach Dessau und Wittenberg im N reicht, ist polyzentrisch aufgebaut (Abb. 28). Es schließt den Ballungsraum um die Großstädte Leipzig und Halle ein und durchschneidet bekanntlich die Grenzen der mitteldeutschen Länder. Als einheitliches Wirtschaftsgebiet in verkehrsgünstiger Mittellage mit der größten Wertschöpfung in unserer Region, in dem Bergbau und Industrie innig verflochten sind, hat es aus raumplanerischen Gründen immer wieder (erfolglose) Initiativen zur Verschiebung oder Aufhebung der administrativen Trennlinien entfacht

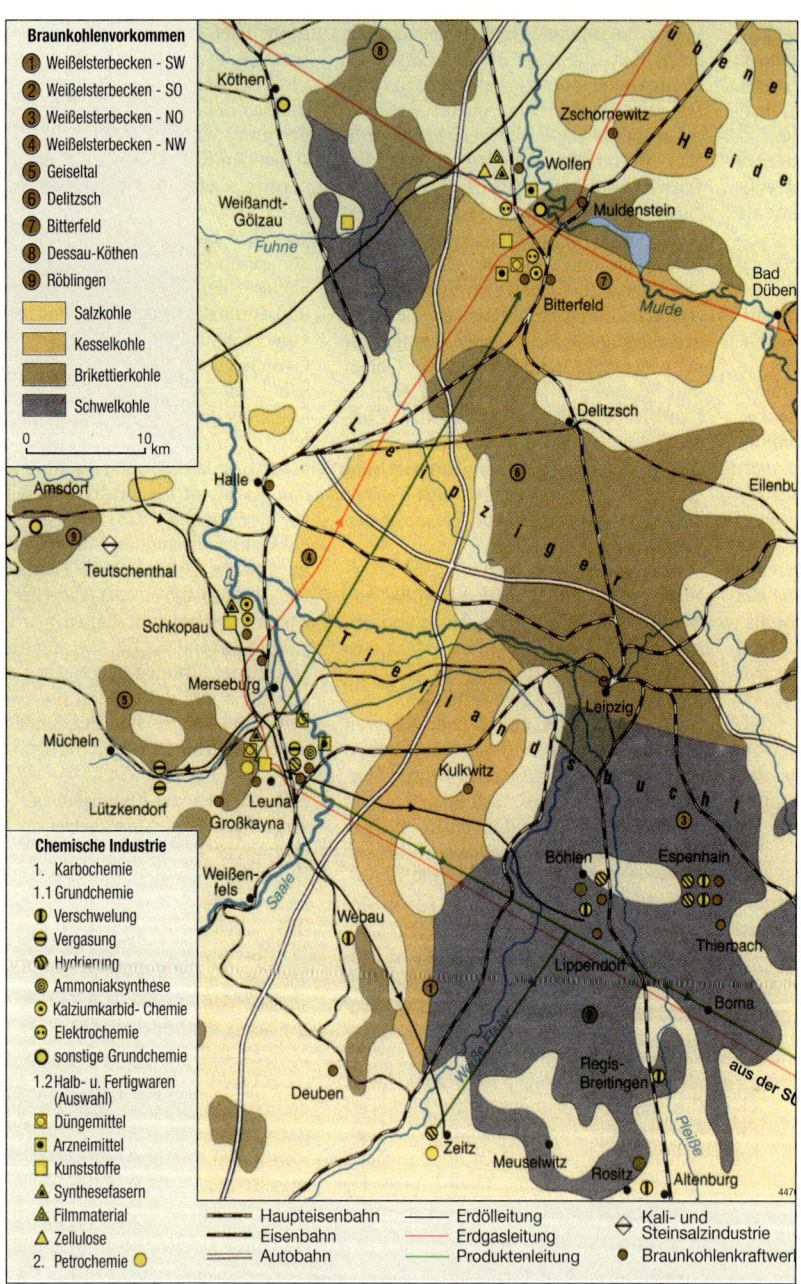

Abb. 28: Das „mitteldeutsche" Bergbau- und Industriegebiet (nach RICHTER 1987)

Tab. 11: Die Betriebsgrößen von Industrie und Handwerk nach der Zahl der Beschäftigten 1939 [%]

Gebiet	Kleinbetriebe 1-50 Beschäftigte	Mittelbetriebe 51-200 Beschäftigte	Großbetriebe 201-1000 Beschäftigte	>1000 Beschäftigte
Anhalt	28,7	14,2	16,0	41,1
Provinz Sachsen	36,0	14,3	20,3	29,5
Sachsen	38,7	20,4	25,1	15,8
Thüringen	42,4	19,3	23,6	14,7
Deutsches Reich	39,4	16,8	20,7	23,1

Quelle: J. JOHN 1981

(Kap. 1.3; vgl. DIERCKE Weltatlas 1988 und 1996: 37/1; Heimat und Welt, S 27).

Seine Wesenszüge kann man im Vergleich zur Industrie der Mittelgebirge und ihrer Vorländer nach dem oben Gesagten zusammenfassend kennzeichnen durch

● das geringere Alter,

● die standortbildende rohstofforientierte Erzeugung,

● die von vornherein angelegte großbetriebliche Struktur (mit Ausnahme der Metallindustrie überwiegend ohne eine handwerkliche Vorstufe) und

● die andere und noch einseitigere Branchengliederung mit der Dominanz der chemischen Industrie (Investitionsgüterindustrie).

Im äußeren Bild hinterließ das mitteldeutsche Industriegebiet beim Beobachter der 30er Jahre im Vergleich mit dem im S angrenzenden westsächsisch-ostthüringischen Industriegebiet allerdings kaum den Eindruck einer „Industrielandschaft". Die Fabriken häuften sich entweder in den großen und mittelgroßen Städten und im unmittelbaren Umkreis der Braunkohlentagebaue und verschafften gewiß an einigen Schwerpunkten die Vorstellung der „rauchenden Schlote". Dazwischen gab es aber ländliche Siedlungen in großer Zahl bzw. große Gebiete mit einer intakten Land- und Forstwirtschaft ohne Industrie. Noch mehr galt dies für die Randgebiete, etwa des Flämings oder der Dübener Heide, also für jene Waldregionen, welche nord- bzw. ostwärts den geschlossenen ländlichen Raum einleiteten (z.B. J. HAASE 1964). Die weit gestreuten Standorte des mitteldeutschen Industriebezirks machten auch den wesentlichen Unterschied zum oft vergleichsweise herangezogenen (älteren) Ruhrgebiet aus, dessen „flächenhaft-struktureller" Charakter im Zusammenhang mit den räumlich eng begrenzten Steinkohlenlagerstätten entstand (H. G. STEINBERG 1964).

Die Verbreitung der drei wichtigsten Industriezweige – Nahrungsmittel-, (elektro-)chemische und Metallindustrie – zeigt gewisse Schwerpunkte; ihre

Areale liegen aber nicht nur nebeneinander, sondern sie verzahnen sich teil-weise, so daß der jeweilige Industriestandort hinsichtlich des Branchenspektrums einseitig oder vielseitig sein kann. Dennoch häuft sich die *Nahrungsmittelindustrie* – naturgemäß auf ganz Mitteldeutschland verstreut – infolge der hochrangigen Landwirtschaft westlich der unteren Saale und besetzt in den Börden und den Harzvorländern bis in die Leipziger Tieflandsbucht und ins Thüringische (z.b. Goldene Aue) zahlreiche Standorte im ländlichen und städtischen Raum (vgl. Abb. 35 für die Magdeburger Börde). Neben der Vielzahl von Getreide- und Ölmühlen, Mälzereien, Brauereien und (Kartoffelschnaps-)Brennereien hatten die um 1873 etwas mehr als 150 *Zuckerfabriken* eine hervorragende Stellung. Sie lagen ursprünglich als Kleinbetriebe bei den großen Gütern („agrarer Typ"), lösten sich im Laufe des 19. Jhs. durch den technischen Fortschritt von ihnen und wurden nach 1870 unabhängige Großbetriebe an zentralen Standorten („industrieller Typ"), wo die durch Anbaukontrakte verpflichteten Erzeuger der Industriekultur auf kurzem Weg anliefern konnten.

Eine der ersten Zuckerfabriken wurde in Klein Wanzleben südlich Magdeburgs 1838 von 19 Landwirten, Gastwirten und Handwerkern gegründet; die daraus entstehende Aktiengesellschaft, die 1937 über eine Fläche von 7500 ha verfügte, avancierte in den 1880er Jahren zu einem weltbekannten Unternehmen und deckte Anfang des 20. Jhs. die Hälfte des Rübensamenbedarfs der Welt (L. GUMPERT 1980).

Der Schrumpfungsprozeß durch Konzernbildung bei wachsender Produktionsmenge – verbunden mit der Errichtung großer Raffinerien in Magdeburg und Halle – hielt im 20. Jh. an, so daß die Zahl der Zuckerfabriken in den 30er Jahren auf weit unter 100 gesunken war. Roh- und Weißzucker wurden teilweise von der neuen Süßwarenindustrie, z.B. von Zuckerwaren- und Schokoladefabriken, an meist verbrauchernahen städtischen Standorten (z.B. Delitzsch, Leipzig) weiterverarbeitet. Darüber hinaus entstanden *Konservenfabriken* für Gemüse (Kohl, Gurken u.a.) auf der Basis der örtlichen Erzeugung. Zu wichtigen Zentren der Nahrungsmittelindustrie entwickelten sich naturgemäß die größten Vororte der Lößgebiete, Magdeburg und Halle. Vor allem Magdeburg war Ende des 19. Jhs. ein erstrangiger Verarbeitungsstandort der landwirtschaftlichen Produkte und Umschlagplatz für Zucker (mit dem Sitz der größten deutschen Zuckerbörse), bevor sich der (Schwer-)Maschinenbau in den Vordergrund schob.

Die *chemische/elektrochemische Industrie* (Karbidchemie, Hydrierung, Vergasung, Verschwelung) als Leitbranche des mitteldeutschen Industriegebiets – zusammen mit den Werken der *Energieerzeugung* (Kraftwerke, Brikettfabriken) und den kohle- bzw. brikettverbrauchenden Industrien (Zuckerfabriken, Ziegeleien u.a.) auch „Braunkohlen-Folgeindustrie" genannt – hat zwischen unterer Saale, Mulde und mittlerer Elbe mehrere Standorte, die wegen des Wasserbedarfs für den Produktionsprozeß und des Abwassers immer die Flußnähe bevorzugen. Ihre verschiedenen Zweige massieren sich im unmittelbaren Kontakt zum Braunkohlenbergbau in drei Gebieten (Tab. 12, Abb. 28):

● in Bitterfeld und Wolfen als ältestem Bezirk,

● bei Merseburg (Schkopau, Leuna, Krumpa) mit alten und jungen Anlagen und

● in Böhlen und Espenhain südlich von Leipzig, wo die Großbetriebe erst 1934-1942 unter der nationalsozialistischen Herrschaft errichtet worden sind.

Von den Standorten abseits der Kohlegruben sei die nördliche Städtereihe entlang der Elbe von Magdeburg über Staßfurt, Bernburg (Soda), Coswig (Schwefelsäure) bis Wittenberg (Stickstoff) genannt, in denen jeweils mindestens ein größerer Betrieb steht (Heimat und Welt, SA 19/2). Hier bauen die Werke, teilweise an die örtlichen Salzvorkommen anschließend, auf dem Arbeitskräftereservoir der Mittelstädte und ihrer Umgebung auf. Der Transport von Rohstoffen und Roh- und Endprodukten wird durch die schiffbaren Flußstrecken von Elbe, Saale und Mulde gewährleistet. Die südlichen Ausläufer der Branche, so z.B. in Zeitz, Rositz und Regis (Treibstoffe), sind auf den Bahntransport angewiesen. In den Großstädten spielt die Chemiebranche keine führende Rolle (vgl. D. RICHTER 1987, Tab. 3).

Tab. 12: Betriebe und Beschäftigte der chemischen Industrie 1933

Verwaltungseinheiten	Zahl der Betriebe	Zahl der Beschäftigten	Beschäftigte je Betrieb
Reg.-Bez. Magdeburg	175	4769	27,3
Anhalt	67	4450	66,4
Reg.-Bez. Merseburg	190	33770	177,4
Reg.-Bez. Erfurt	78	749	9,6
Thüringen	293	5558	19,0
Khm Leipzig	312	7825	25,1
Khm Zwickau	131	862	6.6
Khm Chemnitz	157	2185	13,9
Khm Dresden-Bautzen	464	11126	24,0
Niederschlesien westl. der Neiße	33	424	12,9
Summe	1900	71718	Ø 37,7

Khm = Kreishauptmannschaft

Quelle: W. SCHMIDT in Atlas des Saale- und mittleren Elbegebietes, Erläuterungen

Weil die Carbochemie, wie erwähnt, sowohl der Erzeugung von Grundstoffen als auch ihrer Weiterverarbeitung und Veredelung zu Halbfertig- und Fertigwaren dient, ist die Produktpalette breit und an jedem Standort anders aufgefächert. Sie reicht von den Roh- bzw. Zwischenprodukten Teer, Stick-stoff, Schwefelsäure über die Endprodukte Mineralöle, Paraffine, Montan-wachs, Treibstoffe, Kunstdünger, Soda, Gummi/Reifen bis zu Spezialpro-dukten wie Filme, Pharmazeutika, Waschmittel, Seifen, Lacke, Farben u.ä. (vgl. das Produktionsschema mit seinen Standortverflechtungen bei D. RICH-TER 1987, Abb. 4).

Wir wissen bereits, daß sich die Entwicklung hauptsächlich in der ersten Hälfte des 20. Jhs. abgespielt hat (Kap. 4.1.2.2): Auf die ersten Fabrikgrün-dungen einheimischer Unternehmer Ende des 19. Jhs. folgte die gezielte Industrieansiedlung im wesentlichen zwischen 1916 und 1940 nicht aus eige-ner Kraft, sondern durch inländische Chemiekonzerne (vor allem BASF, Lud-wigshafen), teilweise mit Hilfe ausländischen Kapitals. Die größten Betriebe schlossen sich 1925 zur *Interessengemeinschaft (I.G.) Farben* zusammen.

Dabei übte der *Staat* einen besonderen Einfluß aus. Denn neben der Roh-stoffgrundlage, dem billigen und guten Baugelände und der inzwischen gewachsenen Bevölkerungsdichte war die strategisch günstige Binnenlage inmitten des Deutschen Reiches schon während des Ersten Weltkrieges für die großindustriellen Interessen mitentscheidend gewesen. Darüber hinaus förderte die Autarkie- und Rüstungspolitik des nationalsozialistischen Regi-mes die Verdichtung der chemischen Industrie bis zum Ausbruch des Zwei-ten Weltkrieges deutlich (Tab. 11). Den extremen Ausdruck der Wachstums-branche – teilweise im Dienst der Kriegsvorbereitung – verkörpern die „Che-miegiganten" bei Merseburg (Heimat und Welt, SA 20/2-3): Das als Tochter der BASF 1916 gegründete *Leuna-Werk* zur Erzeugung von Ammoniak (aus Luftstickstoff) und Methanol als Grundlage für die Produktion von Spreng- und Treibstoffen war mit 3 km^2 die größte Industrieanlage Mitteldeutsch-lands; seine Belegschaft wuchs am Vorabend des Zweiten Weltkrieges bis auf über 30 000 Mitarbeiter an. An zweiter Stelle folgte das 1936 gegründete *Buna-Werk* zur Gewinnung künstlichen Kautschuks in Schkopau (1944 fast 12 000 Beschäftigte). Gleichzeitig stützte die Regierung die großtechnische Verschwelung der bituminenreichen Braunkohle im Revier südlich von Leip-zig, wo schon 1922 bei Böhlen-Espenhain der größte Tagebau der Welt erschlossen worden war, und setzte damit den Grundstein für die hochgradige Umweltbelastung in unmittelbarer Großstadtnähe. Die Produktion syntheti-schen Benzins wurde hier bis kurz vor Kriegsende aufrechterhalten.

Die dritte, im nordwestlichen Tiefland vertretene Industriebranche von Belang, das *Metallgewerbe* mit Maschinen-, Gerätebau und Elektrotechnik, hat wie Braunkohlenbergbau und -industrie ihre Existenz ebenfalls den Bedürfnissen der Zuckerindustrie bzw. der Landwirtschaft zu verdanken. Sie versah anfangs Reparaturaufgaben in den Nahrungsmittelfabriken und stellte landwirtschaftliche Maschinen her, ehe die Produktion auch auf Großgeräte und den Anlagenbau für die Braunkohlengewinnung und -verwertung sowie für andere Erzeugnisse umgestellt wurde. Ihr Betriebsgrößenspektrum ist allerdings breiter als jenes der chemischen Industrie, weil sie größtenteils an die alten handwerklichen Betriebe in den Großstädten anschließt.

4.1.3.3 Die Industrie der Großstädte

In den vorausgegangenen Abschnitten hat die Industriewirtschaft der mitteldeutschen Großstädte schon teilweise mit einbezogen werden müssen, weil sie als Ballungskerne Glieder der großräumigen Industriegebiete sind. Ganz abgesehen von den vielfältigen Aufgaben im Dienstleistungssektor, wäre es indes verfehlt, die Großstädte nur als Abbild ihrer Umgebung anzusehen. Sie spielen keineswegs allein eine „passive" Rolle, sondern nehmen am Industrialisierungsprozeß „aktiv" teil (H. MARSCHALCK in J. REULECKE 1978). Vor allem sind sie nicht erst durch das Industriezeitalter wichtige gewerbliche Standorte und bedeutende Mittelpunkte geworden (wie die Großstädte des Ruhrgebiets), sondern leiten ihre führende Rolle aus älteren Funktionen und Traditionen ab. Je nach den örtlichen Startbedingungen hat die neue Entwicklung infolgedessen einen unterschiedlichen Verlauf genommen. Letztlich stellen die Großstädte – wie in vielem so auch in dieser Hinsicht – ausgesprochene Individualitäten dar. Was kann man trotzdem an Generellem nennen?

Die Industrie der Großstädte

● gründet in der Regel auf der Tradition des aus dem Spätmittelalter stammenden und in Zünften organisierten Handwerks, das sich in der vorindustriellen Phase weiterentwickelt hat,

● verfügt über eine Arbeiterschaft mit speziellen Fähigkeiten und Erfahrungen, die zugleich ein großes Nachfragepotential für die produzierten Waren an Ort und Stelle darstellen,

● macht sich die Kapitalbildung der Kaufleute mit dem frühen Geldhandel zunutze (Bankenwesen),

● zieht aus einer besonders günstigen geographischen Lage (z.B. Verkehrsknoten), durch die das Absatzgebiet allmählich auch auf ferne Märkte ausgedehnt werden kann, und aus anderen Vorteilen der Infrastruktur der hochverdichteten Siedlung Nutzen,

● besitzt eine große, scheinbar regellose Vielfalt, bei der aber die Nahrungs- und Genußmittel-, Bekleidungs- und Vervielfältigungsbranche, d.h. die konsumorientierte, z.T. hochspezialisierte Veredelungsindustrie einen hervorragenden Platz einnimmt,

● bildet neue Betriebsstandorte abseits der Altstädte, z.B. in Bahnhofsnähe oder in den gleichzeitig heranwachsenden Arbeitervorstädten (u.U. im Anschluß an Manufakturen) aus, und

● entwickelt sich zum dominanten Faktor des städtischen Lebens und fördert durch Verflechtung den lokalen tertiären Sektor, insbesondere die Groß- und Einzelhandelsfunktion, so daß aus den mannigfachen Wechselwirkungen ein allgemeines Wirtschaftswachstum hervorgeht.

Von den sieben mitteldeutschen Großstädten im Jahre 1933 übertrafen Erfurt und Plauen die 100 000er-Grenze nur wenig, Leipzig, Dresden, Magdeburg, Chemnitz und Halle an der Saale dagegen deutlich. Die im folgenden herausgegriffenen Beispiele Leipzig, Halle und Dresden spiegeln in ihrem Werdegang selbstverständlich die allgemeinen Wesenszüge des Industrialisierungsprozesses im 19./20. Jh. wider.

Leipzig hatte beim Eintritt in das Industriezeitalter noch den Charakter einer Handelsstadt (1852: 66 837 Einw.), welche die Waren der örtlichen Produktion und des westsächsisch-ostthüringischen Gewerbegebietes vermarktete. Um 1840 war es führend im Buch-, Rauchwaren- (= Pelz-), Garn- und Woll-, Drogen- (= Drogeriewaren) und Parfumhandel. Waren-Messen, Märkte und Fernhandel – besonders im europäischen West-Ost-Austausch und begünstigt vom Landesherrn – hatten eine bedeutende Kapitalbildung ermöglicht. Die zunehmenden Bankengründungen im Laufe des 19. Jhs., die hervorragende Lage im neuen Verkehrsnetz und das umfangreiche Arbeitskräfteangebot sowie die Gewerbefreiheit (1862) trieben den Übergang zur Industriewirtschaft stürmisch voran, wobei zunächst die handwerklichen Branchen der Innenstadt – an erster Stelle das Buch- mit dem graphischen Hilfsgewerbe („graphisches Viertel" östlich der Altstadt), ferner Textilindustrie und Metallverarbeitung – in kleinen und kleinsten Betrieben wuchsen.

Erst gegen die Jahrhundertwende veränderten sich Branchen- und Betriebsgrößenstruktur. Das quantitative Wachstum schlug in qualitative Veränderungen um (Tab. 13). Es entstanden durch Kapitalkonzentration – namentlich „auf grüner Wiese" im Westen der Altstadt – neue industrielle Mittel- und Großbetriebe mit Hilfe der örtlichen Braunkohle als Energiequelle; gleichzeitig entwickelte sich die Exportwirtschaft. Die Maschinenindustrie – einschließlich der Metallgewinnung und -verarbeitung sowie der elektrotechnischen Industrie – wurde der führende Industriezweig (1939: 44 % der Beschäftigten in Industrie und Handwerk), wegen vieler Spezialerzeugnisse mit dem Schwergewicht bei den mittleren Betriebsgrößen. Es folgten mit weitem Abstand die Textil- und Bekleidungsindustrie (15 %) und das ehedem führende graphische Gewerbe (13 %). Leipzig, ein Ballungskern des mitteldeutschen Industriegebietes, war selbst zur Industriegroßstadt geworden; denn die Beschäftigung im sekundären Sektor übertraf alle anderen städtischen Erwerbszweige bei weitem. Freilich lebte der Handel (nun mit der universalen Muster-Messe) unvermindert fort; er sicherte der Stadt auch im Deutschen Reich die führende Stellung im Warenaustausch zwischen West- und Osteuropa.

Tab. 13: Die Beschäftigung in Industrie und Handwerk der Stadt Leipzig

Branche	1875	1907	1939
Beschäftigte insgesamt	24704	125214	181692
davon in %			
Metallgewinnung, -waren	6,7	9,1	12,6
Maschinenbau, Elektrotechnik	9,6	16,9	31,6
Chemische Industrie	0,7	1,7	3,6
Textilindustrie	4,1	7,6	6,7
Bekleidungsindustrie	18,5	14,8	8,4
Graphisches Gewerbe, Papier	24,9	18,8	13,1
Holz, Spielwaren, Musikinstrumente	6,5	5,2	3,5
Nahrungs- und Genußmittel	10,5	7,5	8,0
Baugewerbe	12,1	13,0	10,3
Übrige	6,6	5,4	2,1

Quelle: D. SCHOLZ 1977

Obwohl *Halle an der Saale* eine ähnlich zentrale geographische Lage hat wie Leipzig und über alte Gewerbezweige verfügte (Salzgewinnung, Stärke-fabrikation, Textilmanufaktur), fehlten die Privilegien des Landesherrn vor allem für den Fernhandel, so daß es bis 1850 eine agrarisch orientierte Land-stadt und nur halb so groß wie sein Nachbar geblieben war (1852: 35 820 Einw.). Anders als in Leipzig, wo die Anregungen zur Entwicklung der Indu-striewirtschaft aus der Stadt selbst stammten, kamen sie in Halle – ähnlich wie in Magdeburg, das seine Vorreiterrolle im Warenverkehr zwischen West und Ost längst eingebüßt hatte – aus der Umgebung. Der Bedarf der Zucker-industrie, des Braunkohlen- und Salzbergbaus und der Landwirtschaft bestimmte die Branchenstruktur: Beim Übergang zum Großbetrieb und bei der Loslösung vom Nahmarkt (1870-1910) schälten sich als führende Zweige der (Land-)Maschinen- und Gerätebau (z.B. Wagenbau) einschließlich der Metallverarbeitung, die Nahrungs- und Genußmittelindustrie (Erzeugung von Zucker, Tabakwaren, Bier und Mineralwasser) und die chemische Indu-strie (Ölraffinerien, Farben- und Seifenherstellung) heraus, die hauptsächlich in Bahnhofsnähe entstanden. Im Gegensatz zu Leipzig verlagerte sich der industrielle Schwerpunkt in der Zwischenkriegszeit aus der Stadt in den Mer-seburger Raum (Leuna, Schkopau), so daß in Halle selbst die hektische Phase der Hochindustrialisierung fehlt. Die Dienstleistungsbranchen traten deshalb im städtischen Wirtschaftsleben viel stärker in Erscheinung.

Dresden, die ständige Residenz der albertinischen Wettiner seit 1485 (anfangs zusammen mit Torgau und Wittenberg), besaß als einzige Stadt Mit-teldeutschlands schon 1852 – nach heutiger Einteilung – statistische Groß-stadtgröße (104 199 Einw.). Es lag mit dem Elbübergang am Kreuzungspunkt

wichtiger Handelsstraßen (Nord-/Ostsee-Prag/Wien, Nürnberg-Krakau),
ohne anfangs daraus Kapital schlagen zu können wie das benachbarte Pirna.
Sein altes Gewerbe verdankte es viel mehr den Bedürfnissen des Hofes; denn
von 1660 bis 1720 entstanden in Dresden und Umgebung allein 34 Manufakturen für Textilerzeugnisse und Luxuswaren (Gold- und Silberwaren, Handschuhe, Tapeten, Seide und Schokolade), darunter die heute noch bestehende
weltbekannte Porzellanmanufaktur in Meißen. Bei der Entfaltung der Industrie nach der Mitte des 19. Jhs., als die Stadt zum Mittelpunkt des nach Westsachsen und dem Leipziger Raum dritten sächsischen Industriegebietes in der
Elbtalweitung zwischen Meißen und Pirna aufstieg, formte sich – vor allem
in den eisenbahnnahen Vorstädten – die breite Palette seiner gewerblichen
Wirtschaft, die nur teilweise an das alte Handwerk bzw. die Residenzfunktion
anschloß. Abgesehen vom Ablauf der Betriebsgrößen- und Absatzentwick-
lung wie in den anderen Beispielen, ist Dresden in unserer Region wohl der
Standort mit der vielseitigsten Veredelungsindustrie sehr unterschiedlicher
Branchen geworden, die in ihrer Gesamtheit tatsächlich als „Großstadtindu-
strie" bezeichnet werden kann. Sie umfaßt auch hier an vorderster Stelle
Maschinenbau und Elektrotechnik, dazu aber Feinmechanik (Näh-, Schreib-
maschinen, Fahrräder), Optik (Kameras, Meßgeräte), Nahrungs- und Genuß-
mittelherstellung (Zigaretten, Süßwaren) und pharmazeutische Betriebe, fer-
ner die Herstellung von Musikinstrumenten, die Keramik- und Glasindustrie,
Papierverarbeitung (Kartonagen), Möbelindustrie und – nicht zuletzt – das
Druckereigewerbe. Zweifellos ist Dresden am Ende der Entwicklung wie
Leipzig eine Industriegroßstadt und nimmt mit 173 486 Beschäftigten (1925)
hinter Berlin, Hamburg und Leipzig den vierten Platz im Deutschen Reich
ein; doch beeinflussen die nach der Beschäftigtenstruktur gleichrangigen
Dienstleistungen (Verwaltung, Handel, Kultur) – ähnlich wie in Halle, aber
aus anderen Gründen – den Charakter der Kunstmetropole entscheidend mit.

Weitere Literatur: Autorenkollektiv 1974, 1977; BENTHIEN u.a. 1990; FOR-
BERGER 1958, 1982; FUGMANN 1942; GELDERN-CRISPENDORF 1933; GOHL
1986; GORMSEN 1996; JOHN 1981; KAUFHOLD 1981; MÜLLER, G. 1938; MÜL-
LER, J. 1927, 1930; RÖLLIG 1928; SCHMIDT 1960; SCHOLZ 1977; SCHULZE, G.
1958; SCHULZE, H. 1956; SIEBER 1967

4.2   Die Folgen der Industrialisierung

4.2.1   Die Bevölkerung

Der wirtschaftliche Entwicklungsprozeß seit Beginn des 19. Jhs. hatte tief-
greifende Wirkungen. Fast alle demographischen und sozialen Merkmale der

Bevölkerung Mitteldeutschlands veränderten sich durch den Industrialisierungsprozeß grundlegend: Verteilung und Dichte, generatives Verhalten, Mobilität und Struktur – mannigfach voneinander abhängig – erhielten innerhalb von wenig mehr als 100 Jahren eine andere Qualität.

Industrialisierung und Bevölkerungswachstum hingen eng miteinander zusammen. Tab. 14 zeigt, daß die Zunahme der Einwohnerzahlen zwischen 1841 und 1925 in den gewerblich geprägten westdeutschen (Westfalen, Rheinprovinz) und mitteldeutschen Ländern (Anhalt, Kgr. Sachsen) deutlich höher war als in den agrarisch orientierten süd- und ostdeutschen Ländern, denen die Provinz Sachsen und Thüringen als bis dahin im ganzen noch schwach industrialisierte Gebiete in der Größenordnung ähnelten.

Tab. 14: Die Bevölkerungsentwicklung ausgewählter deutscher Länder im Industriezeitalter

| Land | Millionen Einwohner | | Wachstum in % |
	1841	1925	1841-1925
Westfalen	1,384	4,784	+246
Anhalt	0,120	0,351	+193
Kgr. Sachsen	1,711	4,994	+192
Rheinprovinz	2,607	7,284	+179
Prov. Sachsen	1,639	3,278	+100
Thüringische Staaten*	0,896	1,607	+ 79
Pommern	1,058	1,879	+ 78
Kgr. Bayern**	3,763	6,448	+ 71
Dt. Bund/Dt. Reich	32,785	63,166	+ 93

* 1841 mit Coburg; ** Bayern rechts des Rheins, 1925 mit Coburg
Quelle: H. G. STEINBERG 1991

Um 1830 lebten in Mitteldeutschland etwa 3,5 Mio. Menschen (das sind ca. 13,5 % der Deutschen), was einer durchschnittlichen *Bevölkerungsdichte* von rund 60 Einw./km² entsprach. Die Verteilung war auf Grund der vorherrschenden agrarischen Erwerbstätigkeit insgesamt noch ziemlich ausgeglichen, die jeweilige Übergangszone zwischen den Gebieten kleiner und großer Dichte infolgedessen breit (Abb. 29). Doch traten der Süden und Westen wegen der gewerblichen Durchdringung mit größeren Dichtewerten hervor als der Nordosten. Im Königreich Sachsen lag bereits der Bevölkerungsschwerpunkt des Gesamtraumes (Tab. 15).

Sachsens demographische Sonderstellung ist bekanntlich auf das frühe Gewerbe zurückzuführen. Schon von 1550 bis 1750 hatte sich seine Bevölkerung fast verdoppelt (+83 %), und 1750-1843, als sich das Wirtschaftsleben in den alten Bergbaugebieten wieder konsolidiert hatte, wuchs sie in nur einem knappen Jahrhundert um den gleichen Betrag (+82 %), wobei die Zunahme ländliche wie städtische Räume gleichermaßen betraf (K. BLASCHKE 1967).

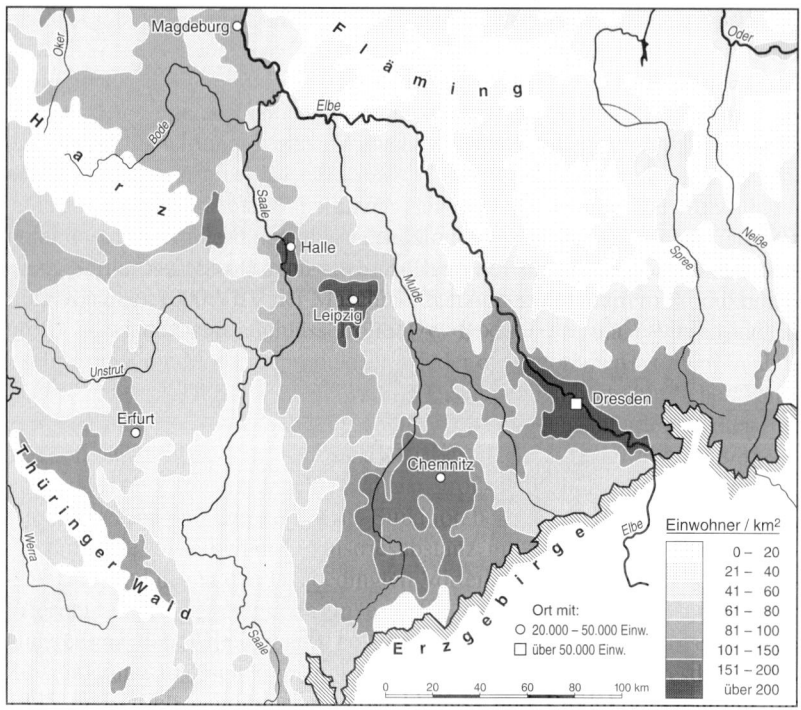

Abb. 29: Die Bevölkerungsdichte 1830 (nach Atlas des Saale- und mittleren Elbegebietes, 51)

Regional gab es dennoch erhebliche Abweichungen vom o.g. Mittelwert; denn bereits zu Beginn des 19. Jhs. hatten sich Schwäche- und Stärkezonen der Bevölkerung herausgeschält. Die Waldgebirge des Westens (Thüringer Wald, Harz: < 11 Einw./km²) waren ebenso wie die nördlichen Moränen- und Sandergebiete einschließlich der großen Flußniederungen (Fläming, Lausitzer Landrücken, Heide-Gebiete) dünn bevölkert (meist < 20 Einw./km²). Als wesentlich dichter bevölkert (> 100 Einw./km²) erwiesen sich das westliche Erzgebirge und sein Vorland (um Chemnitz ca. 170 Einw./km²), die Dresdner Elbtalweitung (> 300 Einw./km²), die Oberlausitz sowie der Nordfuß des Thüringer Waldes und des Harzes. Dazu kamen einige andere städtische Räume, wie Halle und Leipzig, mit jeweils mehr als 200 Einw./km² und das Bergbaugebiet von Mansfeld-Eisleben (um 100 Einw./km²). Gleichwohl hatten die Ballungszentren allenfalls die Größe kleiner Mittelstädte (< 50 000 Einw.). Landstädte (< 5000 Einw.) und ländliche Bevölkerung überwogen – mit etwa zwei Dritteln der gesamten Einwohnerschaft – bei weitem. Die größte Stadt jener Zeit war mit großem Abstand Dresden (1819: 50 321 Einw.).

Tab. 15: Die Entwicklung der Bevölkerungsdichte im Industriezeitalter nach Ländern [Einw./km²]

Land/Region	1816	1871	1925
Kgr. Sachsen	79,7	170,7	333,2
Anhalt	52,0	87,9	151,7
Thüringische Staaten	57,0	86,4	136,6
Provinz Sachsen	47,2	82,9	129,0
Mitteldeutschland (mit Altmark)	59	107	188
zum Vergleich:			
Rheinprovinz	71	133	283
Westfalen	53	88	237
Dt. Bund/Dt. Reich	46	76	134

Quellen: O. AUGUST in Atlas des Saale- und mittleren Elbegebietes, Erläuterungen; H. G. STEINBERG 1991; Statist. Bundesamt: Bevölkerung u. Wirtschaft 1872-1972, Wiesbaden 1972

Ein Jahrhundert später (1925) hatte sich die Bevölkerung des Gesamtraumes verdreifacht. Bei einer mittleren Dichte von rund 190 Einw./km² betrug sie nun 10,2 Mio. Menschen (= 16,4 % der Einwohner des Deutschen Reiches). Die Hälfte davon entfiel auf das Königreich Sachsen, dessen Dichte mit 333 Einw./km² einen außerordentlichen Umfang erreichte. Damit übertraf es in Deutschland sogar die Werte des rheinisch-westfälischen Verdichtungsgebietes (Tab. 14 und 15).

Das stürmische Wachstum verteilte sich ungleichmäßig (Abb. 30; DIERCKE Weltatlas 71/1-2). Es konzentrierte sich auf die bisher schon dichter bevölkerten Gebiete, so daß Schwäche- und Stärkezonen der Bevölkerung jetzt nicht mehr durch breite Übergänge getrennt, sondern sich gewissermaßen polarisiert gegenüberstanden. Harz, Thüringer Wald und das Tiefland des Nordostens blieben weiterhin dünn bevölkerte Gebiete (< 20 Einw./km²); lediglich das neue Braunkohlenrevier der Lausitz um Senftenberg hatte mittlerweile mehr Menschen angezogen. Indessen bedeckten die Gebiete hoher Bevölkerungsdichte viel größere Flächen als 100 Jahre zuvor. Die drei größten Verdichtungsgebiete (> 350 Einw./km²) lagen im Kgr. Sachsen und waren nur noch durch schmale Säume geringer Dichte voneinander getrennt. Das westsächsische (-ostthüringische) Verdichtungsgebiet und das der Elbtalweitung um Dresden wiesen selbst außerhalb der Ballungskerne 400-500 Einw./km² auf. Das stärkste Wachstum hatte das „mitteldeutsche Industriegebiet", der von drei Landesgrenzen durchschnittene Halle-Leipziger Verdichtungsraum. Er griff um die Jahrhundertwende zunächst nach S bis Altenburg-Zeitz aus und erweiterte sich nach dem Ersten Weltkrieg (mit einigen Lücken) nordwärts bis Bitterfeld, Dessau und Wittenberg. Gemäßigter stellte sich das

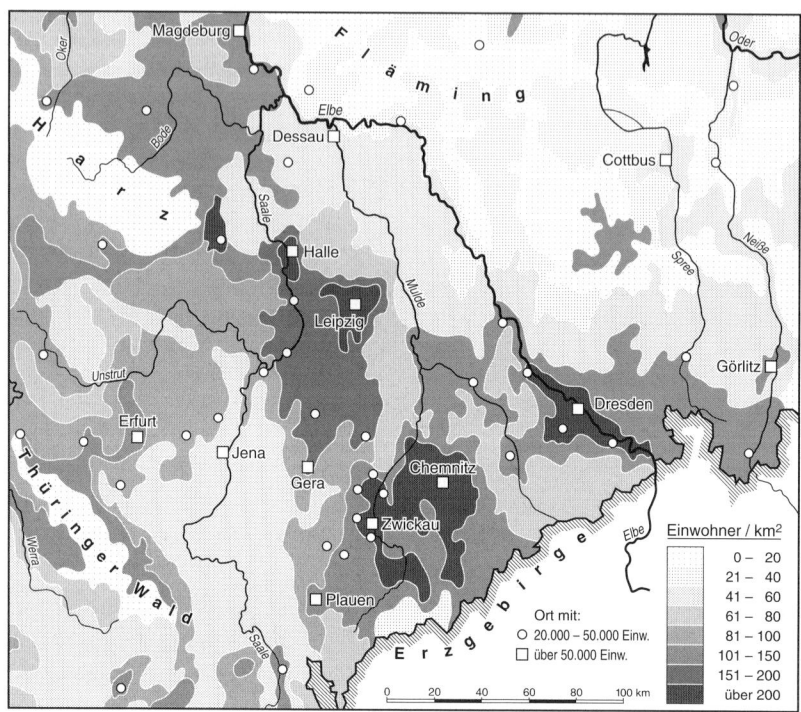

Abb. 30: Die Bevölkerungsdichte 1930 (nach Atlas des Saale- und mittleren Elbegebietes, 52)

Wachstum rings um Thüringer Wald und Harz dar; immerhin lagen hier die
Dichtewerte durchwegs bei 100-150 Einw./km². In dieses Niveau fügten sich
auch Thüringer Becken, nördliches Harzvorland und Börde mit jeweils
bedeutender Landwirtschaft und stärker voneinander isolierten industriellen
Schwerpunkten (z.B. Magdeburg, Schönebeck, Bernburg, Köthen) ein.

Die Industrialisierung löste nicht nur die exponentielle Zunahme der
Bevölkerung aus, sondern trieb ihre räumliche Konzentration, d.h. die *Verstädterung* rasch voran. Unter diesem Prozeß versteht man bekanntlich
sowohl das Städtewachstum als auch den Übergang der Menschen zur städtischen Lebensweise. Schon 1895 hatte die städtische mit der ländlichen
Bevölkerung gleichgezogen: 1930 wohnten mehr als 60 % der Einwohner
Mitteldeutschlands in Städten (Deutsches Reich 66,7 %), wobei die ländliche
Bevölkerung absolut sogar noch etwas gewachsen war. Die Zahl der Städte –
vornehmlich auf Grund der neuen Rechtsstellung (Kap. 4.2.3) – nahm erheblich zu; aus Landstädten waren Kleinstädte, aus Kleinstädten Mittelstädte und
aus Mittelstädten (wenige) Großstädte geworden (Tab. 17). Leipzig (1933:
713 470 Einw.) hatte Dresden (642 143) schon in den Gründerjahren überflü-

gelt; den beiden Metropolen folgten mit deutlichem Abstand Chemnitz (350 734), Magdeburg (306 894), Halle (209 169), Erfurt (144 879) und Plauen i.V. (113 855). Zwischen 1815 und 1910 steigerten 25 sächsische Städte ihre Einwohnerzahl um mehr als das Fünffache, neun von ihnen sogar um mehr als das Zehnfache. Lediglich abseits der industriellen Mittelpunkte und der großen Verkehrswege war das Städtewachstum schwächer; hier drückte die urbane Lebensweise der Landschaft nicht so massiv den Stempel auf.

Weil die Zuwanderung von außerhalb Mitteldeutschlands einen bescheidenen Umfang hatte, entsprang der vehemente Bevölkerungsgewinn hauptsächlich dem natürlichen Wachstum in der Region selbst. Ihm lag ein sich veränderndes *generatives Verhalten* zugrunde: Die „vorindustrielle", d.h. agrarische Bevölkerungsweise wurde in der zweiten Hälfte des 19. bzw. in den ersten Jahrzehnten des 20. Jhs. von der „industriellen" Bevölkerungsweise abgelöst.

Spätestens in den 1850-1860er Jahren beginnt der Prozeß des *demographischen Übergangs* mit zunächst fallenden Sterbeziffern bei gleichbleibend hohen Geburtenziffern, die sich in großen jährlichen Zuwachsraten niederschlagen (mit dem Höhepunkt um die Jahrhundertwende), ehe die Zahl der Geburten in einer zweiten Phase (nach 1900) allmählich zurückgeht und das kräftige Wachstum beendet wird, weil die Sterblichkeit nicht weiter absinkt. Regional differenziert kommt der Transformationsprozeß von hohen zu niedrigen demographischen Umsatzziffern in den 20er Jahren zum Abschluß.

Der bevölkerungsbiologische Umbruch war das Ergebnis dessen, was man als die *gewandelte Stellung der Familie* in der Industriegesellschaft bezeichnet hat. Wurde anfangs beim Übergang von der agrarischen zur industriellen Beschäftigung das traditionelle Leitbild der großen Kinderzahl – als willkommene Arbeitshilfe und zur Alterssicherung – beibehalten, obgleich auf Grund der verbesserten medizinischen Betreuung und Sozialfürsorge bald viel weniger Kinder starben, entwickelte sich zuerst in der bürgerlichen Ober-, dann in der Mittelschicht und schließlich bei den Arbeiterfamilien das neue generative Verhalten, d.h. die gezielte Beschränkung der ehelichen Fruchtbarkeit, weil Kinderreichtum jetzt den Verzicht auf Konsum und sozialen Aufstieg bedeutete (auch: *Fertilitätstransformation*; z.B. J. BÄHR 1992, S. 173 ff.).

Die offensichtlichen demographischen Ungleichgewichte innerhalb Mitteldeutschlands lassen sich aber nicht allein dadurch erklären. Sie sind zugleich ein Resultat der verstärkten räumlichen Mobilität der Menschen, d.h. der *Binnenwanderung*, die letztlich den Kontrast zwischen den stark wachsenden Verdichtungsgebieten und den schwächer wachsenden bzw. stagnierenden ländlichen Räumen hervorgerufen hat. Es zeigt sich, daß die Verlagerung des demographischen Gewichts vom Land in die Stadt der überall verbreiteten Land-Stadt-Wanderung *(Landflucht)* zuzuschreiben ist, die es in dieser Größenordnung bislang nicht gegeben hatte. Die Städte wuchsen – abhängig von den Konjunkturzyklen – durch Wandergewinne (und Eingemeindungen randstädtischer Siedlungen) und steigerten damit die generative Kraft ihrer Bevölkerung. Zunahme durch natürliche Vermehrung und Zunahme durch Wanderungsgewinne dürften sich (im Kgr. Sachsen) ungefähr die Waage gehalten haben (K. BLASCHKE 1984).

Besonders in der Anfangsphase der Industrialisierung, als noch keine Massen- oder Individualverkehrsmittel existierten, vermochte der einzelne seine Chance auf dem Arbeitsmarkt nur durch den Ortswechsel zu nutzen. Wegen der Vielzahl der Industriestandorte stand in Mitteldeutschland die *Nahwanderung* im Vordergrund. Anders als z.b. in den nordwestdeutschen Hafenstädten, im Rhein-Main- und Ruhrgebiet mit einem größeren Anteil der Fernwanderer aus dem Osten des Reiches konnten die im Auf- und Ausbau befindlichen Industriestädte hier „auf ein gewerblich oder industriell ähnlich strukturiertes Umland zurückgreifen" (W. KÖLLMANN 1974, S. 131; V. WEISS 1993). Die internen Bevölkerungsverschiebungen vollzogen sich also nicht nur vom Dorf zur Stadt, indem die Menschen, die auf dem Land kein Auskommen fanden, in die nächstgelegene Industriestadt abwanderten, sondern auch von (Klein-)Stadt zu (Groß-)Stadt. Dabei hatten die prosperierenden Städte der Gebirgsvorländer die größte Anziehungskraft; z.b. wuchsen in Westsachsen die Industriestädte des Erzgebirgsbeckens zwischen 1840 und 1925 um das Sieben- bis Vierzehnfache, jene des Erzgebirges nur um das Zwei- bis Vierfache. Zweifellos bedeutete die Landflucht nicht immer zugleich einen Berufswechsel der Migranten; es wurde vielmehr die Gelegenheit wahrgenommen, sich im vertrauten Arbeitsbereich eine bessere Stellung zu verschaffen (s.u.). Die Nahwanderung unterlag dabei saisonalen Schwankungen und war zunächst vielfach temporär, ehe der Wohnsitz endgültig gewechselt wurde. Von den z.B. 1905 in Chemnitz zugezogenen 46 000 Menschen wanderte im gleichen Jahr mehr als die Hälfte wieder ab. Dieser „pulsierende Wechsel" von Zu- und Abstrom – teilweise beeinflußt vom ländlichen Wirtschaftsrhythmus – belegt den regen Bevölkerungsaustausch zwischen Stadt und (Um-)Land: Die Landflucht wurde also von einem (schwächeren) Gegenstrom teilweise kompensiert (D. LANGEWIESCHE 1977).

Neben der intraregionalen Mobilität gab es auch *interregionale Wanderungsbeziehungen* schon deshalb, weil die heranwachsenden Industriegebiete über die Landesgrenzen hinweggriffen. (Freilich hatte von 1816 bis 1875 nur das Kgr. Sachsen eine positive Wanderbilanz.) Wegen der beschränkten Aussagekraft des veröffentlichten statistischen Materials haben Einzeluntersuchungen zur Herkunft der Migranten im Industriezeitalter, namentlich in der Hochindustrialisierungsphase bis zum Ersten Weltkrieg, allerdings Seltenheitswert. G. FROEHNER (1908) weist für die Jahrhundertwende im westsächsischen Industriegebiet die schon erwähnte Dominanz der Nahwanderer (beiderlei Geschlechts und im Alter von 16-50 Jahren) eindeutig nach. Nur 7 % der Zuwanderer – überwiegend junge Männer – waren nicht im Kgr. Sachsen geboren; sie stammten hauptsächlich aus den thüringischen Nachbarstaaten und aus den angrenzenden deutschsprachigen Gebieten Österreichisch-Böhmens. Aus letzteren rekrutierte sich außerdem seit langem die Saisonwanderung weiblicher und männlicher Arbeitskräfte, vor allem Dienstboten und Bauarbeiter. Diese als „Sachsengängerei" bekannte jahreszeitliche Migration kennzeichnete im übrigen auch die landwirtschaftlichen Gunsträume, in denen beim Hackfruchtbau trotz zunehmender Mechanisierung auf Handarbeit nicht verzichtet werden konnte. Sie war seit der Mitte des 19. Jhs. vornehmlich von Polen aus in die Zuckerrübenanbaugebiete der Prov. Sachsen (Börde) gerichtet.

Vor dem Zweiten Weltkrieg verlief die Arbeiterwanderung von Süd nach Nord, als die Chemiebetriebe des Halle-Leipziger Raums für die Rüstung wichtig wurden und die exportorientierte Konsumgüterindustrie Westsachsens und Ostthüringens ins Hintertreffen geriet; hier genoß nur der (kriegswichtige) Fahrzeugbau Förderung. Durch die Verlagerung einiger bombenbedrohter Rüstungsbetriebe aus dem Westen Deutschlands in das geostrategisch als sicher eingeschätzte Thüringen war die Zuwanderung von Arbeitskräften von außerhalb unserer Region in den 1930er Jahren verbunden. Aber auch die seit dem Vierjahresplan 1936 auf die Kriegserzeugung umgestellte bzw. erweiterte Metallindustrie z.B. von Suhl, Zella-Mehlis, Ruhla u.a. zog verstärkt Menschen an; es entstanden für wenige Jahre Wanderströme bzw. Pendelwanderungen, d.h. eine Arbeitskräfte-Umverteilung von den Gebieten vorherrschender Leichtindustrie in die Schwerpunkte der Rüstungsproduktion (W. BRICKS und P. GANS 1995).

Die zunehmende *Pendelwanderung* der Arbeitskräfte, hervorgerufen vom hohen Bedarf der schnell wachsenden Fabriken, die mit der Verdichtung des Eisenbahnnetzes – nach dem Ersten Weltkrieg auch des Omnibusnetzes – einherging (Kap. 4.2.3), verband aus den o.g. Gründen Wohn- und Arbeitsorte ebenfalls über kurze Entfernungen. Das Beispiel des im Jahre 1921 noch jungen Bitterfelder Industriegebietes (D. SCHOLZ 1977), in das lange vor der Zeit des motorisierten Individualverkehrs mehr als die Hälfte der 30 000 Beschäftigten, zum größten Teil sogar aus über 30 km Entfernung einpendelten, dürfte für die alten polyzentrischen Industriegebiete im Süden Sachsens und Thüringens nicht repräsentativ gewesen sein. Nach aller Erfahrung übertraf der Pendlereinzugsbereich hier selten die 20 km-Grenze. Nach anderen Quellen galt aber Ähnliches für den Halle-Leipziger Ballungsraum, in dem sich die Einzugsgebiete der Städte mehrfach überschnitten und jeweils eine relativ kleine Pendlerzahl aufwiesen.

So stammten 1929 in Leipzig (693 000 Einw.) etwa 74 % der 28 600 Tageseinpendler –
ein Drittel weiblich, zwei Drittel männlich – aus dem umliegenden Landkreis; davon legten 8174 eine Wegstrecke bis zu einer halben Stunde, 13 353 zwischen 30 und 60 Minuten
zurück. Selbst in das außerhalb der Ballungszentren errichtete Leuna-Werk pendelten 1934
mindestens 60 % der 13 350 fast ausschließlich männlichen Beschäftigten (ohne die 2150
Bauarbeiter) aus dem Nahbereich unter 20 km (Halle, Merseburg, Weißenfels, Bad Dür-
renberg) ein; außerdem wohnten 15 % der Arbeitskräfte am Ort, wo nur wenige Werks-
wohnungen gebaut worden waren. Der Rest von ca. 3300 Pendlern rekrutierte sich allerdings aus einer Vielzahl ländlicher Gemeinden in weitem Umkreis des neuen Chemiestandorts, der bis Zeitz-Camburg im S, Mansfeld-Aschersleben im W und Köthen-Delitzsch im
NO reichte (J. HAASE 1964; L. UHLIG und H.-F. WOLLKOPF 1981).

Eine Erhebung des Jahres 1929 im gesamten „mitteldeutschen Industriegebiet" erfaßte
180 000 Tagespendler, das waren 10 % der Erwerbspersonen, überwiegend verheiratete
Männer, die nach Wegstrecken von zumeist unter einer Stunde an wenigen Betriebsorten
(an der Spitze Leipzig, Leuna, Magdeburg, Halle, Wolfen und Bitterfeld) zusammen-
strömten. Die Grundrichtung ging vom Land in die Stadt. Aber auch Städte waren durch
vorgelagerte Industriestandorte (z.B. Leuna) Quellgebiete. So standen sich im 202 000 Einwohner großen Halle 6920 Ein- und 7449 Auspendler gegenüber (Die Pendelwanderung
1931).

Selbstverständlich hat sich mit diesen Prozessen die sektorale Gliederung
der Bevölkerung verschoben. Nach dem für Mittel- und Westeuropa aufgestellten Modell von J. FOURASTIÉ nehmen beim Übergang von der Agrar- zur
Industriegesellschaft die Erwerbspersonen im primären Wirtschaftssektor
zugunsten des sekundären Sektors relativ ab, während sich der Anteil des tertiären Sektor zunächst noch wenig verändert. Diese Phase belegen für den
Zeitraum 1849 bis 1871 z.B. die entsprechenden Angaben für das Kgr. Sachsen, das in Deutschland damals mit rund 50 % Spitzenwerte für die Beschäftigung in Industrie und Gewerbe aufwies (Tab. 16).

Tab. 16: Die Erwerbspersonen im Königreich Sachsen nach Wirtschaftssektoren (ohne
Familienangehörige)

Wirtschafts- sektor	1849		1861		1871	
	absolut	%	absolut	%	absolut	%
Primär	239935	25,6	236022	20,9	248855	19,4
Sekundär	295262	42,4	378543	48,3	433991	49,5
Tertiär	189504	20,3	239077	21,2	244357	19,0
Anderes*	109371	11,7	109079	9,7	156992	12,2

* Militär, übrige Berufsarten, ohne Berufsangabe

Quelle: H. KIESEWETTER 1988

Dabei ist zu bedenken, daß die hohe industrielle Erwerbstätigkeit nicht nur
auf der Arbeit in den Fabriken beruhte, sondern in dieser Phase der Industrialisierung noch sehr stark von der Hausindustrie getragen wurde. So über-
stiegen die Erwerbspersonen in der sächsischen Hausindustrie 1861 jene der
Fabrikindustrie um das Dreifache. Erst das Aufkommen größerer Betriebe

nach 1870 leitete den Niedergang der Heimarbeit ein; trotzdem behielt die althergebrachte Hausindustrie in einigen Zweigen (s.u.) wegen der für die Unternehmer kostengünstigen Erzeugung durch Frauen und Kinder bis weit ins 20. Jh. eine beachtliche Stellung (Kap. 4.1.3.1).

Immerhin bewirkte die wirtschaftliche Blüte, daß aus Mitteldeutschland in der zweiten Hälfte des 19. Jhs. weniger nach Übersee ausgewandert wurde als aus anderen deutschen Ländern. Nichtsdestoweniger herrschte in der Bevölkerung Not, weil dem „Manchester-Kapitalismus" der „freien" Marktwirtschaft die „soziale" Komponente zunächst noch fehlte.

Daß die menschliche Arbeitskraft bis zum Äußersten strapaziert wurde, zeigt sich z.B. in der langen *Arbeitszeit* bei niedrigem Lohn. Durchschnittliche Wochenarbeitszeiten von 66 bis 75 Stunden (tägliche Arbeitszeit: 12-14 Std.) waren zwischen 1870 und 1890, vor allem im Textilgewerbe, die Regel, Sonntagsarbeit keine Seltenheit. Selbst unmittelbar vor dem Ersten Weltkrieg mußte täglich, d.h. an sechs Werktagen, 10 Stunden (50-60 Wochenstunden) gearbeitet werden; aber die Reallöhne hatten – bei gleichbleibenden Lebenshaltungskosten – nun ein höheres Niveau erreicht.

Im Kgr. Sachsen, wo Arbeiter und Arbeiterinnen und deren Angehörige das soziale Gefüge bald dominierten, erhöhte sich das Pro-Kopf-Einkommen von 1879 bis 1906 um 67 %, und der Anteil der Sparer an der Bevölkerung war nirgends größer als hier (1905: 61 %, Reichsdurchschnitt: 30 %; vgl. W. A. BOELCKE in S. GERLACH 1993).

Jedoch verringerte sich gleichzeitig der Anteil des Arbeitseinkommens am Volkseinkommen zugunsten der Kapitalerträge. Die bestehenden sozialen Gegensätze wurden vorerst nicht behoben, im Gegenteil, sie vertieften sich. Der hier und dort aufkommende bescheidene Wohlstand mußte durch große Opfer erkauft werden.

So war die *Frauenarbeit* (bis zur Jahrhundertwende auch die Kinderarbeit), die es in Landwirtschaft und Handwerk schon immer gegeben hatte, unvermeidlich geworden, wollte man einen vielköpfigen (städtischen) Haushalt bestreiten. Besonders Textil- und Bekleidungsindustrie, Reinigungsgewerbe (Wäschereien), Nahrungs- und Genußmittelindustrie sowie das graphische Gewerbe beschäftigten zahlreiche weibliche Arbeitskräfte. Ihre Zahl stieg beispielsweise in der sächsischen Industrie von etwa 100 000 (1846) auf etwa 200 000 (1871) an, was einem Anteil von 32 bzw. 44 % aller Beschäftigten entsprach. Die Löhne der Frauen hatten aber eine niedrigere Stufe (50-70 %) als die der Männer, so daß das gesellschaftliche Ansehen der Fabrikarbeiterin hinter jenem einer Hausfrau zurückstehen mußte.

Hinzu kamen die schlechten *Wohnverhältnisse* in den Mietskasernen der Großstädte, das Leben der kinderreichen Familien auf kleinster Fläche, meist in engen Zwei- bis Dreizimmer-Wohnungen mit nur einem beheizbaren Raum. In Leipzig galten 1885 fast ein Fünftel, 1905 noch 11 % solcher Kleinwohnungen (mit mehr als sechs Personen) offiziell als überbelegt. Nur langsam holte der Wohnungsbau das Wachstum der Industriebevölkerung ein (A. G. RITTER und K. TENFELDE 1992).

Die totale Entwurzelung der Menschen beim Übergang von der ländlichen zur städtischen Lebensweise – aus der dörflichen Gemeinschaft in die völlig neue, ungewohnte Umgebung der Stadt oder Großstadt –, bei welchem die alten sozialen Sicherungssysteme weggefallen waren, bedrückten viele Familien und verschärften ihre von wirtschaftlichen Problemen ohnedies bedrohte Situation. Es ist deshalb nicht erstaunlich, wenn in den von der Industriearbeit beherrschten städtischen Verdichtungsgebieten Mitteldeutschlands die Proletarisierung rasch voranschritt. Sie war andererseits der Anlaß für das Aufkommen der *Arbeiterbewegung*, die sich hier zuerst formierte.

1863 gründete FERDINAND LASALLE in Leipzig den *Allgemeinen Deutschen Arbeiterverein (ADAV)*, 1869 AUGUST BEBEL und WILHELM LIEBKNECHT in Eisenach die *Sozialdemokratische Arbeiterpartei (SDAP)*, die sich 1875 in Gotha zusammenschlossen und seit dem Erfurter Programm (1891) den Namen *Sozialdemokratische Partei Deutschlands (SPD)* führten. Ihre Ideen setzten sich in breiten Schichten der Bevölkerung schnell durch, was sich u.a. in der vergleichsweise hohen Streikbereitschaft der sächsischen und thüringischen Arbeiter äußerte. Schon bei der Reichstagswahl 1871 erreichte die SDAP im Kgr. Sachsen einen Stimmenanteil von 19,7 % (Reichsdurchschnitt: 3,2 %). 1877 wählten zwischen Chemnitz und Greiz mehr als 50 % der Wähler die SDAP, und für die Wahl der Nationalversammlung 1919 errang die USPD/SPD in den Harzvorländern, im westlichen Thüringer Becken und in der Leipziger Tieflandsbucht die absolute Mehrheit. Nicht grundlos nannte man Sachsen in der Vorkriegszeit das „rote Königreich" (Atlas des Saale- und mittleren Elbegebietes, 56 II).

Die Arbeiterbewegung verfolgte das Ziel, die soziale Not zu lindern und die gesellschaftlichen Gegensätze zu entschärfen. Ein Ergebnis der Bemühungen war die Sozialgesetzgebung BISMARCKS in den 80er Jahren (Kranken-, Unfall-, Alters- und Invaliditätsversicherung), die für den Arbeiterstand erste Erleichterungen brachte. Schon früher hatte es Initiativen zur Verbesserung der Arbeits- und Lebensbedingungen im örtlichen oder regionalen Rahmen durch verschiedene Selbsthilfeeinrichtungen und Privatleute gegeben. Als Vorbilder erwiesen sich u.a. die Gründung der ersten deutschen Arbeitsvermittlungsanstalt in Dresden (1840) und die Sozialleistungen mancher Unternehmen. Auf Betreiben ERNST ABBES waren z.B. die Jenaer Zeiss-Werke mit verschiedenen Neuerungen wie bezahltem Urlaub, Gewinnbeteiligung, Pensionsanspruch und (seit 1900) dem Achtstundentag (an sechs Wochentagen!) ihrer Zeit weit voraus.

Durch solche Aktivitäten, aber auch durch die Tatkraft des einzelnen, seine Beweglichkeit und sein Anpassungsvermögen, wurde der Grundstein für den sozialen Aufstieg gelegt. Auf jeden Fall ergab sich im 20. Jh. die Chance für ein berufliches Fortkommen innerhalb der Arbeiter"klasse" und mehr und mehr für den schichtenübergreifenden Aufstieg, obwohl noch am Ende des

19. Jhs. wie im übrigen Deutschland drei sektorale soziale Hierarchien maßgebend waren: die agrarische Gesellschaftsordnung des Landes, die industrielle der Stadt und der dritte Sektor von Beamtentum und Kirche. Während die ländliche Ordnung noch relativ starr war, galt „die industrielle Ordnung als Ordnung sozialer Mobilität", auch wenn sich der Erfolg erst nach ein bis zwei Generationen und unter Ausnutzung aller Ausbildungschancen einstellte (W. KÖLLMANN 1974, S. 133). Die räumliche Mobilität eröffnete also langfristig gesehen den Weg nach oben und verschaffte die Möglichkeit des sozialen Statuswechsels.

Weitere Literatur: KEHRER 1973; HENNING 1989; TREUE 1984

4.2.2   Die Siedlungen

Das Industriezeitalter hat in Mitteldeutschland zwar keine der hoch- und spätmittelalterlichen bzw. frühneuzeitlichen Gründungswelle entsprechenden neuen Städte hervorgebracht. Das mit dem Bevölkerungswachstum verknüpfte Siedlungswachtum äußerte sich vielmehr in der Erweiterung und Verdichtung der bestehenden Siedlungen. Diese Vorgänge erreichten mit ihrem großen Flächenanspruch allerdings ein bisher unbekanntes Ausmaß. Spätestens von der Mitte des 19. Jhs. wandelte sich nicht nur das über lange Zeit unberührt gebliebene Bild von Dörfern und Städten grundlegend, sondern zwangsläufig auch die Funktion der Wohnplätze. Durch die Expansion erhielt der gesamte Siedlungsraum eine andere Struktur; die Siedlungen rückten sich näher und zehrten große Freiflächen auf. Aus dem Stadt-Land-Gegensatz entwickelte sich innerhalb eines Jahrhunderts das *Stadt-Land-Kontinuum*, d.h. die leicht faßbaren Unterschiede der klassischen Siedlungstypen verschwammen, an ihre Stelle traten fließende Übergänge. Den sozioökonomischen Wandlungsprozessen Rechnung tragend, wurden durch bürgerlich-liberale Reformen ländliche wie städtische Gemeinden verfassungsmäßig gleichgestellt, der alte rechtliche Gegensatz von Stadt und Land aufgehoben. Vom Dorf unterschied sich die Stadt jetzt nach Bevölkerungszahl und Wirtschaftskraft; diese wiederum bestimmten ihre Zentralitätsstufe (funktionaler Stadtbegriff; vgl. Kap. 3.2.2).

Nach der im 20. Jh. üblichen statistischen Siedlungsklassifikation nahm in Mitteldeutschland die Zahl der ländlichen Gemeinden ab, während die Zahl der Klein- und Mittelstädte erheblich anstieg und einige wenige Mittelstädte die Schwelle zur Großstadt überschritten. Unsere Region wurde das deutsche Städteland schlechthin. Vor allem Sachsen zeichnet sich seitdem durch eine große Städtedichte aus; der typische Sachse ist ein Städter.

Obwohl die entsprechenden Angaben im Atlas des Saale- und mittleren Elbegebietes für einen etwas größeren Ausschnitt gemacht werden, als es die von uns zugrundegelegte Abgrenzung für Mitteldeutschland zuläßt, werden sie in Tab. 17 aufgeführt, weil sie die Leitlinien der Entwicklung widerspiegeln. (Die Zahl der ländlichen Gemeinden ist in der Quelle nicht enthalten.)

Tab. 17: Die Siedlungs- und Bevölkerungsentwicklung in Mitteldeutschland 1830/1930

Siedlungstypen	Bevölkerung um 1830			Bevölkerung um 1930		
	Zahl	Einw. (Mio.)	in % der Gesamtbevölkerung	Zahl	Einw. (Mio.)	in % der Gesamtbevölkerung
Ländliche Gemeinden	...	4,00	68,4	...	5,50	39,3
Städtische Gemeinden	547	1,85	31,6	619	8,50	60,7
– Landstädte	467	0,95	16,3	351	0,94	6,7
– Kleinstädte	71	0,57	9,7	194	1,95	13,9
– Mittelstädte	9	0,33	5,6	64	2,35	16,8
– Großstädte	–	–	–	10	3,26	23,3

Quelle: O. AUGUST in Atlas des Saale- und mittleren Elbegebietes, Erläuterungen (aufgerundet)

Selbstverständlich vollzog sich der Wandel, wie in Kap. 4.2.2 dargelegt, räumlich differenziert. Während die *ländlichen Siedlungen* abseits der Industriegebiete entweder ihre Konfiguration und den überkommenen Gebäudebestand bewahrten oder sich geringfügig bis mäßig verdichteten, aber die agrarische Funktion in jedem Fall beibehielten, veränderten jene der Wachstumsregionen ihr Gesicht vollkommen. So wurden z.B. aus den Waldhufendörfern des westsächsisch-ostthüringischen Verdichtungsgebietes und der Oberlausitz eng gebaute, langgezogene Straßensiedlungen. Zwischen den landwirtschaftlichen Anwesen schossen – oft ohne übergeordnete Planung – die Wohnhäuser der Arbeiter, kleine wie große Fabriken örtlicher Unternehmen und die von ihnen erstellten Werkssiedlungen empor und bildeten ein Gemisch unterschiedlichster physiognomischer und funktionaler Gebäudetypen ohne jede landschaftsgebundene Bauweise. Dabei erhielt sich der lineare Grundriß der Ortschaften weitgehend, die Dorfstraße wurde zum Hauptträger des rasch wachsenden Verkehrs. Die hektische Hochkonjunktur vor und nach dem Ersten Weltkrieg verwandelte schließlich ganze Talschaften in ununterbrochene, kilometerlange Siedlungsbänder mit einem uniformen, allein zweckgebundenen Baustil. Im Erzgebirgsbecken formierten sich regelrechte Industriegassen mit vielstöckigen Fabrikgebäuden und zahlreichen hohen Schornsteinen in jeder Siedlung, welche die Lebensqualität der Menschen wegen der häufigen Tallage der Wohnquartiere erheblich beeinträchtigten.

Aus Bauerndörfern mit gewerblichem Einschlag entwickelten sich in ungeahntem Tempo Arbeiter-Bauern-Dörfer, dann Arbeiterwohnsiedlungen oder Arbeitersiedlungen mit Industrie und schließlich Industriekleinstädte, die sich im äußeren Bild und inneren Aufbau nur graduell, aber nicht mehr prinzipiell unterschieden. Wenn die Einwohnerzahl eine bestimmte Grenze überschritt, stiegen die Industriedörfer in den Rang einer Stadt auf. Mit dieser *Stadterhebung* vieler Orte, hauptsächlich nach dem Ersten Weltkrieg, war der Bau neuer kommunaler Einrichtungen (z.b. Rathaus, Post, Schule) verbunden, so daß die gesichtslosen Siedlungen bisweilen eine neue Mitte erhielten.

Oberlungwitz westlich Chemnitz, als Strumpfmetropole weltbekannt geworden, vertritt z.B. diesen Typus ebenso wie das benachbarte *Limbach-Oberfrohna* (Abb. 31). Die verkehrsgünstig an der alten Handelsstraße von Chemnitz nach Hof gelegene ehemalige Waldhufensiedlung (mit traditioneller Hausweberei) wurde nach einer tiefgehenden Veränderung ihrer Bevölkerungs- und Wirtschaftsstruktur bei einer Einwohnerzahl von 9000 im Jahre 1936 schließlich zur Stadt erklärt (Limbach schon 1883 mit 10 000 Einw.). Vor allem der wirtschaftliche Boom der 20er Jahre hatte hier durch Betriebsvergrößerungen das Siedlungswachstum entfacht, bei dem einige groß gewordene Unternehmen mit ihren – für ländliche Verhältnisse – übergroßen Werksgebäuden unübersehbare Wahrzeichen der neuen Zeit setzten und ihre beherrschende Stellung im Wirtschaftsleben der Gemeinde demonstrierten. Den totalen Wandel im Ortsgrundriß zeigt eindrucksvoll das Beispiel *Altchemnitz*, ebenfalls ein ehemaliges, 1894 eingemeindetes Waldhufendorf mit Textilindustrie sowie Textil- und Werkzeugmaschinenbau am Südrand der sächsischen Großstadt (Abb. 32).

Ganz ähnlich verlief die Entwicklung der *alten Kleinstädte*, die – aus verschiedenen Motiven gegründet – als wichtigste Aufgabe bislang eine örtliche Handels-(Markt-) und/oder Verwaltungsfunktion erfüllt hatten, mit der ein bescheidenes gewerbliches Leben verknüpft war. Sie wurden jetzt Industriestädte mit neuen Betrieben und Wohnsiedlungen in enger Massierung, eben-

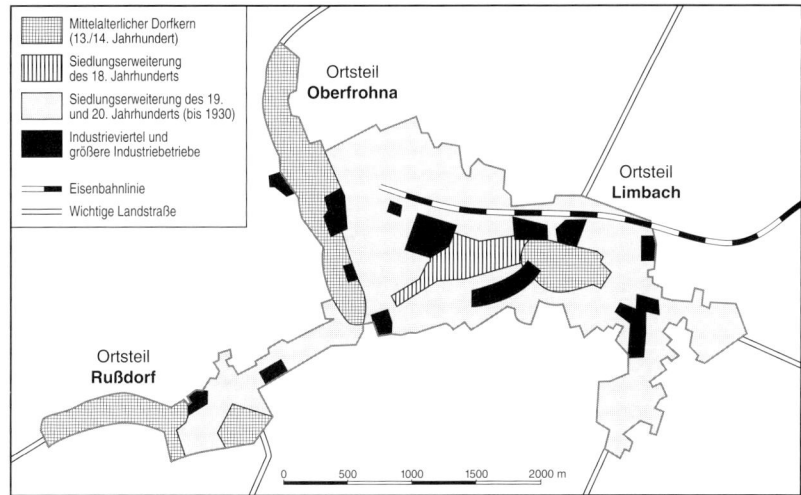

Abb. 31: Die Siedlungsentwicklung von Limbach-Oberfrohna (nach BENTHIEN u. a. 1990)

falls ohne eine deutliche Trennung von Wohn- und Arbeitsstätten. Durch ihren primär flächigen Grundriß wuchsen sie – je nach topographischer Lage – allseits in die Breite und wurden teilweise kleine Mittelstädte. Nicht selten schrieb der Bahnanschluß (Bahnhof) die Richtung der Siedlungserweiterung vor. Die innerstädtischen Funktionen differenzierten sich entsprechend dem Bevölkerungswachstum; der Einzelhandel spezialisierte sich, und das Geschäftsangebot wurde größer und besser. Für diesen Typus finden sich in den industrialisierten Gebieten zahlreiche Beispiele, am häufigsten wiederum im Zentrum des westsächsischen Verdichtungsgebietes zwischen Pleiße und Zschopau (Werdau, Crimmitschau, Meerane, Glauchau, Lichtenstein, Stollberg, Hohenstein-Ernstthal, Burgstädt, Mittweida, Frankenberg u.a.).

Noch deutlicher traten Wachstum und Umwandlungsprozesse freilich in den *großen Mittel- und Großstädten* zutage. Die neuen, immer weiter in das Umland ausgreifenden Siedlungskörper entstanden auf zweierlei Weise: durch den Wohnungsbau und die Eingemeindung. Die Erweiterung durch den *Neubau von Wohnsiedlungen* unterschiedlicher Qualität, Größe und Bauträger über die mittelalterlichen Stadtkerne hinaus, deren geschleifte Befestigungen durch Grünanlagen mit repräsentativen Gebäuden ersetzt wurden, ist uns aus der „Allgemeinen Stadtgeographie" vertraut (vgl. z.B. B. HOFMEISTER 1994, Teil II; P. SCHÖLLER 1980, Teil A).

Die phasenhafte, ringförmige, sektorale oder mehrkernige Stadtentwicklung in Abhängigkeit vom örtlichen Bodenmarkt (H. BÖHM 1980) – mit den

Abb. 32: Altchemnitz: Von der Waldhufensiedlung 1840 zur Industrievorstadt 1976 (aus: Karl-Marx-Stadt, Berlin 1979; Werte unserer Heimat, Bd. 33)

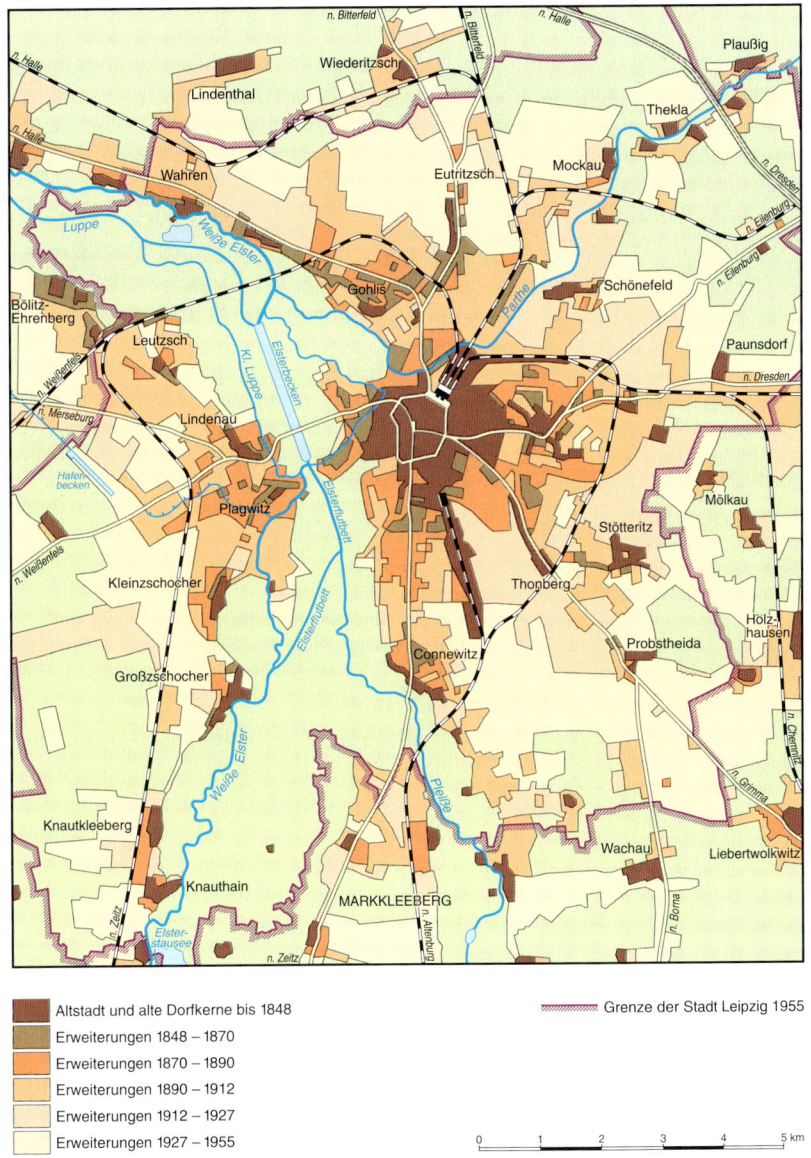

■ Altstadt und alte Dorfkerne bis 1848	▨▨▨ Grenze der Stadt Leipzig 1955
■ Erweiterungen 1848 – 1870	
■ Erweiterungen 1870 – 1890	
■ Erweiterungen 1890 – 1912	
■ Erweiterungen 1912 – 1927	
■ Erweiterungen 1927 – 1955	

Abb. 33: Das Wachstum der Messestadt Leipzig (nach Atlas des Saale- und mittleren Elbe-gebietes, 32)

Höhepunkten in der „Gründerzeit" (besonders in den 1890er Jahren) und in
der Zwischenkriegszeit – umfaßt im typischen Fall die folgenden Teile:
• bessere Mietshäuser für die Mittel- und Oberschicht im unmittelbaren
Kontakt zum altstädtischen Kern (der das Geschäftszentrum wird),
• die daran anschließenden einfachen Mietsgebäude („Mietskasernen")
für Arbeiter, oft mit Hinterhofbebauung und durchsetzt von kleinen und mittleren Gewerbebetrieben, und
• an der Peripherie einerseits die verkehrsgünstig angelegten, reinen Indu-
striequartiere (teilweise aus Platzgründen durch Auslagerung altstädtischer
Gewerbebetriebe entstanden), andererseits die aufgelockerten Stadtrandsiedlungen verschiedener Qualität um alte (eingemeindete) Dorfkerne.

Als Beispiel soll *Leipzig* dienen (Abb. 33; Heimat und Welt, S 15/2-3), das jetzt seinen
typischen, durch Elster- und Pleißeaue zweigeteilten Stadtumriß erhält:
• Als Keimzellen des Wachstums entstehen 1848-1870 die mit gewerblichen Betrieben
durchsetzten Wohnviertel in der Nähe des Stadtkerns und um die altstadtnahen Dorfkerne;
• durch den Bau einförmiger Mietskasernen und weiterer Produktionsstätten schließen
sich diese 1870-1890 zu kompakten Siedlungskörpern zusammen;
• mit dem Platzbedarf für Industrieanlagen und neue Wohnviertel greift das Wachstum
1890-1912 in räumlich getrennten Arealen auf den weiteren Umkreis der Stadt aus,
• deren Zwischenräume von 1912 bis 1927 in ähnlicher Mischung gefüllt werden,
• ehe nach 1927 der äußere Rand des Stadtgebietes mit Eigenheimen in aufgelockerter
Bauweise, Sport- und Grünanlagen gestaltet wird.
Die Altstadt, umgeben vom Grüngürtel der Ringstraße mit den wichtigsten öffentlichen
Gebäuden (im Bereich der geschleiften Befestigungsanlagen), entwickelt sich unterdessen
zum Verwaltungs- und Geschäftszentrum; die Dörfer werden Stadtteilzentren (Vororte) und
erleben an Ausfallstraßen und wichtigen Bahnlinien den stärksten Wandel.

Zugleich wurden benachbarte, industrialisierte Dörfer und Städte im
Weichbild der großen Zentren *eingemeindet*. Dieses Ausufern der Städte
durch einen Verwaltungsakt, vor allem in der Hochindustrialisierungsphase
bis zum Ersten Weltkrieg ein Ausfluß bewußter städtischer Wachstumspoli-
tik, bedeutete neue Freiflächen für Siedlungs-, Industrie- und Erholungs-
gelände und einen Bevölkerungsgewinn, d.h. die Steigerung des Steuerauf-
kommens bzw. der Wirtschaftskraft, die Ausdehnung der Leistungs- und Ver
sorgungsfunktion der Großstädte „und damit wesentlich die einer sozialen
Ausgleichsfunktion" (H. MATZERATH in J. REULECKE 1978, S. 89). Die Eingemeindungen eröffneten darüber hinaus die Möglichkeit einer wohl-
überlegten, d.h. übergeordneten Stadt- und Regionalplanung.

Leipzig nahm von 1889 bis 1892 17 Landgemeinden mit rd. 143 000 Einwohnern auf,
wodurch sich seine Einwohnerzahl um 84 % erhöhte; später folgten weitere Eingemeindungen. 1880 hatte die Stadtgemeinde eine Fläche von 1767 ha, 1930 aber von 11 187 ha;
die Einwohnerschaft war in diesem Zeitraum von 150 000 auf 690 000 Personen gestiegen.

Daß viele Siedlungen zur Zeit der Eingemeindung bereits verstädtert
waren, zeigt das Beispiel Chemnitz. Hier entsprachen die „Behausungsziffern" der meisten eingemeindeten Vorstädte dem Wert der Kernstadt um

25 bis 30 Einw. je Haus (Tab. 18). Weil es sich dabei nur um ehemalige Waldhufensiedlungen handelte, deren lineare Erstreckung nach allen Himmelsrichtungen wies, lag die kreisförmige Altstadt von Chemnitz und ihre kompakten
(gründerzeitlichen) Erweiterungen nach Abschluß der Eingemeindungen in
den 20er Jahren (und 1950) wie eine „Spinne im Netz" (Abb. 34).

Tab. 18: Eingemeindungen und Behausungsziffern in Chemnitz vor dem Ersten Weltkrieg

Ort	Zeitpunkt der Eingemeindung	Einwohner	Einwohner je Haus
Schloßvorwerk	1880	7854	31,17
Altchemnitz	1894	6204	19,89
Gablenz	1900	13121	30,09
Altendorf	1900	5156	25,40
Kappel	1900	6557	31,22
Hilbersdorf	1904	8784	30,82
Bernsdorf	1907	3378	26,39
Helbersdorf	1909	1530	18,43
Furth	1913	2455	22,73
Borna	1913	3917	18,84
Chemnitz (1910)	....	287807	30,56

Quelle: O. AUGUST in Atlas des Saale- und mittleren Elbegebietes, Erläuterungen

Manche Gemeinden im Umkreis der großen Städte mit selbständiger Wirt-
schaftsgrundlage widersetzten sich trotz der ähnlichen sozioökonomischen
Struktur und trotz offensichtlicher Vorteile für die Infrastrukturausstattung
einer solchen Unterstellung und pochten erfolgreich auf ihre Unabhängigkeit
(z.B. Wilkau-Haßlau bei Zwickau, Coswig, Freital und Heidenau bei Dresden, Markkleeberg bei Leipzig). Auf Dauer konnten sie sich freilich der
wachsenden Attraktivität der Oberzentren nicht entziehen und mußten zumindest für eine enge Zusammenarbeit bereit sein.

Oft verliefen in den neuen Vorstädten und Vororten die Wirtschafts- und
Siedlungsentwicklung dynamischer als im Stadtinneren. Sie boten – besonders durch billigere Grundstückspreise – die besseren Standortvoraussetzun-
gen für große Industriebetriebe und ausgedehnte Arbeiterwohnsiedlungen
(besonders Dresden).

Beim Höhepunkt des Stadtwachstums, dessen Nachteile in den beengten
Mietskasernenvierteln der Arbeiter offensichtlich wurden, gewannen neue
städtebauliche Vorstellungen Gestalt. Eine davon ist die *Gartenstadt-Idee* des
Engländers E. HOWARD, die in Deutschland zuerst in Hellerau bei Dresden
1909 verwirklicht wurde.

Als Antwort auf die schlechten Wohnverhältnisse der Arbeiterschaft sollten in der Nähe der Großstädte (bis 50 km entfernt) neue, durchgrünte Siedlungen von nicht mehr als 30 000 Einwohnern mit humanen Lebensbedin-

gungen entstehen. Hellerau, 3,5 km nördlich des Stadtzentrums nahe dem heutigen Flughafen Dresden-Klotzsche im bewaldeten Westlausitzer Hügelland gelegen, kam auf Initiative eines Dresdner Unternehmers zustande, der für seine Werkstätten für Handwerkskunst ein neues Baugelände suchte. Die von ihm billig erworbene 140 ha große Fläche wurde nach Bildung einer Baugenossenschaft für die Finanzierung bis 1913 auf nur 30 ha mit 407 Wohneinheiten für 1900 Einwohner bebaut. Dabei errichtete man – dem Einkommen der Bauherren entsprechende – Typenhäuser im Landhausstil (kleinste Wohnfläche 55 m²) auf der Grundlage einheitlicher Planung, die sich

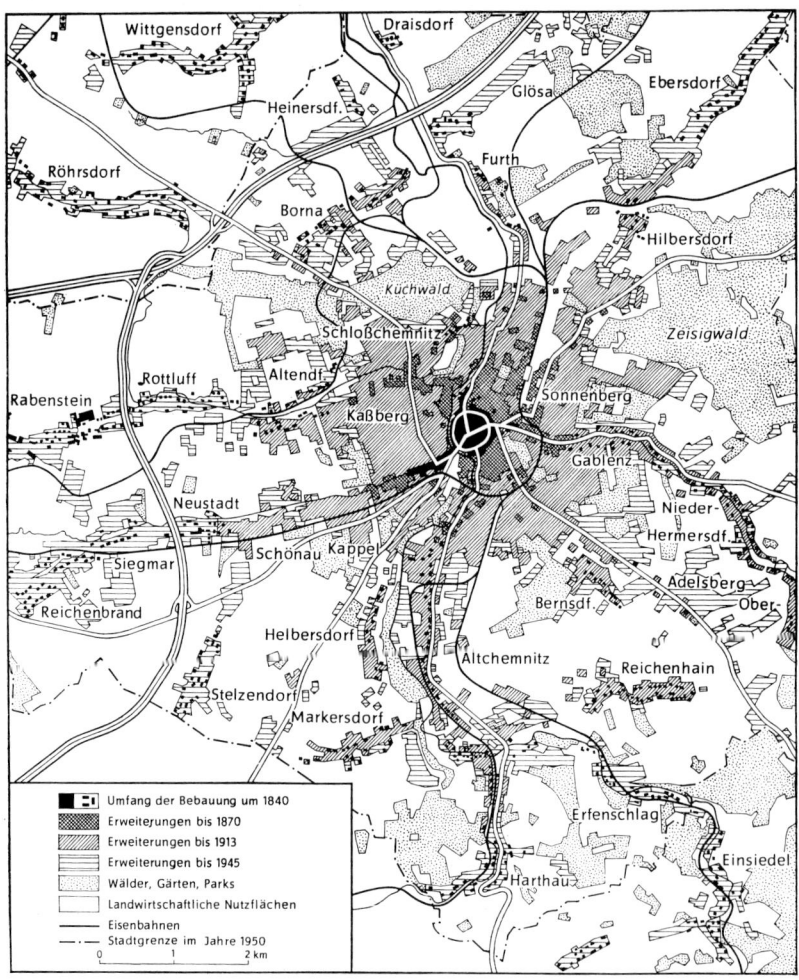

Abb. 34: Die Entwicklung der Industrie-Großstadt Chemnitz seit 1840 (Quelle: wie Abb.32)

Naturnähe, Stilechtheit, lockere Anordnung, geländeangepaßtes Straßennetz usw. zum Ziel gesetzt hatte. Durch den Ausbruch des Ersten Weltkrieges blieb das Vorhaben unvollendet (das 1950 nach Dresden eingemeindete Hellerau wurde 1956 unter Denkmalschutz gestellt); doch hatten seine Gestaltungsprinzipien für den künftigen Städtebau in Deutschland eine beträchtliche Breitenwirkung (z.B. P. SCHÖLLER 1980).

In diesen Zusammenhang gehört auch die Initiative des Leipziger Orthopäden und Pädagogen D. SCHREBER, der Spielplätze mit Kinderbeeten und Gärten für Erwachsene schuf. Aus ihnen gingen seit etwa 1864 auf kleinparzellierten Freiflächen des Stadtgebietes Nutz- und Erholungskleingärten, die *Schrebergärten*, für jedermann hervor. Von Leipzig aus breitete sich die Idee der Laubenkolonien auf viele deutsche Großstädte aus.

Mit der Ausdehnung der (Groß-)Stadtgebiete war der Ausbau der allgemeinen *Infrastruktur* verbunden, die durch zahlreiche Innovationen (im Kgr. Sachsen z.B. Gasbeleuchtung 1828, zentrale Wasserversorgung 1863, Elektrifizierung 1893) immer wieder Nachholbedarf hatte. Insbesondere die *innerstädtischen Verkehrswege* mußten zügig ausgebaut werden, um den Zusammenhalt des Gemeinwesens – durch die Verbindung von Wohn- und Arbeitsplatz und den Anschluß der Industriebetriebe – zu gewährleisten und seine Wirkung auf das Umland zu steigern. Erst Pferdebahn, seit der Jahrhundertwende Straßenbahn und später Omnibusse und O(berleitungs)-Busse fuhren auf einem immer größer werdenden Liniennetz; die Eisenbahn stellte im *Vorortverkehr* die Verknüpfung mit den Gemeinden des städtischen Einzugsbereiches her. Und mit dem Ausbau der Verwaltungs- und Bildungseinrichtungen (höherer Schulen) stärkten die Städte ihre *Zentralität*. Schließlich brachte der Entwicklungsprozeß die innere Differenzierung in *funktionale Stadtviertel* hervor, die in ihrem Grundbestand bis zu den Zerstörungen des Zweiten Weltkrieges erhalten blieb (vgl. z.B. B. HOFMEISTER 1994, S. 141 ff.).

Weitere Literatur: BLASCHKE 1984; CZOK 1983; FRANK 1989; GORMSEN 1996; HÖNSCH 1992; TREUE 1984

4.2.3   *Andere Folgen (Landwirtschaft, Verkehr, Tourismus)*

Die Rückwirkungen des Industriezeitalters auf die *Landwirtschaft* sind bereits in Kap. 4.1.1 angesprochen worden. Es sei noch einmal hervorgehoben, daß die neuen Techniken, insbesondere die Mechanisierung der Feldbestellung, in den Lößgebieten die Produktivität des Ackerbaus wesentlich erhöht und den Weg zur „industrialisierten" Landwirtschaft freigemacht haben. Das gilt namentlich für die Hackfruchtgebiete auf der Basis der Zuckerrübe.

Aber ebenso erhielten die etwas weniger günstigen Agrarregionen mit vor-
herrschendem Getreideanbau durch die wachsende Nachfrage der nahen
Absatzgebiete und den deswegen steigenden Preis für die Körnerfrüchte im
Laufe des 19. Jhs. einen Auftrieb. Nachdem z.b. im mittelsächsischen Altsiedelland die 1832 vollzogene Bauernbefreiung den uneingeschränkten
Gebrauch des Eigentums gesichert hatte, verwandelten die Landwirte das
restliche Wald- in Ackerland, um größere Gewinne zu erzielen. So wurde der
Verlust agrarischer Nutzfläche infolge von Siedlungsexpansion, Industrie-
bauten und Verkehrsanlagen mit Hilfe der Waldrodungen teilweise wieder
ausgeglichen. Der bis dahin typische Wechsel von *Offenland und Wald*, selbst
in den tieferen Lagen, verschwand weitgehend und machte den reinen Acker-
flächen Platz, soweit es die Bodengüte zuließ. Dort, wo bislang Dorfgemar-
kungen durch Waldsäume getrennt waren, stießen die Feldfluren jetzt unmittelbar aneinander (R. KÄUBLER 1949).

Allein in den von Natur aus ungünstigen Höhengebieten gaben viele landwirtschaftliche Kleinbetriebe – nach den Zwischenphasen von Neben- bzw.
Zuerwerb und über mehrere Stadien der Nutzungsextensivierung – vollständig auf und überließen ihre Grundstücke dem Wald. So wirkten die Höhengebiete (auch durch forstwirtschaftliche Maßnahmen) geschlossener als noch
zu Beginn des Industriezeitalters. Nur in Notzeiten, z.B. während der Welt-
kriege und danach, besann man sich auf die Landreserve und nutzte sie vor-
übergehend für die Eigenversorgung und den Tauschhandel.

Für die neue Epoche war das *Verkehrsnetz* Voraussetzung und Folge
zugleich (Kap. 4.1.3.1). Zuerst, seit 1840, hat das *Schienennetz* unsere Teilregion in wenigen Jahrzehnten erschlossen. Abgesehen von den Gelände-
hindernissen (Gebirge, Flüsse), welche die Streckenführung in den Tälern
erzwangen, beeinflußten die Territorialgrenzen vor der Reichsgründung die
Gestaltung des Netzes empfindlich; doch kam trotz aller Partikularinteressen eine über dem Reichsdurchschnitt liegende Eisenbahndichte (1935:
15 km/100 km²) zustande, die in der Leipziger Tieflandsbucht – dem von
vornherein geplanten Zentrum des Netzes – 23, im übrigen Sachsen 19, im
Thüringer Wald/Schiefergebirge 22, im Thüringer Becken und im Harz je 16
km/100 km² betrug. „Stammbahn" war die nach Halle und Magdeburg (1840)
verlängerte Strecke Dresden-Leipzig (1839), welche die weiteren Verbindungen innerhalb Deutschlands vermittelte, ehe bis 1860 die großen Strecken
Berlin-Dresden(-Prag) / Chemnitz, Dresden-Görlitz(-Breslau), Berlin-Des-
sau-Halle / Leipzig-Plauen(-Nürnberg) und Halle / Leipzig-Erfurt-Eisenach
(-Bebra) folgten. Danach, vor allem seit 1871, als die privaten Unternehmen
endgültig vom Staat abgelöst wurden, begann die Erschließung der Fläche,
insbesondere in den wirtschaftlich prosperierenden Industriegebieten. Von
den 80er Jahren bis zur Jahrhundertwende wurde der Eisenbahnbau im Süden
und Westen Mitteldeutschlands mit der Anlage von Neben- und Kleinbahnen

abgeschlossen, durch die auch in den Gebirgsräumen ein sehr dichtes Netz zustandekam. Im agrarisch gebliebenen Nordosten zog sich der Ausbau länger hin und hinterließ ein verhältnismäßig weitmaschiges Netz (Atlas des Saale- und mittleren Elbegebietes, 41, und Erläuterungen).

Das erst im 20. Jh. im Zuge der verstärkten Motorisierung ausgebaute *Straßennetz* geht in der Grundstruktur (Fernverkehrsstraßen) auf historische Handelswege zurück (Atlas des Saale- und mittleren Elbegebietes, 42-43). Die Situation der 30er Jahre zeigt den o.g. nordsüdlichen Gegensatz in ähnlicher Weise. Nicht nur die Maschenweite des Netzes (Reichs-, Landstraßen I. und II. Ordnung), sondern auch die Verkehrsbelastung war auf allen Straßen am Rand der Mittelgebirge groß; Schwerpunkte lagen im mittleren Sachsen, in der Leipziger Tieflandsbucht und im nördlichen/östlichen Harzvorland, die jeweils eine große Bevölkerungs- bzw. Städtedichte aufwiesen. Schon 1912 wurde in Sachsen eine staatliche Kraftwagengesellschaft für den öffentlichen (Fern-)Verkehr geschaffen. Ab 1933 brachte der zentral geplante Autobahnbau, der u.a. die großen Industriegebiete miteinander verbinden sollte, eine Entlastung des Fernstraßennetzes. Gleichzeitig wurde Mitteldeutschland von der Deutschen Lufthansa angeflogen (Flughäfen in Leipzig, Dresden und Chemnitz).

Im Industriezeitalter liegen auch die Wurzeln des *Tourismus*. Erstmals haben die Städter das Bedürfnis, über die örtlichen Möglichkeiten (Wälder, Parks, Schrebergärten, Flußufer usw.) hinaus mit den neuen öffentlichen Verkehrsmitteln andere Ziele anzusteuern und sich abseits der alltäglichen Umgebung „in der Natur" zu entspannen. Die zunächst noch im unmittelbaren Umkreis der Großstädte gelegenen Erholungsflächen werden allmählich von entfernten Plätzen abgelöst. Kleine Gebiete und Punkte mit besonderem Reiz, wie z.B. der Kyffhäuser, das mittlere Saaletal, die Heiden des Nordostens oder die vielen *Heilbäder* (Liebenstein, Berka, Köstritz, Kösen, Elster, Lausick, Oberschlema, Gottleuba, Schandau, Liebenwerda u.a.), erwecken breites Interesse und erleben einen Aufstieg. Vor allem die *Waldgebirge* erhalten jetzt ihre neue Funktion. Ober- und Unterharz, Thüringer Wald, Erz-, Elbsandstein- und Zittauer Gebirge gelangen im Laufe des 19. Jhs. mehr und mehr in das Blickfeld der erholungssuchenden Städter. Naturgemäß ist zunächst nur die bürgerliche Oberschicht in der Lage zu reisen. Der Umfang des Tourismus und das Angebot der *Sommerfrischen* sind dementsprechend bescheiden. Doch machen sich einige von ihnen als *Luftkurorte* schon früh einen Namen, z.B. Friedrichroda, Oberhof (DIERCKE Weltatlas 61) und Schwarzburg im Thüringer Wald, Braunlage und Wernigerode im Harz, Oberwiesenthal (Heimat und Welt, S 21/2) und Altenberg im Erzgebirge oder Jonsdorf und Oybin im Zittauer Gebirge, die teilweise einmal Zentren des modernen Tourismus werden und auf ihre Umgebung ausstrahlen sollten. Oberwiesenthal ist bereits um die Jahrhundertwende auch ein vielbesuchter

Wintersportort, Oberhof, Friedrichroda und Oybin seit den 20er Jahren und Braunlage nach dem Zweiten Weltkrieg. Naturbegeisterte Menschen schließen sich in Wandervereinen (Erzgebirgsverein, Thüringer Waldverein u.a.) zusammen; auf bekannten Gipfeln und Höhen errichten sie vor und nach dem Ersten Weltkrieg ihre Unterkunftshäuser und Wanderhütten (Bauden).

Das zweifellos attraktivste landschaftliche Ziel liegt vor den Toren Dresdens: Das Elbsandsteingebirge ist wohl das älteste Fremdenverkehrsgebiet Mitteldeutschlands (Heimat und Welt, S 21/3). Ähnlich wie im Zittauer Gebirge (W. SCHMIDT 1994) wird seine Entdeckung, Erschließung und Erforschung durch die Künstler der Romantik (Dichter, Komponisten und Maler) an der Wende vom 18. zum 19. Jh. eingeleitet und der Name *Sächsische Schweiz* als Ausdruck der Sehnsucht nach der Alpennatur geboren. Für privilegierte Dresdner und andere wohlhabende Großstädter stehen bald Bergführer, Träger und Reittiere bereit, um das noch unberührte Wald- und Felsenland kennenlernen zu können. Den Aufschwung des Tourismus im Eisenbahnzeitalter fördern die Fertigstellung der Linie Dresden-Prag 1850 und die Einrichtung der „Weißen Flotte" auf der Elbe (seit 1837). In der zweiten Hälfte des Jahrhunderts sind damit auch andere Einkommensschichten imstande, das reizvolle Naturkleinod zu genießen. In der Nähe der berühmten Aussichtsplätze (Bastei, Lilienstein, Königstein u.a.) entstehen die Sommerfrischen der Elbe-Talorte mit Gasthäusern, Privatpensionen und Erholungsheimen. Kurz vor der Jahrhundertwende fährt bereits eine Straßenbahn durch das Kirnitzschtal, 1904 verbindet ein Personenaufzug den späteren Kneipp-Kurort Bad Schandau mit Ostrau auf der Höhe. Schon vorher, 1870-80, beginnt im klassischen Zeitalter des Alpinismus die Sportkletterei als landschaftsgebundene Sportart. Es folgt die bergsteigerische Erschließung mit Wanderwegen und Kletterpfaden. Der Wochenend-Ausflugsverkehr von Wanderern und Kletterern ergänzt den Erholungstourismus; spätestens in den 1920/30er Jahren vollzieht sich hier wie an anderen attraktiven Plätzen Mitteldeutschlands der Übergang zum Massentourismus, im „Dritten Reich" insbesondere durch die parteigesteuerte, aber preisgünstige Reiseorganisation „Kraft durch Freude (KdF)" (E. HARTSCH 1963; H. UHLIG 1979).

4.3   Die Wirtschaftsräume

Das Ergebnis des sozioökonomischen Umbruchs bis zum Vorabend des Zweiten Weltkrieges ist die differenzierte wirtschaftsräumliche Gliederung Mitteldeutschlands. Ursprünglich standen sich reine Agrargebiete und gewerblich-agrarische Mischgebiete gegenüber, wenn man von den städtischen Gewerbezentren absieht. Seit Beginn des 19. Jhs. bildete sich zunächst langsam, dann – gegen Ende des Jahrhunderts – in forciertem Tempo ein buntes Raummuster heraus, dem die geschilderten Wachstumsprozesse von Wirtschaft, Bevölkerung und Siedlungen zugrundeliegen.

Das jeweilige Ausmaß der Veränderung kann man aus der Zugehörigkeit der Erwerbspersonen zu den Wirtschaftssektoren erschließen und insbesondere das Verhältnis von agrarischer und industrieller Erwerbstätigkeit als Gliederungsmerkmal benutzen. Obwohl diese quantitative Methode der „Gemeindetypisierung" später entwickelt worden ist, läßt sich die dabei erarbeitete Nomenklatur für die auszuscheidenden Typen der regionalen Wirtschaftsräume wenigstens qualitativ für die 1930er Jahre anwenden. An dieser Stelle wird im Sinne einer Zusammenfassung außerdem versucht, die wirtschaftsräumliche Gliederung mit den mitteldeutschen Landschaften in Einklang zu bringen (D. SCHOLZ 1971; D. GOHL 1977; vgl. Kap. 5.7 und Abb. 46):

Die stark industrialisierten *Verdichtungsgebiete* sind

● das westsächsisch-ostthüringische Verdichtungsgebiet mit Westerzgebirge, Erzgebirgsbecken, südlichem Mittelsächsischen Bergland und dem thüringischen Grenzraum östlich der Weißen Elster (Gera-Greiz); Ballungskerne des Verdichtungsgebietes mit kompaktem Umriß sind Chemnitz und Zwickau;

● das „mitteldeutsche" Verdichtungsgebiet des Tieflands als breiter Streifen zwischen Altenburg-Zeitz und Dessau-Wittenberg mit den Ballungskernen Leipzig und Halle; und

● die Elbtalweitung zwischen Meißen und Pirna und ihre Randgebiete mit Dresden als Ballungskern.

Als weniger verdichtete *Industriegebiete* können ausgeschieden werden

a) in flächiger Gestalt:

● die elbenahe Börde von Magdeburg bis Bernburg,

● die südliche Oberlausitz um Bautzen und Zittau (Görlitz),

● das sächsische Vogtland um Plauen,

● das Eichsfeld und

● der Thüringer Wald;

b) in punkthafter Verbreitung:

● das Thüringer Becken um die Städte Eisenach, Erfurt, Weimar, Jena, Gera und Saalfeld (Orlasenke),

● der Süd-, Ost- und Nordrand des Harzes mit diversen gewerblichen Kleinzentren,

● die Niederlausitz um Senftenberg.

Die reinen *Agrargebiete* („ländliche Räume") liegen im waldreichen Tiefland nördlich und östlich der Elbe, zwischen Wittenberg und Riesa auch links des Flusses, und umfassen vor allem Fläming und Lausitzer Landrücken mit ihren Südabdachungen sowie die Flußniederungen und -terrassen.

Alle übrigen Räume werden als *Mischgebiete* eingestuft, in denen sich agrarische und industrielle Erwerbstätigkeit ungefähr die Waage halten.

Hierzu gehören als größere Einheiten
- Südthüringen,
- Teile des Thüringer Beckens abseits der o.g. Städtereihe,
- das thüringische Vogtland,
- Nordsachsen,
- das Osterzgebirge,
- die nördliche Oberlausitz,
- das Tiefland zwischen Mulde und Elbe im westlichen Teil und
- die elbefernen Teile der Börde und das nördliche Harzvorland.

Das Elbsandsteingebirge besitzt in den 30er Jahren den Charakter eines werdenden Erholungsgebietes.

Trotz der räumlichen Disparitäten hat der stürmische, von manchen schmerzhaften Einschnitten nicht verschont gebliebene Fortschritt – wie zuletzt durch den Ersten Weltkrieg und die Weltwirtschaftskrise (1929-32) – Mitteldeutschland insgesamt den Rang eines bedeutenden Wirtschaftsraumes im Zentrum des Reiches mit allen Vor- und Nachteilen für seine Landschaften und seine Menschen verschafft. Den Nordosten ausgenommen beherrschen Industrie und Handwerk das Wirtschaftsleben eindeutig. Zugleich ist die Verflechtung der unterschiedlich strukturierten Räume beträchtlich gewachsen; sie ergänzen sich in vielerlei Hinsicht gegenseitig.

In diesem Zusammenhang kann die in Kap. 2.6 gestellte Frage nach der *Beziehung von Naturraumpotential und wirtschaftlicher Entwicklung* wieder aufgegriffen werden. Gewiß geben physische Kategorien, wie Lage und Ressourcen (z.B. Bodenschätze), den ersten Anlaß für ökonomische Aktivitäten. Diese Tatsache ist für unsere Teilregion durch mehrere Beispiele belegt worden. Für die weitere Entfaltung der Aktivräume spielen aber anthropogene Faktoren, wie Unternehmungsgeist, Mobilitätsbereitschaft und Flexibilität des einzelnen oder sozialer Gruppen, historisch-politische Ereignisse und ökonomische Entscheidungen eine mindestens ebenbürtige, wenn nicht die ausschlaggebende Rolle. Rekapituliert man die Kapitel 3 und 4, so wird deutlich, daß sich innerhalb Mitteldeutschlands die Naturraumgrenzen nur noch selten mit den Umrissen der Wirtschaftsräume decken, daß der in den Anfängen der Kulturraumentwicklung offensichtliche Gegensatz von Mittelgebirge/Bergland und Hügel-/Tiefland in der Gegenwart allenfalls noch für die Landwirtschaft von Belang ist. Dies zeigt die Bevölkerungsdichte als ein Gradmesser der abgelaufenen Prozesse in aller Deutlichkeit. Abgesehen vom Passivraum des Nordostens finden sich die gleichen demographischen Intensitätsstufen in allen Naturraumtypen wieder (vgl. Abb. 30 mit Abb. 5). Die ursprünglich vorhandene wechselseitige Bedingung von Natur- und Kulturraum ist sukzessive verlorengegangen. Sie bewirkt nur noch kleinräumige Unterschiede. Die beherrschend gewordene räumliche Polarität von Zentrum und Peripherie folgt vielmehr sozioökonomischen Regeln.

5   Der Kulturraum in der DDR-Zeit

Die Aufwärtsentwicklung von Bevölkerung und Wirtschaft, die regional zu verschiedenen Zeitpunkten Anfang des 19. Jhs. begonnen hat, bricht bekanntlich auf ihrem Höhepunkt plötzlich ab: Die Jahre 1939 bzw. 1945/49 markieren das jähe Ende und leiten eine – aus heutiger Sicht – verhängnisvolle Situation ein, die sechs Jahre Krieg und mehr als vier Jahrzehnte Fremdbestimmung hervorbringen. Unsere Region, jetzt „die südliche DDR", wird von einem „Strukturbruch" erschüttert, der ebenso wie die vergleichbaren raumrelevanten Prozesse der Vergangenheit – z.B. Ostbewegung und Industrialisierung – eine große Nachwirkung besitzt und das Zusammenwachsen Deutschlands in der Gegenwart verzögert (vgl. z.B. DDR Handbuch 1984).

Wie war die Ausgangssituation nach dem letzten Krieg? Abgesehen von den Bombenzerstörungen, die alle mittleren und großen deutschen Städte und viele Industrieanlagen mehr oder weniger stark betroffen hatten, fielen in der östlichen Mitte als Teil der Sowjetischen Besatzungszone (1945-49) bzw. der DDR (1949-90) mehrere ungünstige Bedingungen zusammen, die den Wiederaufbau erschwerten:

- die von der Sowjetunion auferlegten besonders großen (Industrie-) Demontagen und Reparationsleistungen,
- die Abtrennung ganzer Industriebranchen (besonders der Eisen- und Stahlindustrie) durch den ausbrechenden Ost-West-Konflikt *(Eiserner Vorhang)*,
- das Fehlen einer Auslandshilfe (wie des *Marshall-Plans* im Westen Deutschlands) und
- die sich zur Massenflucht steigernde Abwanderung der Menschen „in den Westen".

Ein übriges tat die sozialistische Staatsverfassung der DDR, die in totaler Abhängigkeit von der Sowjetunion durch das Diktat der *Sozialistischen Einheitspartei Deutschlands (SED)* errichtet worden war. Kernstücke waren die Auflösung des Privateigentums an Grund und Boden („Vergesellschaftung"), die Verstaatlichung der Produktionsmittel („Volkseigene Betriebe"), die Zentralverwaltungswirtschaft („Planwirtschaft") und die Beschränkung der persönlichen Freiheit, d.h. die fortwährende Kontrolle des einzelnen durch den Staatssicherheitsdienst.

Die rasche Verwirklichung der doktrinären marxistisch-leninistischen Ideologie durch den kommunistischen Staat hatte für den notwendigen Wiederaufbau der Wirtschaft in der Mitte Deutschlands fatale Konsequenzen. Als Hemmschuh einer langfristig positiven Entwicklung erwiesen sich insbesondere

● die mit dem auferzwungenen neuen politischen System verknüpfte Gleichgültigkeit des einzelnen gegenüber dem anonymen „vergesellschafteten" Eigentum, aus der keine Verantwortlichkeit erwachsen konnte, so daß Verschwendung und Ineffizienz üblich wurden;

● das nivellierte Lohnniveau und die gezielte Überbeschäftigung (d.h. die versteckte Arbeitslosigkeit), die keinen Leistungsanreiz boten;

● der Wegfall der steuernden Wirkung des Marktes (durch unvollkommene Planung waren Mangel und Überfluß an Waren zugleich eine alltägliche Erscheinung);

● die Produktion billiger Massenware für den Binnenmarkt und die Ostblockländer, so daß mangels Devisen keine ausreichenden Kapitalrücklagen für Investitionen gebildet werden konnten.

Obgleich aus gänzlich anderer Vergangenheit kommend, wurde das Wirtschaftssystem der Sowjetunion auf die DDR bedenkenlos übertragen, seine Verwirklichung zentral gesteuert und Abweichungen von der „Linientreue" stets unterdrückt. Vor allem die Kollektivierung des Agrarsektors und die Kombinatsbildung in Industrie und Bergbau waren die wichtigsten Mittel, um den „ersten Arbeiter- und Bauernstaat auf deutschem Boden" in die Tat umzusetzen. Aber auch Städtebau und Bevölkerungsentwicklung wurden gezielt beeinflußt. Eher ungeplant, dennoch nicht weniger nachhaltig, ja katastrophal wirkte sich der eingeschlagene Weg schließlich auf die Umwelt aus.

5.1   Bodenreform und Kollektivierung der Landwirtschaft

Der Agrarsektor erhielt in mehreren Phasen eine vollständig andere Struktur. Den Anfang machte die „demokratische" *Bodenreform*, die – 1945-49 noch unter sowjetischer Militärverwaltung verwirklicht – ältere Wurzeln hatte. Wie im übrigen Deutschland war sie schon durch das Reichssiedlungsgesetz 1919 in Angriff genommen worden, um die ungleichen Bodeneigentumsverhältnisse zu überwinden, dem Vordringen der Industrie in die ländlichen Räume und den agrarsozialen Umwälzungen Rechnung zu tragen. Nach Kriegsende zwangen der Vertriebenenstrom mit der erhöhten Bodennachfrage und die Versorgungsengpässe zum raschen Handeln. Darüber hinaus erhoffte man sich von der Schaffung neuen Kleineigentums eine das politische System stabilisierende Wirkung. Mit ihm sollte die beabsichtigte Kollektivierung der Landwirtschaft, so glaubten die Machthaber, leichter erreicht werden können.

Grundsätzlich wurden alle Güter mit mehr als 100 ha entschädigungslos enteignet; Enteignungen trafen aber auch Besitztümer unter 100 ha, wenn sie hochrangigen Anhängern des nationalsozialistischen Regimes oder anderen, oft willkürlich als kriegsschuldig eingestuften Personen gehörten. Der daraus gebildete Bodenfonds der DDR umfaßte 1950 insgesamt 14 089 enteignete Objekte mit rd. 3,3 Mio. ha Land. Im Gegensatz zum Norden der DDR hatte der Reformprozeß bis auf die traditionell von großen Bauernwirtschaften geprägte Magdeburger Börde und ihre Randgebiete in der östlichen Mitte Deutschlands nur geringe räumliche Folgen, weil dort die klein- bis mittelbetriebliche Struktur vorherrschte (Tab. 19).

Tab. 19: Der Bodenfonds 1950

Land	Betriebe		Fläche	
	Anzahl	in %	1000 ha	in %
Sachsen-Anhalt	3146	22,3	720	21,8
Sachsen	2006	14,2	349	10,6
Thüringen	1575	11,2	208	6,3
zum Vergleich:				
Mecklenburg	4007	28,5	1074	32,6
Brandenburg	3355	23,8	948	28,7

Quelle: E. Tümmler u.a. 1969

Zwei Drittel der Gesamtfläche erhielten landlose Bauern, Landarbeiter und Kleinpächter – vor allem Vertriebene aus den Gebieten östlich von Oder und Neiße – als Neubauernstellen (Durchschnittsgröße 8,1 ha); aus dem Rest gingen als Vorstufe der späteren *Landwirtschaftlichen Produktionsgenossenschaften (LPG)* nach dem Vorbild der Sowchosen die großen *Volkseigenen Güter (VEG)* hervor, von denen etwas mehr als ein Drittel auf die mitteldeutschen Bezirke entfiel. Anders als in den nordostdeutschen Gebieten des durch entsprechende Propaganda verhaßten Junkertums („Junkerland in Bauernhand"), wo die großen Schläge der Gutsflur von der kleinbäuerlichen Streifenflur auf großen Flächen ersetzt und durch neue einheitliche Typenhäuser (mit Wohn- und Wirtschaftsteil in einem Gebäude) lineare Siedlungselemente geschaffen wurden, änderte das inselhafte Vorkommen der Neubauernstellen im traditionell kleingliedrigen Siedlungs- und Flurbild unserer Region kaum etwas.

Einschneidend war hier – wie in der ganzen DDR – allerdings die *zweite Phase der Agrarreform* (1952-60), die mit dem Übergang von der Individualwirtschaft zur *Kollektivwirtschaft* dem Leitbild der sowjetischen Kolchose, d.h. dem Grundgedanken der technisch-ökonomischen Überlegenheit des Großbetriebs mit industriemäßiger Produktion und dem LENINschen Genossenschaftsplan, folgte. Doch spielten auch interne Anlässe eine Rolle, wie die teilweise extreme Flurparzellierung im Altsiedelland Thüringens, der Mangel an Arbeitskräften auf dem Land und die Schwierigkeiten, die Ernährung der Bevölkerung sicherzustellen. Unter Einschluß der eben erst umgewandelten Bodenreformgebiete wurde die *Kollektivierung* zunächst auf freiwilliger Basis, dann unter starkem Druck und schließlich – gegen den z.t. heftigen Widerstand der Bauern mit mehr als 20 ha Bodeneigentum – nach den staatlichen Planvorgaben zwangsweise durchgesetzt. Die ehemals selbständigen Betriebe sehr unterschiedlicher Größe und Produktionsziele wurden rücksichtslos zu den großbetrieblichen LPG zusammengefaßt. Der gesamte „sozialistische Agrarsektor" erstreckte sich im Jahr der Zwangskollektivierung (1960) auf 20 200 Betriebe, die 84,2 % der landwirtschaftlichen Nutzfläche ausmachten. Obwohl faktisch enteignet, blieben die Bauern juristisch (im Grundbuch) Eigentümer ihres Bodens. Die Verfügungsgewalt erstreckte sich aber nur auf die Hofgebäude und die „persönliche Hauswirtschaft" im Umfang von 0,5 ha (bei der LPG III).

Neben den *Volkseigenen Gütern (VEG)* und den *Gärtnerischen Produktionsgenossenschaften (GPG)* im Umkreis der Städte entstanden die Landwirtschaftlichen Produktionsgenossenschaften der Typen I bis III, jeweils unterschieden nach dem Ausmaß des durch die Bauern eingebrachten Betriebskapitals (Vieh, Zugtiere, Maschinen, Geräte) und der Nutzflächenart (Acker-, Grün-, Weide-, Waldland). Die *LPG III*, die sich mit der „Vergesellschaftung aller Produktionsmittel" der sowjetischen Kolchose annäherte, war überwiegend in den günstigen Agrarregionen mit intensivem Ackerbau (Hackfruchtbau) verwirklicht worden, wie vor allem in der Magdeburger Börde und den Harzvorländern, im nördlichen Thüringer Becken und in der Leipziger Tieflandsbucht; die *LPG I* und *LPG II* mit beschränkter „Vergesellschaftung" dominierten in den stärker auf Getreidebau und Grünlandwirtschaft eingestellten Mittelgebirgen und ihren Vorländern. Die Bauernschaften der Dörfer wurden – abhängig von der Größe – in der Regel zu ein bis zwei LPG zusammengeschlossen; bei geringer Bevölkerungsdichte umfaßten die LPG auch mehrere Siedlungen.

Die Kollektivierung bedeutete einen Totaleingriff in die traditionellen Lebens- und Wirtschaftsformen der ländlichen Räume. Doch war sie nur eine Vorstufe der Großraumwirtschaft mit industriemäßiger Produktion, der *Kooperationsgemeinschaften (KOG)*, die in einer *dritten Phase* seit 1965 schrittweise verwirklicht wurde, um durch den erhöhten Einsatz technischer Hilfsmittel (Mechanisierung, Chemisierung, Melioration und Züchtung) und durch Spezialisierung die Agrarproduktion entscheidend steigern zu können.

Hierbei handelte es sich um den Zusammenschluß von mehreren LPG benachbarter Siedlungen, gegebenfalls auch von VEG, zu Betriebsgrößen von mindestens 1000 ha, so daß sich die Zahl der Betriebe spürbar reduzierte.

Diese nahm noch weiter ab, als in der *letzten Phase* in den 70er Jahren die Trennung der innerbetrieblichen Zweige Ackerbau und Viehhaltung und den organisatorischen Aufbau separater *Spezialgroßbetriebe der Pflanzen-* bzw. *der Tierproduktion* brachte, um der industriemäßigen Serien- und Massenproduktion endgültig zum Durchbruch zu verhelfen. Dieser „horizontalen Kooperation", bei der die neuen Betriebseinheiten auf durchschnittlich (!) 5000 ha LN anwuchsen (also etwa Landkreisgröße hatten) und z.B. Großviehstapel von durchschnittlich 1500 Stück hielten, ging mit der auf ein Produkt spezialisierten „vertikalen Kooperation", der Bildung von *Kooperationsverbänden (KOV)* und *Agrar-Industrie-Vereinigungen (AIV)*, einher. Durch die Verflechtung mit der Nahrungsmittelindustrie, dem Agrarhandel, der Agrarforschung usw. entstanden sie als überregionale Mammut-Unternehmen („Agrarfabriken"). Alle beteiligten Wirtschaftseinrichtungen wurden zu einem einheitlichen System verknüpft. Die Konzentration setzte die Gesamtzahl der „landwirtschaftlichen" Betriebe in der DDR 1982 auf 4905 herab. Die traditionelle, in Mitteleuropa übliche gemischtwirtschaftliche Struktur mit einem breit gefächerten Betriebsgrößenspektrum war endgültig verschwunden.

Ein extremes Beispiel ist die 1975 gegründete 36 100 ha große AIV Wanzleben im besten Löß-Schwarzerde-Gebiet der Magdeburger Börde (Abb. 35), die aus drei LPG und zwei VEG entstand und mit weiteren agroindustriellen Betrieben am Ort und in der unmittelbaren Umgebung (z.B. Rindermastanlage, Futtermittelwerk, Zuckerfabrik) zusammenarbeitete. Ende der 70er Jahre baute der Riesenbetrieb auf den 150-250 ha großen Schlägen mit sechs Arbeitskräften je 100 ha und großem technischen Aufwand (einschließlich „Agrarflugzeugen") 20 000 ha Getreide, 6500 ha Zuckerrüben, 650 ha Zwiebeln, 500 ha Ackerbohnen, 75 ha Weißkohl sowie eine in der Quelle ungenannte (7000 ha große?) Fläche mit Futter für 15 Viehbetriebe (mit nicht genannter Stückzahl) an; etwa 1000 ha waren Grünland. Die Ernteerträge für Weizen lagen im Mittel der Jahre 1975-79 bei 48,6 dt/ha, für Zuckerrüben bei 266 dt/ha (L. GUMPERT 1980).

Die unzureichenden Leistungssteigerungen bei höheren Preisen für den Energie- und Futtermittelimport förderten in der späten DDR-Zeit allerdings die Einsicht in die begrenzte Wirtschaftlichkeit solcher Riesenunternehmen, so daß diese z.B. in der Pflanzenproduktion wieder in verhältnismäßig selbständige „territoriale Abteilungen" von etwa 1500-2000 ha untergliedert wurden (K. HOHMANN 1984).

Welche raumwirksamen *Folgen* hatte dieser rigorose Eingriff in das agrarische Gefüge der östlichen Mitte? Die wichtigsten physiognomischen und strukturellen Merkmale des fundamentalen Wandels sind faßbar (DIERCKE Weltatlas 52/53)

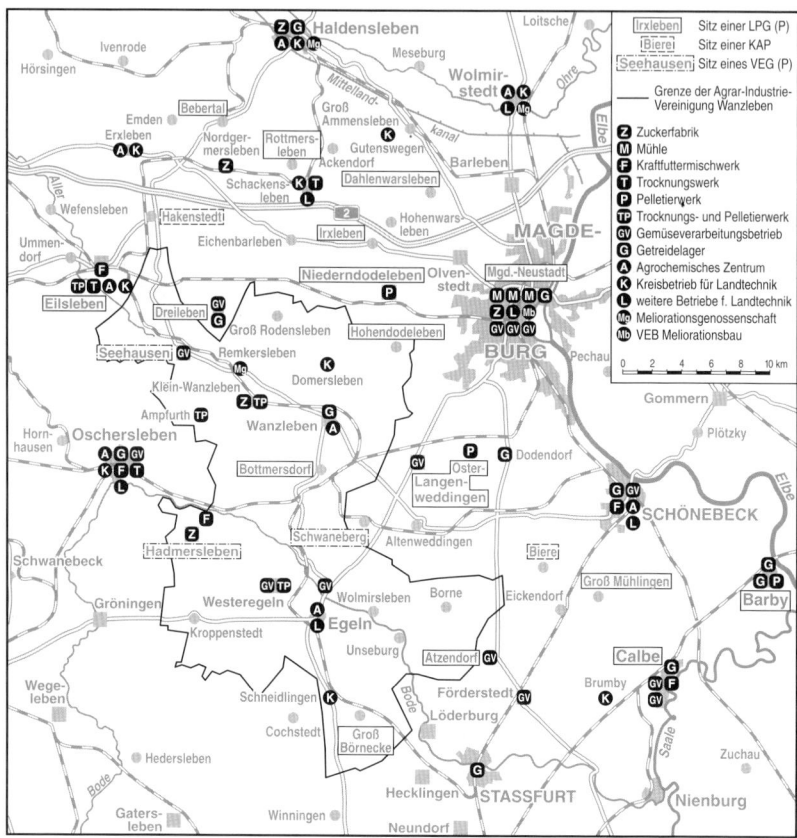

Abb. 35: Die Organisation der sozialistischen Landwirtschaft und der Nahrungsmittelerzeugung in der Magdeburger Börde (nach GUMPERT *1980)*

● in den *Flurformen:* Die Monotonie der Agrarlandschaft mit der uniformen geometrischen Großblockflur, im Tiefland mit Flurschlägen in der Größenordnung von 50-100 ha, ersetzte die buntgescheckte kleingliedrige Parzellenstruktur der Gewann- und Hufenfluren mit Feldrainen, (Hohl-) Wegen, Gebüschhecken usw.; Ausnahmen fanden sich lediglich in abgelegenen Höhengebieten (z.B. im Thüringer Schiefergebirge und hohen Erzgebirge), wo an Steilhängen aus Rentabilitätsgründen das alte streifige Flurmuster örtlich überlebte (K. ROTHER 1981);

● in der *Siedlungsstruktur:* Am Rand der Ortschaften wurden neue Wirtschaftskomplexe errichtet (große Stallbauten, Großsilos, Dünger- und Maschinenhallen u.a.), während sich die äußerlichen Veränderungen sonst in Grenzen hielten. Aber funktional waren die Höfe reine Wohnstätten geworden; teilweise entstanden neue Wohngebäude und öffentliche Einrichtungen. Aus Dörfern wurden LPG-Arbeiter-Wohnsiedlungen. Manche linearen Siedlungen erhielten eine kompaktere Gestalt;

● im *agrarsozialen Gefüge*: Die Angleichung der Arbeitsorganisation an industrielle Verhältnisse schritt voran. Die sozialen Unterschiede zwischen Stadt und Land wurden – auch im Lohnniveau – allmählich verwischt, der Loslösungsprozeß vom eigenen Grund und Boden gefördert; die Landfamilie ging im Kollektiv auf, und die alte Dorfgemeinschaft hörte auf zu bestehen. Die einst selbständigen Bauern waren Lohnarbeiter mit Schichtdienst, festen Arbeits- und Urlaubszeiten geworden und pendelten vermehrt auch über größere Entfernungen zwischen Wohn- und Arbeitsplatz wie in der Industrie. (Vom Industriearbeiter unterschied man sich aber durch die wesentlich größere Zahl an Überstunden.) Es baute sich eine neue soziale Hierarchie auf, die z.B. vom Leiter der LPG (meist von einem Parteifunktionär) über die Führer von (Ernte-)Brigaden u.ä. bis zum qualifizierten und einfachen Arbeiter reichte;

● in der *Bodennutzung*: Sie wurde besser an die natürlichen Standorte angepaßt. Doch änderte sich die in Kap. 4.1.1.2 geschilderte Verbreitung der Agrarregionen ebensowenig wie die gesamte LN in nennenswertem Umfang. Allenfalls die flächenproduktivsten Formen wurden etwas ausgeweitet, die flächenextensivsten Formen auf Randstandorte zurückgedrängt. Dabei gewann die Grünlandwirtschaft besonders in den Mittelgebirgsregionen auf Kosten des Ackerbaus an Boden. Selbst in den ackerbaugünstigen Regionen wie der Börde, wo eigens Zuckerrüben für Futterzwecke gezüchtet wurden, nahm die Großviehhaltung beträchtlich zu. Im Ackerland verloren die arbeitsaufwendigen Hackfrüchte (z.B. Kartoffeln) zugunsten des Getreides an Gewicht. Allein die Zuckerrübe breitete sich aus den traditionellen Anbaugebieten der Börde (jetzt mit Beregnung!) nach Nordthüringen und Nordsachsen stärker aus, während die Zahl der Zuckerfabriken durch Konzentration der Verarbeitung weiter abnahm;

● im *Betriebsziel*: Es hatte sich – entsprechend der Planungsvorgabe – die Marktfruchtproduktion mit einer hohen Selbstversorgungsrate der DDR (bis 90 %) durchgesetzt. Trotzdem waren die Ertragssteigerungen enttäuschend niedrig; der Produktivitätsrückstand gegenüber der westdeutschen Landwirtschaft, z.B. beim Hackfruchtbau und in der Rindfleischerzeugung, verkleinerte sich nicht. Am produktivsten erwiesen sich die „persönlichen Hauswirtschaften" (Tab. 20).

Als *Nachteile des Systems* erwiesen sich vor allem

● die übergroßen Betriebseinheiten, die wegen der langen Transportwege Organisationsprobleme und in Anbetracht des Überbesatzes mit Arbeitskräften eine wachsende Ineffektivität der Bewirtschaftungsweise an den Tag brachten;

Tab. 20: Kennzahlen der Landwirtschaft in ausgewählten Regionen der DDR und der Bundesrepublik Deutschland 1982

Merkmal	Bezirk Halle	Bezirk Leipzig	Bezirk Karl-Marx-St.	Nordrh.-Westf.	Baden-Württ.
Arbeitskräftebesatz (AK/100 ha LN)	12,5	14,0	13,1	7,6	10,3
Hektarerträge (dt):					
Getreide	47,5	48,5	46,4	52,3	46,5
Kartoffeln	175	192	232	326	287
Zuckerrüben	275	289	292	544	545
Silomais	252	300	509	478	520
Viehbesatz:					
Rinder/100 ha LN	78,1	109,8	129,1	119,9	119,6
Tierische Leistungen:					
Milch (kg/Kuh)*	3657	3810	3939	5440	4480
Rinder (kg Lebendgewicht)**	125	133	110	252	233

* 3,5 % Fett; ** Produktion von Schlachtvieh bezogen auf den Bestand am Ende des Vorjahres

Quelle: K. HOHMANN 1984

● die fehlende Verbundenheit der Arbeitskräfte mit dem Boden, die den Mangel an Motivation und Initiative bedingte und dadurch die Ertragssteigerungen in engen Grenzen hielt;

● der hohe Mechanisierungsgrad, der große Investitionen erforderte und deshalb auf Dauer nicht dem aktuellen technischen Stand folgen konnte, so daß der Maschinenpark veraltete und die Produktivität über ein bestimmtes Niveau nicht hinauskam, und

● die beträchtlichen Umweltschäden: so etwa die Bodenerosion durch Regen und Wind auf den zu großen Flurstücken, die Bodenverdichtung durch schwere Großmaschinen, die Überdüngung durch Gülle-Ausbringung im Umkreis der Spezialbetriebe für Tierproduktion mit nachteiligen Folgen für Grund- und Oberflächengewässer u.a.

Insgesamt präsentierte sich die Landwirtschaft „als ein überdimensionierter, dirigistisch durchgestalteter Wirtschaftsbereich, der hauptsächlich nach Mengen- und Preisvorgaben funktionierte ... oft ohne direkte Kontakte zum Markt bzw. zu den Verbrauchern" (K. ECKART und H.-F. WOLLKOPF u.a. 1994, S. 17). Mißernten blieben nicht aus, und der zur Tagesordnung gehörende Ernteeinsatz von Schülern, Studenten und Soldaten der Nationalen Volksarmee zeigte, daß von einer Überlegenheit des aufgebauten Systems über die marktwirtschaftlich ausgerichtete Landwirtschaft des Westens keine Rede sein konnte.

Weitere Literatur: ABEL 1956; Autorenkollektiv 1980; ECKART 1977, 1994; ECKART, SIEDENSTEIN 1983; HOFFMANN 1957/58; MÜLLER 1975; OPP 1991; ROTHER 1981; ROUBITSCHEK 1967, 1984; SCHRÖDER 1964; TÜMMLER u.a. 1969.

5.2 Kombinatsbildung in Industrie und Bergbau

5.2.1 Die Industrie

Die Industrie, der wichtigste Wirtschaftssektor unserer Region, sicherte der DDR trotz der kriegsbedingten Schäden einen hervorragenden Platz im schwach entwickelten Ostblock. Als bevorzugtes Objekt sozialistischer Wirtschaftsplanung wurde sie ebenso wie die Landwirtschaft durch Verstaatlichung strukturell umgewandelt, wobei ähnlich strikte Richtlinien, insbesondere die Bildung großer Betriebseinheiten, maßgebend waren.

Im Ergebnis hat die Industriepolitik des totalitären Staates die Beschäftigung im sekundären Sektor noch einmal stabilisiert. Als sich gleichzeitig im Westen Deutschlands der Übergang zur Dienstleistungsgesellschaft (d.h. die zweite Phase in der Entwicklung der Erwerbssektoren nach dem Modell von FOURASTIÉ) anbahnte, wurde in der DDR das Ende des Industriezeitalters hinausgeschoben, eine wirtschaftsgeschichtliche Epoche gewissermaßen mit anderen Mitteln fortgesetzt. Dies gilt vor allem für Mitteldeutschland, das innerhalb des neuen Staatsgebildes durch die alten Strukturen im industriellen Sektor von vornherein eine starke Position hatte. Des sozioökonomischen Ausgleichs wegen mußte sich der Aufbau deshalb auf den Norden (Hafenstädte) und (Ost-)Berlin konzentrieren. Das Standortgefüge in der östlichen Mitte änderte sich folglich wenig, zumal die traditionellen Industriegebiete über den Wiederaufbau hinaus kaum gefördert wurden. Diesen *Nord-Süd-Gegensatz* in der Entwicklung des neuen Staatsgebietes – einerseits Wachstum, andererseits Stagnation – macht Tab. 21 für zwei ausgewählte Bezirke deutlich.

Tab. 21: Der Anteil der Industriebeschäftigten an den Erwerbspersonen 1955/1982 [%]

Bezirk	1955	1982
Neubrandenburg	16,9	31,2
Karl-Marx-Stadt (Chemnitz)	60,6	59,4

Quelle: D. GOHL 1986

Große Auswirkungen hatte freilich das *Autarkiestreben* des relativ res-sourcenarmen Landes, den Rohstoff- und Energiebedarf der Industriewirt-schaft aus den eigenen Quellen zu decken, um in der Grundstoffindustrie nach dem Vorbild der Sowjetunion Erfolge vorweisen zu können, so daß vor allem die mitteldeutschen Wachstumsbranchen der Zwischenkriegszeit, Braunkohlengewinnung und chemische Industrie, weiterhin „boomten". Auch vom selbst auferlegten Zwang, die durch die deutsche Teilung „verlo-rengegangene" Schwerindustrie, ersetzen zu müssen, erhielt unser Raum Auftrieb, wenngleich der Aufbau der Hütten- und Stahlindustrie aus älteren Ansätzen Nutzen ziehen konnte (z.B. die Lauchhammer AG in Riesa/Elbe, Torgau und anderen Standorten, die Hütten- und Stahlwerke Thale/Harz, die Maxhütte Unterwellenborn/Saalfeld).

Die *industrielle Entwicklung* der DDR wird gewöhnlich in drei Phasen gegliedert. Zusammengefaßt geschah folgendes:

• 1950-65: Wachstum hauptsächlich auf Grund der alten, inzwischen ver-staatlichten Betriebsstandorte sowie durch Neugründungen und Erweiterun-gen vor allem außerhalb der östlichen Mitte (um, wie erwähnt, dem agrari-schen Norden zum industriellen Aufschwung zu verhelfen);

• 1965-75: Erweiterung der bestehenden Standorte und Intensivierung durch ihre Zusammenlegung inner- und außerhalb unserer Region (Kombi-natsbildung), bei Überkapazitäten auch Stillegung (z.B. in der Textilindu-strie);

• seit 1975: durch zunehmenden Devisenmangel überall gemäßigtes Wachstum oder Stagnation bis Rückgang, höchstens sporadische Moderni-sierung und Bereinigung standörtlicher Zersplitterung.

Die *Verstaatlichung* begann noch unter sowjetischer Militärverwaltung 1945 mit der Schaffung *Volkseigener Betriebe (VEB)*, die schon 1950 etwa drei Viertel der Industrieproduktion lieferten; sie schritt in den 50er Jahren rasch voran und war 1972 – zuletzt in der Textilindustrie – abgeschlossen. Lediglich ein Restbestand sowie ein Teil von Handwerk und Bauwesen mit weniger als zehn Beschäftigten blieb   unter mancherlei Beschränkungen – in privater Hand; die meisten Handwerksbetriebe waren in den *Produktionsge-nossenschaften des Handwerks (PGH)* zusammengefaßt. Mit dem Enteig-nungsprozeß wurden teilweise weltbekannte Firmen ausgelöscht; ihre altein-geführten Namen lebten in der DDR nur ausnahmsweise fort, wenn sich die exportorientierten Betriebe damit bessere Absatzchancen ausrechneten (z.B. *VEB Carl Zeiss Jena*).

Andererseits gründeten die geflüchteten Eigentümer mit ihren Betriebsangehörigen neue Werke unter der gleichen oder ähnlichen Firmenbezeichnung in der Bundesrepublik Deutschland. Besonders der dem mitteldeutschen Gewerbe nach Entwicklung und Struktur wesensverwandte südwestdeutsche Raum zog aus der „Flüchtlingsindustrie" Gewinn. Einige bekannte Beispiele von vielen Neugründungen sind *Zeiss* in Oberkochen (östliche

Schwäbische Alb), die sächsischen Strumpffirmen *Arwa* aus Auerbach im Erzgebirge in Unterrot (Württemberg) und *Elbeo* aus Oberlungwitz in Augsburg oder die thüringische Glasindustrie in Wertheim am Main (z.B. H.-D. HAAS 1972). Sie belebten die örtliche Wirtschaft und förderten das Siedlungswachstum durch neue Werkssiedlungen und den Eigenheimbau.

Das neue Organisationsmodell, seit Ende der 60er Jahre in mehreren Schüben bis 1979, vereinzelt auch später, verwirklicht, war das *Kombinat*, mit dessen Hilfe die Führungsspitze der SED die inzwischen aufgetretenen Mängel der verstaatlichten Industriebetriebe (wie geringe Produktivität, hohe Ausschußrate, hoher Energieverbrauch, Fehlinvestitionen, geringe Flexibilität, niedriger technischer Standard) zu beseitigen und die Produktion wesentlich zu steigern trachtete. Konsequent wurde der überörtliche Zusammenschluß jeweils zahlreicher Industriebetriebe der gleichen Branche an verschiedenen Standorten mit zentraler Leitung zu Mehrwerksunternehmen verordnet („horizontale Kooperation"), bevor der zweite Schritt, die Verbindung mit Zulieferindustrie, Forschung, Ausbildung und Handel („vertikale Kooperation"), folgte. Schließlich fusionierten auch Kombinate zu Riesenunternehmen. Als extremer Ausdruck einer zentralistisch geführten Wirtschaft waren sie „nicht einfach die Summe der in ihnen zusammengeschlossenen Betriebe", sondern durch „die zweigübergreifende Tätigkeit ... Wirtschaftseinheiten eigener Art" (W. GÖSSMANN 1987, S. 36). Wieviel Wert der strukturellen Neufassung der Industrie beigemessen wurde, zeigt die Leitungskompetenz. Chemische Industrie und Maschinenbau, die sogenannten Primärindustrien, denen der Staat – der sie als Stützpfeiler der Wirtschaft einstufte – besondere Zuwendung angedeihen ließ, wurden dem Industrieministerium direkt unterstellt, während die für die Versorgung der Bevölkerung verantwortliche Konsumgüterindustrie und die Zulieferindustrie, vor allem seit den 80er Jahren, nicht von Berlin aus gesteuert, sondern „bezirksgeleitet" waren und die „komplexe Gebietsentwicklung" in eigener Zuständigkeit vorantreiben sollten (G. KEHRER u.a. 1983, S. 18 f.).

Die Betriebsstandorte der Kombinate erstreckten sich u.U. auf mehrere DDR-Bezirke, in der Regel auf mehrere Kreise, wobei sich je nach Branche eine unterschiedliche räumliche Konzentration ergab (Abb. 36; DIERCKE Weltatlas 1988, 59/4). So waren etwa die vier großen Betriebe des *VEB Kombinats Chemische Werke Buna* auf drei Bezirke und drei Kreise verteilt. Das Stammwerk in Schkopau südlich Halle hatte dabei mit 18 000 Beschäftigten (= 75 %) eine überragende Bedeutung. Die ca. 20 Betriebe des *VEB Kombinats Mikroelektronik Erfurt* mit ca. 60 000 Beschäftigten lagen viel weiter auseinander, nämlich in den Bezirken Erfurt, Gera, Suhl, Karl-Marx-Stadt, Dresden, Cottbus, Frankfurt/Oder, Potsdam und in (Ost-)Berlin. Die Kombinate der Leicht- und Textilindustrie besaßen – auf Grund der übernommenen Betriebsgrößenstruktur – eine noch größere räumliche Streuung, ohne daß ein

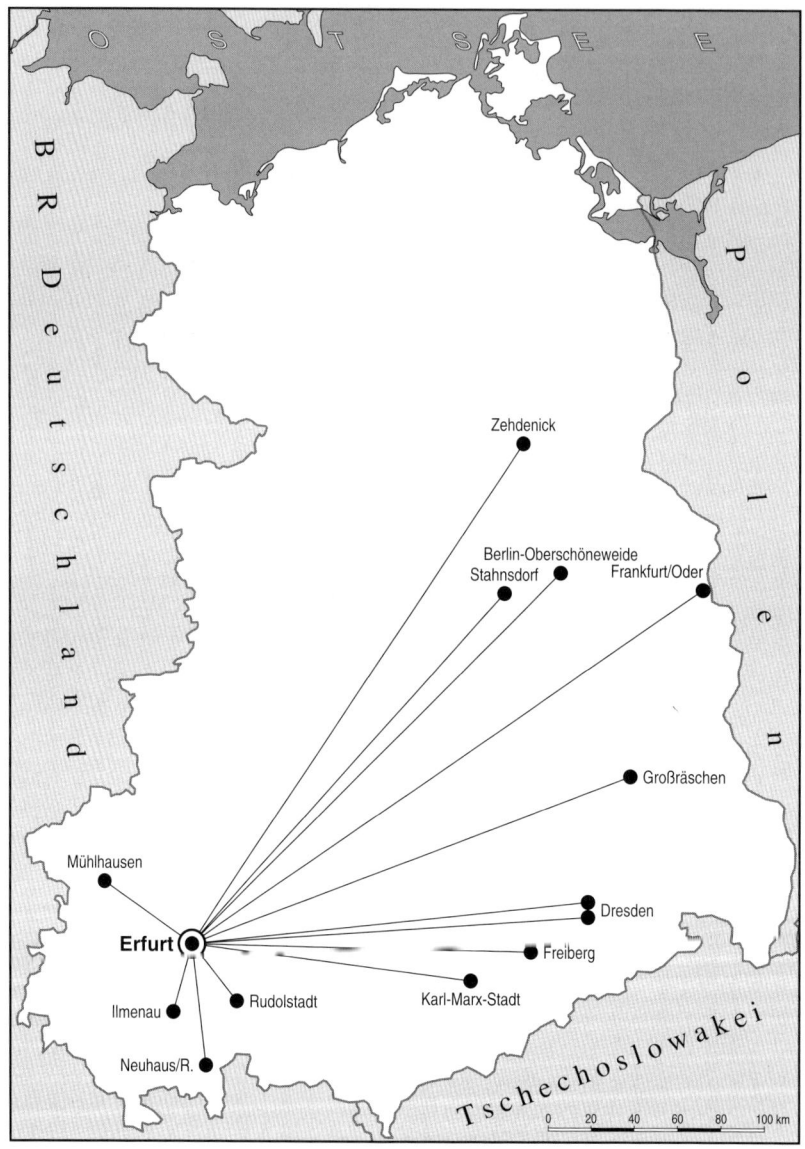

Abb. 36: Das VEB-Kombinat Mikroelektronik Erfurt (nach SCHERZINGER, WILKENS 1979)

bestimmter Standort dominierte. Beispielsweise waren die 50 Betriebe des *VEB Kombinats Trikotagen Limbach-Oberfrohna* mit mehr als 900 kleinen und mittleren Werken in 240 Orten, die sich auf 70 Kreise und 11 Bezirke (im

Süden) verteilten, ansässig. Andererseits gab es Kombinate mit regionaler Konzentration und Streuung, wie z.b. die zahlreichen Produktionsstätten des *VEB Kombinats Spielwaren Sonneberg* im Thüringer Schiefergebirge, um Olbernhau im Erzgebirge, in Dresden, um Kamenz u.a., während die Betriebe der Konfektionsindustrie (Oberbekleidung) ausschließlich im weiten Umkreis Erfurts lagen (B. BENTHIEN 1990). Das 1978 durch Fusion gebildete Superkombinat der Elektrotechnik/Elektronik *Robotron*, Dresden, war mit 70000 Beschäftigten an 20 Betriebsstandorten das größte der DDR.

Man sieht aus diesen Beispielen, daß mit der Kombinatsbildung in den alten sächsisch-thüringischen Gewerbegebieten grundsätzlich keine Änderung der aus der Vorkriegszeit stammenden Standortmuster verbunden war. Die bestehenden Industrie- bzw. Verdichtungsgebiete behielten ihre Konfiguration im großen und ganzen bei. Neue Industriestandorte mit entsprechendem Siedlungswachstum bildeten die Ausnahme. Beispielsweise entstanden im rückständigen Eichsfeld der Großbetrieb *VEB Baumwollspinnerei und Zwirnerei Leinefelde* (1961-64) und das Zementwerk Deuna (1977); das Haufendorf Leinefelde wuchs rasch und wurde 1969 Stadt (1960: 2500, 1976: 11000 Einw.). Neuerungen, etwa bei Umstellungen auf eine andere Rohstoffgrundlage, äußerten sich in der Erweiterung der Betriebe an den alten Plätzen (z.B. 1970 *VEB Chemiefaserwerk Rudolstadt-Schwarza*). Auch die Branchen-Diversifizierung und die große Fertigungstiefe des einzelnen Werkes blieben erhalten, wenngleich der gewandelte Bedarf interne Verschiebungen hervorrief. So gewannen die Elektrotechnik, Elektronik und der Gerätebau in Thüringen (Jena, Sömmerda, Weimar, Erfurt, Ruhla und Zella-Mehlis) und Sachsen (Dresden, Chemnitz, Zwickau u.a.) auf Kosten der Nahrungsmittelindustrie zunehmend die Oberhand (K. ECKART 1989).

Anders gestalteten sich die Veränderungen in der Großchemie des Tieflands, die – anfangs von der *Sowjetischen Aktiengesellschaft (SAG)* als Eigentum übernommen – erst seit 1958 eine kräftige eigenstaatliche Stützung (SDAG) erhielt, als der Ausbau der traditionellen Carbochemie und der Aufbau der Petrochemie im Zusammenhang mit Erdgas- und Erdölleitungen aus der Sowjetunion beschlossen wurden. Abgesehen von der Erneuerung und Umrüstung alter Anlagen z.B. in Böhlen bei Leipzig, entstanden die neuen Werke aber auch hier an den bekannten Plätzen oder in ihrer Nachbarschaft. So etwa das *Leuna-Werk II* bei Merseburg, das neben dem alten Leuna-Werk seine Produktion 1969 aufnahm und mit diesem zusammen das *VEB Kombinat Leuna-Werke „Walter Ulbricht"* mit 30000 Beschäftigten bildete; weitere Beispiele sind die Düngemittelfabrik neben dem Stickstoffwerk Piesteritz bei Wittenberg (1975), eine Karbidfabrik im Bunawerk Schkopau (1960) und – mit dem Ausbau der Synthesefaser-Erzeugung – PVC-Fabriken in Bitterfeld (1960) und im Bunawerk (1976). Auch die Fünfjahrespläne der 80er Jahre hatten die Verstärkung der bisherigen Standorte zum Inhalt (D. RICHTER

1987). Nur das *VEB Gaskombinat „Schwarze Pumpe"*, Sitz Spremberg (insgesamt 37 000 Beschäftigte), das einen Teil der Braunkohlenindustrie der östlichen Mitte repräsentierte, schaffte neue Betriebsstandorte in der Niederlausitz.

Natürlich bot die Organisationsform der 1980 etwa 130 DDR-Kombinate für die Industrieentwicklung in gewissem Umfang günstige Voraussetzungen. Von der räumlichen Konzentration der Erzeugung versprach man sich erhöhte Standortvorteile; man wollte auf erfahrene Belegschaften, eine ausgebaute soziale und technische Infrastruktur zurückgreifen; die Koordinierung des Produktionsablaufs z.B. in der Großserienproduktion schien weitgehend feststehende Zuliefer- und Absatzwege zu sichern; die Integration der Forschung sollte den neuesten technischen Standard garantieren usw.

Im praktischen Umgang mit der Idealvorstellung ergaben sich indessen große Schwierigkeiten. Wie im Agrarsektor wirkte sich die übergroße Dimension der geschaffenen Einheiten nachteilig aus. Ihre bürokratische Verwaltung verhinderte die flexible Reaktion auf neue Erfordernisse und erschwerte die Koordinierung der Kombinate einer Branche; die innere Konkurrenz fehlte ohnehin. Die große räumliche Streuung vieler Kombinate erhöhte den Transportkostenaufwand, und Investitionen hatten nur einen geringen Effekt. Eine weitere Schwäche, die letztendlich die bedrohliche Wirtschaftskrise der 80er Jahre mit hervorbrachte, war die Tatsache, daß die Leiter der Kombinate über den Gesamtgewinn verfügten und seine Umverteilung in eigener Kompetenz festlegen konnten. „Ökonomische Folge war die scheinbar dynamische Entwicklung weniger Unternehmen auf Kosten vieler, ohne entsprechenden volkswirtschaftlichen Ausgleich und Fortschritt", was die „Polarisierung zwischen Wachstum und Stagnation von Städten bzw. Regionen" bedeutete (L. GRUNDMANN u.a. 1992, S. 36). Hinzu kam die Überalterung der Industrieanlagen vor allem in den sächsischen Großstädten, deren Substanz überwiegend aus der Vorkriegszeit stammte. Trotz gigantischer staatlicher Zuschüsse und neuer Zusammenschlüsse zu immer größeren Kombinaten sanken Erzeugung und Produktivität unaufhaltsam. Der Niedergang war nicht mehr rückgängig zu machen, das Konzept – nicht zuletzt auch wegen menschlicher Unzulänglichkeiten – gescheitert, weil durch das „Primat der Politik" wirtschaftliche Gesetzmäßigkeiten weitgehend außer acht gelassen wurden. Die seit langem propagierten Aktivisten- und Wettbewerbsbewegungen konnten ebensowenig wie neue Arbeitsnormen und Leistungslöhne die Unzufriedenheit der Bevölkerung aus der Welt schaffen. Die sich über Jahrzehnte hinziehende „Verwaltung des Mangels" brach endgültig in sich zusammen.

Darüber hinaus war es trotz aller Bemühungen nicht gelungen, die industrielle Vorrangstellung der südlichen DDR-Bezirke zu mindern. Im Gegenteil, ihre Position wurde vor allem durch die Energiepolitik gestärkt, so daß letztlich fast alle bedeutenden Industriezweige – wie früher – den Schwerpunkt ihrer Produktion in unserer Region hatten (Tab. 22).

Tab. 22: Die Industrieerzeugung der DDR-Bezirke 1982 nach ausgewählten Branchen [%]

	Energie-wirtschaft	Chemie	Maschinen, Fahrzeugbau	Elektrotech-nik, Elektro-nik, Geräte	Metallurgie	Textil	Lebens-mittel	Industrie gesamt
Nordbezirke	18,3	28,1	31,7	32,8	39,2	3,5	45,8	30,4
Südbezirke	81,5	72,0	68,4	67,1	60,8	96,5	54,2	69,8
Cottbus	35,3	5,2	3,4	1,1	0,5	2,4	4,0	6,8
Dresden	6,7	5,7	12,8	17,5	13,5	17,0	9,7	11,4
Halle	15,6	40,1	10,3	2,2	27,4	0,1	11,1	15,6
Leipzig	10,4	7,7	10,5	4,0	3,2	7,2	7,2	8,0
KM-Stadt	5,9	3,8	16,2	13,7	10,2	51,5	7,1	13,1
Erfurt	2,4	3,6	8,1	12,3	1,2	10,8	9,1	6,8
Gera	3,8	4,1	3,1	10,7	3,1	7,4	4,0	4,9
Suhl	1,4	1,8	4,0	5,6	1,7	0,1	2,0	3,2

Quelle: TH. TOPEL 1984

5.2.2   Der Bergbau

Das Montanwesen war den gleichen strukturellen Veränderungen (Verstaatlichung und Kombinatsbildung) unterworfen. Teilweise wurden neue Schwerpunkte gesetzt, andererseits alte Fördergebiete aus Gründen der Autarkie wiederbelebt, wie dies schon im „Dritten Reich" der Fall gewesen war.

Stellenweise kam sogar der alte Erzbergbau der Mittelgebirge zu neuer Blüte. Kupfererz wurde jetzt im Mansfeld benachbarten Sangerhausen gewonnen und in Helbra und Hettstedt verarbeitet *(VEB Kombinat Mansfeld „Wilhelm Pieck")*. Der Bergbau auf Zinn in Altenberg (Osterzgebirge), auf Blei und Zink um die alte Bergstadt Freiberg – vereinigt im *Bergbau- und Hüttenkombinat „Albert Funk"* – ging ebenfalls weiter. Kleinere Lagerstätten im Erzgebirgsbecken und im Unterharz lieferten Nickel-, Molybdän- und Vanadiumerze zur Stahlveredelung für die neu aufgebaute Schwerindustrie (insbesondere von Eisenhüttenstadt).

Als begehrte Ressource für Atomwaffen und Kernreaktoren trat unmittelbar nach Kriegsende die Uranerzgewinnung unter dem Decknamen *Sowjetische AG Wismut*, die ab 1962 von der DDR mitgetragen wurde (*SDAG Wismut*, Verwaltungssitz Karl-Marx-Stadt), zuerst im Westerzgebirge in den Vordergrund. In Aue, Schwarzenberg, Oberschlema, Annaberg-Buchholz, Johanngeorgenstadt und anderen traditionellen Bergbauorten ging der Uranbergbau in alten und neuen Schächten (bis 1800 m Teufe) und auf Abraum-

halden um, bevor sich die Hauptaktivität in den 50er Jahren auf die ost-
thüringischen Lagerstätten im Ordovizium um Gera-Ronneburg (im Unterta-
gebau) verlagerte und ab 1967 das Vorkommen an der Elbe bei Königstein
(seit 1984 durch chemische Laugung) ausgebeutet wurde (Abb. 37). Wegen
Erschöpfung wurden die Uranbergwerke im Erzgebirge nach und nach still-
gelegt. In Spitzenzeiten hatte das Unternehmen bis zu 225 000 Menschen in
400 Abbaustätten beschäftigt und von 1946 bis 1990 insgesamt rd. 220 000 t
des radioaktiven Schwermetalls in der Form eines Konzentrats *(yellow cake)*
zur Weiterverarbeitung in die Sowjetunion geliefert. Damit war die DDR der
drittgrößte Uranproduzent der Welt nach den USA und Kanada.

Der Wert der Uran-Pechblende – ursprünglich ein Abfallprodukt bei der Silbergewinnung für die Herstellung von Porzellan- und Glasfarben und für medizinische Zwecke –
wurde 1820 erkannt. Erst die Entdeckung der natürlichen Strahlung in den Verarbeitungs-
rückständen (Abraumhalden) des St. Joachimsthaler Reviers und der Spaltbarkeit des
Urans (1938) löste die fieberhafte Prospektion und den Aufschwung der Förderung vor und
im Zweiten Weltkrieg aus; der Weg für die militärische Nutzung, später für die Energieerzeugung, war vorgezeichnet.

Als Teil der Reparationsleitungen an die UdSSR wurden die Bergwerke im
Erzgebirge zu Sperrgebieten erklärt, Siedlungen (z.B. das Radiumbad Oberschlema; Heimat und Welt, S 18/2) niedergelegt und die einheimische Bevölkerung, soweit sie nicht im Uranbergbau Verwendung finden konnte, evaku-

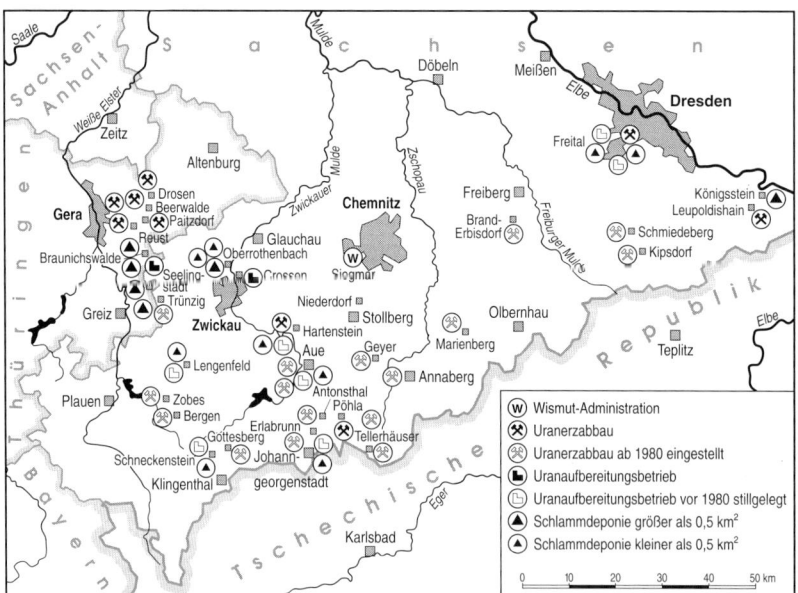

Abb. 37: Der sächsisch-thüringische Uranbergbau (nach Gatzweiler *1993)*

iert (z.B. Johanngeorgenstadt). Angelockt durch die hohen Löhne und soziale Vergünstigungen, die den Niedergang des benachbarten Steinkohlenbergbaus beschleunigten (Zwickau, Lugau-Oelsnitz), strömten – wie in der frühen Neuzeit – Bergleute aus allen Richtungen herbei; auch zwangsverpflichtete Erwerbslose arbeiteten unter primitiven Bedingungen in den flüchtig wieder hergerichteten Bergwerken oder in neuen Gruben. Die Zuwanderung hatte einen sprunghaften Anstieg der Einwohnerzahlen mit den entsprechenden sozialen Spannungen zur Folge. Johanngeorgenstadt z.b., dessen Siedlungs-körper völlig umgestaltet wurde, wuchs zwischen 1946 und 1950 von 6500 auf rund 33 000 Einwohner, die größtenteils in Baracken untergebracht waren; außerdem kamen etwa 80 000 Tagespendler aus Wohnlagern in Orten der näheren Umgebung. Zeitweise arbeiteten in den 19 Schächten der ehe-maligen Exulantenstadt bis zu 115 000 Menschen (D. SCHOLZ 1960). Die rücksichtslose Ausbeutung des Uranerzes ohne ausreichende Schutzvorschrif-ten für Landschaft und Menschen ging mit der hochgradigen Umweltzer-störung und einer überdurchschnittlichen Zahl von (Lungen-)Krebserkran-kungen der Arbeitskräfte einher (C. GATZWEILER 1993; M. SKROBLIN 1994; s. Kap. 5.3).

Im Tiefland erlebte die Förderung der Bodenschätze des Deckgebirges eine beträchtliche Steigerung. In der Gewinnung von Stein- und Kalisalz genoß die DDR im Ostblock eine Monopolstellung. Noch bedeutender war der Vorrang im *Braunkohlenbergbau*, bei dem sie mit 250-300 Mio. t seit 1970 regelmäßig mehr als ein Viertel der Weltjahresproduktion förderte. Wegen der stets knappen Devisen und der daraus folgenden Einschränkungen bei der Beschaffung importierter Energie(träger) mußte der Staat sparen und stützte sich, seinen Autarkiebestrebungen folgend, auf den in großer Menge verfügbaren heimischen Rohstoff. Nach den Ölpreiskrisen war der Beschluß des IX. Parteitags der SED 1977, sich wieder stärker zur Braunkohle hinzu-wenden, eine logische Konsequenz. Die auf den zentralen Vorgaben beru-hende „radikale Auskohlungspolitik" sah bis zur Mitte des 21. Jhs. für man-che Gebiete Ausschöpfungen von 60-70 %, d.h. den Raubbau an den vorhan-denen Reserven vor.

Auf solche Pläne geht einerseits die fortschreitende Vergrößerung der Aus-beutungsflächen im *VEB Bitterfelder Braunkohlenkombinat*, dem ehemali-gen Mitteldeutschen Revier, zurück mit dem Ergebnis, daß z.B. die Großstadt Leipzig auf ihrer Südseite von den Großtagebauen bei Zwenkau, Böhlen, Espenhain u.a. Orten allmählich eingekreist wurde und eine randstädtische Bebauung unterbleiben mußte (Abb. 38). Andererseits verlagerte sich der Förderschwerpunkt schon seit Ende der 50er Jahre in das Lausitzer Abbau-gebiet des *VEB Braunkohlenkombinats Senftenberg* (Bezirk Cottbus), das zum Zentrum der Kohle- und Energiewirtschaft der DDR erklärt worden war und mit seinem jüngeren Teil nördlich des Lausitzer Landrückens auf heute brandenburgischem Territorium außerhalb der östlichen Mitte liegt (DIERCKE Weltatlas, 56/57). Neben den Brikettfabriken, mehreren Kraft- und Heizwerken wurde hier seit 1968 das Großkraftwerk Boxberg, das „größte Braunkohlenkraftwerk der Welt", gebaut. Die carbochemische Weiterverarbeitung der Braunkohle, insbesondere die Hydrierung zu Treibstoffen, war erst für die 90er Jahre vorgesehen. Schon 1970 erzeugte das ostelbische Braunkohlengebiet zwei Drittel der gesamten Fördermenge beider Großreviere. Es hatte

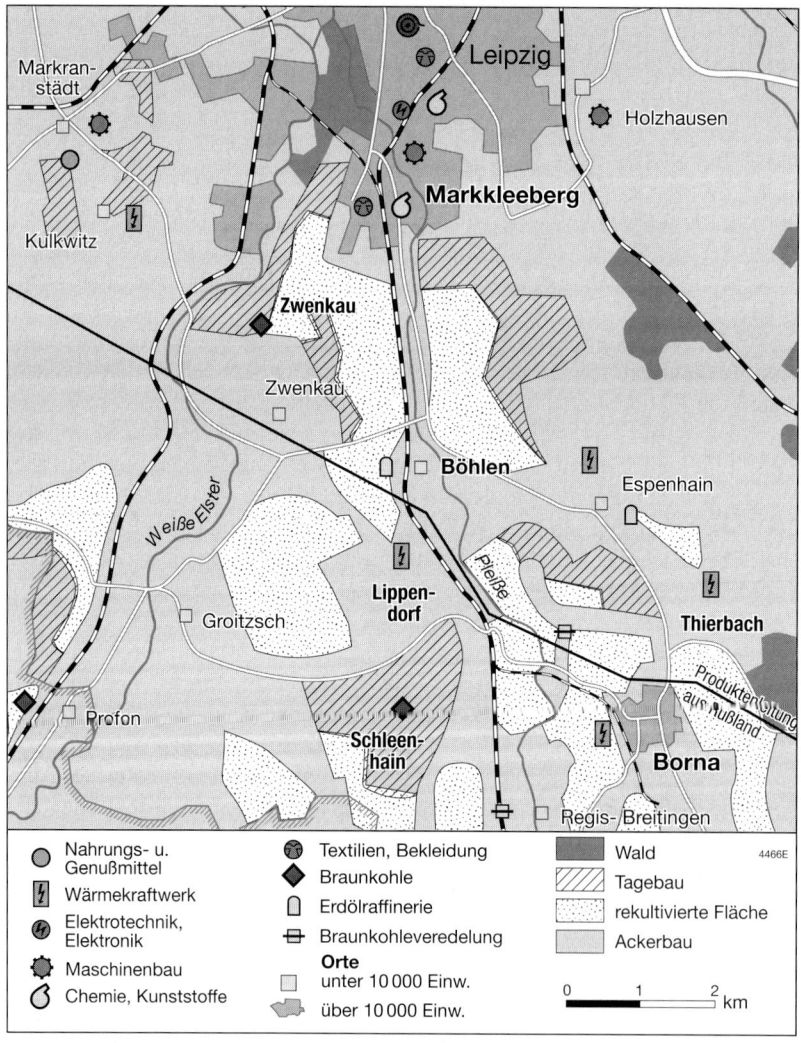

Abb. 38: Braunkohlenbergbau und -industrie im Südraum Leipzig nach der Wende

plangemäß eine beherrschende Stellung in der Energieversorgung der DDR erreicht und wurde in das Verbundsystem mit den Ostblockstaaten integriert.

1984 arbeiteten im west- und ostelbischen Revier in 34 (Groß-)Tagebauen und in der „Braunkohlenindustrie" (Brikettfabriken) zusammen ca. 110 000 Beschäftigte. 1989 gehörten zum Lausitzer Braunkohlenkombinat, wo Verstromung und Vergasung dominierten, 17 Tagebaue und 13 Brikettfabriken, deren Arbeitskräfte (54 000 Personen) 200 Mio. t förderten und verarbeiteten; im Bitterfelder Kombinat, „dem klassischen Schwerpunkt der Kohleveredlung in Mitteldeutschland" (A. BERKNER 1995, S. 151), das 50 000 Menschen in 20 Tagebauen und 27 Brikettfabriken beschäftigte, betrug die Förderung im gleichen Jahr „nur" 115 Mio. t Braunkohle.

Der neuerliche Entwicklungsschub in Braunkohlenbergbau und -industrie hat zusammen mit den erwähnten Wachstumsprozessen anderer Art und den schon im Industriezeitalter angelegten Vorbedingungen einige Teilräume der östlichen Mitte in unzumutbarer Weise belastet. Dies führt zwangsläufig zur Frage nach dem Umgang des DDR-Staates mit der Umwelt (vgl. Kap. 4.1.2).

Weitere Literatur: Autorenkollektiv 1974, 1977; BARTHEL 1962; BÜTTNER 1995; GOHL 1986; HÖNSCH 1992; SEHRIG 1988; TOPEL 1984

5.3 Die Umweltschäden

Erst nach der Wiedervereinigung wurde das wahre Ausmaß der Umweltschäden in der Mitte Deutschlands analysiert und einer breiten Öffentlichkeit bewußt. Jeder Besucher hatte sich freilich schon lange vorher angesichts der dichten gelben Rauchschwaden in den Braunkohlenrevieren, der Schaumkronen auf Mulde und Elbe, des „Geisterwaldes" am Erzgebirgskamm und nicht zuletzt durch den typischen „DDR-Geruch" in jeder Siedlung – die stechend riechenden Abgase des Brikett-Hausbrands – selbst davon überzeugen können, wie groß die Gefahr für den Landschaftshaushalt und die Menschen inzwischen geworden war.

Aber Umweltprobleme wurden in der DDR offiziell nicht zur Kenntnis genommen oder bewußt verschwiegen; sie galten als ein Phänomen des „kapitalistischen Profitstrebens" und durften gar nicht vorkommen. Nach der vom Regime ausgegebenen Devise „Ökonomie vor Ökologie", wobei Ökonomie im Sinne von Produktion, nicht von Wirtschaftlichkeit zu verstehen ist, hatte die Natur keinen ökonomischen Wert, weil sie im Sinne der marxistischen Arbeitswerttheorie ohne menschliche Arbeit „produziert" wird (P. PECHAN 1987). Im Kanon der planwirtschaftlichen Ziele war infolgedessen weder Platz für den rücksichtsvollen Umgang mit den natürlichen Ressourcen noch für den Schutz der gesundheitsgefährdeten Menschen. Alle oben genannten Entwicklungen, wie Großraumlandwirtschaft, Kombinatsbildung,

extrem gestiegene Ausbeutung heimischer Rohstoffe, Aufwertung der
Grundstoffindustrie usw., spitzten die Umweltsituation in der späten DDR-
Zeit dramatisch zu. Längst bekannte wissenschaftliche Untersuchungsergeb-
nisse über die Vermeidung und Behebung von Schäden (z.B. H. BARTHEL
1962; F. LAMPADIUS 1974; K. BILLWITZ u.a. 1976; H. PAUCKE u.a. 1979), aber
auch das 1970 erlassene „Landeskulturgesetz" änderten nichts. Im Gegenteil,
die Verschleierungspolitik mußte fortgesetzt werden, weil der chronische
Geldmangel eine durchgreifende Abhilfe nicht zuließ. Landschaftszerstörung, Boden-, Luft- und Gewässerverschmutzung verdichteten sich für die
ohnmächtige Bevölkerung zu einem „Umweltsyndrom", so daß es seit 1983
zu nachträglich vertuschten Protestaktionen christlich engagierter Gruppen
(„Umweltgottesdienste") oder zur Abwanderung in den am schlimmsten
betroffenen Gebieten kam (z.B. Bitterfeld; Südraum Leipzig, F. HÖNSCH
1992). Abseits davon wurde die kritische Lage aber trotz offensichtlicher
Befunde, wie etwa spezifischer Umweltkrankheiten und erhöhter Sterblichkeit, von vielen Menschen gar nicht wahrgenommen.

Obschon Braunkohlenbergbau und -industrie den Kern der Umweltproblematik bildeten und die von der Quantität her wichtigsten Verursacher der
Umweltschäden waren, trugen die veraltete Infrastruktur (z.B. fehlende Kläranlagen), der anschwellende Kraftfahrzeugverkehr und die Privathaushalte
mit der Wasser- und Energieverschwendung sowie dem Hausbrand gleichfalls dazu bei. Im folgenden kann es nicht um die in Kap. 4.1.2 erwähnten
„Normalschäden" z.B. durch den Braunkohlenbergbau gehen, sondern nur
um ein paar Hinweise auf die extreme Belastung infolge der forcierten
(Grundstoff-)Produktion ohne Schutzmaßnahmen.

Die *Landschaftsschäden* beziehen sich vor allem auf den Braunkohlenbergbau, dessen Abraum-Kohle-Verhältnis sich ständig verschlechterte. Das
Mitteldeutsche Revier, das 1989 noch in 20 Tagebauen aktiv war, bean-
spruchte seit Beginn ein Areal von 471 km^2; der Umfang der rekultivierten
Fläche (mit meist geringerer Qualität als im Ausgangszustand) betrug jedoch
insgesamt weniger als die Hälfte (17,4 %). Das jährliche statistische Defizit
zwischen Flächenentzug (1986-88: ca. 3600 ha/Jahr) und Wiederurbarma-
chung z.B. durch die forst- und landwirtschaftliche Nachnutzung (1986-88
ca. 1.500 ha/Jahr) wurde zuletzt immer größer. Die devastierten Flächen
umfaßten zahllose Kippen, Halden und die Restlöcher, die nach der gängigen
Praxis vor der Flutung mit Abfällen der Braunkohlenindustrie verfüllt wurden, um z.B. durch die kalkhaltigen Aschen die sauren Kippenböden zu neu-
tralisieren.

Die großflächigen Grundwasserabsenkungen veränderten auf einer Fläche
von 1100 km^2 den Wasserhaushalt völlig; Vorfluter fielen trocken, die grund-
wasserführenden Schichten wurden zerstört, was ein Defizit von mehreren
Milliarden Kubikmeter Wasser bedeutete und ökologische Schäden z.B. für

die Auwälder zur Konsequenz hatte. Flußverlegungen aus den Tälern und der Verlust der Flußauen an Mulde, Pleiße und Weißer Elster als natürliche Rückhaltebecken erhöhten die Hochwassergefahr und machten Stauanlagen erforderlich (A. BERKNER 1993 und 1995).

Zugleich wurde die gewachsene Kulturlandschaft vernichtet. Die Umsiedlung von Dörfern, in der Vorkriegszeit (erstmals 1925) auf Einzelfälle beschränkt, nahm vor allem zwischen 1950 und 1970 rasch zu (zum Teil von Orten bis zu 4000 Einwohnern), weil die Überbaggerung der Fläche rentabler geworden war als die Umfahrung von Ortschaften; nach der Planung sollten selbst Kleinstädte in der Größenklasse von 5000-7000 Einwohnern (Zwenkau, Pegau) verlegt werden. 1950-1990 wurden aus 105 überwiegend ländlichen Siedlungen rd. 40 000 Menschen in neue Wohnkomplexe der benachbarten Kreisstädte und Leipzigs überführt (A. BERKNER 1995).

Im Vergleich zu diesen tiefreichenden Eingriffen mit Folgen, die auf die Abbaugebiete selbst und ihre unmittelbare Umgebung beschränkt blieben, hatte die *Luftverschmutzung* eine andere Dimension. Sie beeinträchtigte den Gesamtraum (DIERCKE Weltatlas 37/2; Heimat und Welt, S, SA, TH 20/1). Hauptproduzenten waren die Braunkohlenkraft-, Heizwerke und Schwelereien, in denen der schwefelhaltige Rohstoff in großen Mengen verfeuert bzw. verarbeitet wurde, daneben Hausbrand und Kraftfahrzeugverkehr. Unter den Luftschadstoffen übertraf – neben Stick-, Kohlenoxiden und Kohlenwasserstoffen – der Gehalt an Schwefeldioxid und Schwebstaub die erlassenen Grenzwerte erheblich. Die DDR hatte den zweifelhaften Vorrang, z.B bei der Emission von SO_2 pro Flächeneinheit und Einwohner den europäischen Spitzenplatz einzunehmen (DDR: 310 kg/Kopf/Jahr; Bundesrepublik Deutschland 30 kg/Kopf/Jahr); sie betrug 1988 ca. 5,2 Mio. t, von denen etwa die Hälfte im Halle-Leipziger und ein Viertel im Chemnitzer Raum freigesetzt wurden. Im Lausitzer Revier schickte allein das Großkraftwerk Boxberg jährlich 460 000 t durch den Schornstein. 1989 erreichte die SO_2-Emission in den 86 Großfeuerungsanlagen von Energiewirtschaft und Wärmeversorgung Sachsens etwa das Vierfache der Menge aller Großfeuerungsanlagen des alten Bundesgebietes (Abb. 39; CH. NAGEL 1994).

Im besonders in Mitleidenschaft gezogenen Leipzig ergaben z.B. Messungen der Jahre 1984-88 durchschnittliche SO_2-Immissionswerte von 248 bis 468 µg/m³ Luft. Allein 1988 registrierte man hier Überschreitungen der Grenzwerte an 220 Tagen (IW1-Wert: >140 µg/m³) bzw. 70 Tagen (IW2-Wert: >400 µg/m³); die Großstadt hatte die höchste Überschreitungsrate im ganzen Land (CH. NAGEL 1994).

Die Staubsedimentation, als basisch reagierende Flugasche und Ruß durch Verbrennungs- und Schüttprozesse hervorgerufen, betrug im Jahr ca. 132 kg/Einw. bzw. 20,3 t/km² und erreichte eine Intensität, die geologischen Ablagerungsbedingungen entspricht.

Im Zeitraum von 90 Jahren wurden im Raum Bitterfeld-Gräfenhainichen bei der Förderung und Verbrennung von rd. 820 Mio. t Braunkohle – mit höchsten Emissionswerten zwischen 1960 und 1970 – etwa 12 Mio. t Flugasche erzeugt und auf einer 850 km² großen

Fläche im Mittel – je nach angenommener Dichte – 40-70 cm mächtig abgelagert. Dieser
Wert übersteigt die Lößsedimentation während des letzten Hochglazials (umgerechnet auf
100 Jahre z.B. in den trockenen Lößgebieten Sachsens 2,8 cm, in den feuchten 8,5-10 cm)
um mehr als eine Zehnerpotenz (H. NEUMEISTER u.a. 1991).

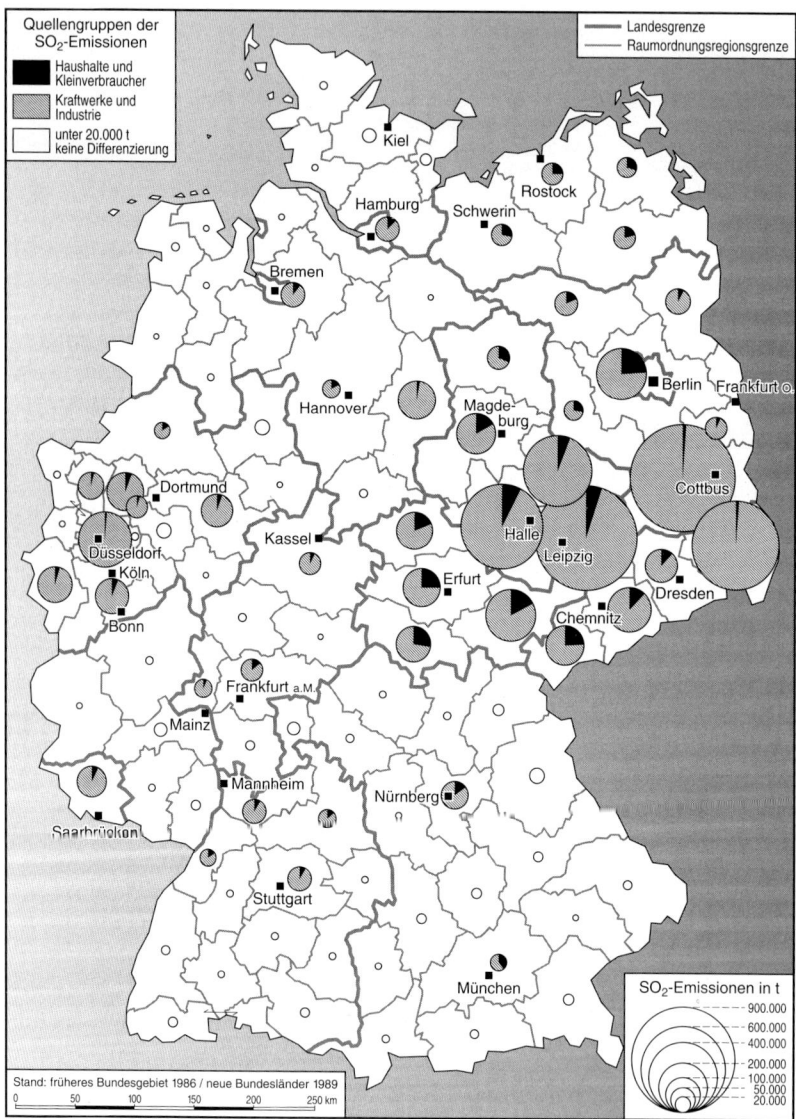

Abb. 39: Die Schwefeldioxid-Emission als eine Hauptquelle der Umweltschäden (nach
Wirtschaftsatlas Neue Bundesländer 1994, korrigiert)

Beide Schadstoffe wirkten sich wegen ihrer Reizwirkung auf Atemwege und Haut (Allergien) besonders in der Nähe der stärksten Emittenten gesundheitsgefährdend aus, so vor allem im Umkreis älterer Kraftwerke und Chemiefabriken ohne Filter- und Katalysatoranlagen für die Entschwefelung. Namentlich bei austauscharmen Wetterlagen im Winterhalbjahr *(Inversionen)* entwickelte sich ein Dauersmog. Die höchste Belastung lag im Kreis Borna südlich von Leipzig, wo sich die Bevölkerung Böhlens und Röthas schon in den 30er Jahren über Geruchs- und Staubbelästigung beklagt hatte. In der späten DDR-Zeit mußten z.B. in Mölbis Kinder und alte Menschen zeitweise evakuiert werden; chronisches Bronchialasthma trat schon bei Säuglingen auf. Auch die Vegetation reagierte – mit einer höheren Reizschwelle als der Mensch – in entsprechender Weise; denn die Bäume der genannten Siedlung verloren alljährlich schon Ende Mai ihre Blätter.

Mit der Aufstockung von Schornsteinen zur Verbesserung der Luftqualität verlagerte man die Verunreinigung der Atmosphäre auf andere Regionen des eigenen Landes oder benachbarter Länder, in denen sich der „hausgemachte" Eintrag mit dem grenzüberschreitenden Schadstofftransport, entsprechend der Hauptwindrichtung von West nach Ost, als „saurer Regen" kombinierte. Wegen der trotzdem relativ niedrigen Schornsteinhöhen war der Ferntransport aber gering. Daraus erwuchs eine besonders starke „Eigenbelastung" der DDR, die schon in den 70er Jahren auf nahezu drei Viertel der gesamten SO_2-Immissionen geschätzt wurde und danach noch beträchtlich zunahm.

Ebenso folgenreich wie in der unmittelbaren Umgebung wirkte der Schwefeldioxid-Ausstoß deshalb in größerer Entfernung der Emittenten. In Verbindung mit der wachsenden Menge der in der bodennahen Luftschicht angereicherten Stickoxide (verstärkte Ozonbildung) und dem Flugstaub sowie dem witterungsbedingten Überhandnehmen des Schädlingsbefalls (Borkenkäfer, Nonnenfalter) gilt SO_2 als Hauptverursacher der *Waldschäden* und, im Extremfall, des *Waldsterbens*. Nicht allein die Restwälder des nordsächsischen Hügellandes und die Kiefernforste der Heiden in der weiteren Umgebung des Lausitzer und Mitteldeutschen Reviers (wo z.B. in der Dübener Heide schon in den 50er Jahren eine Schadensklassifikation eingeführt wurde), sondern vor allem die großen Waldgebiete der Hochlagen von Harz, Thüringer Wald und Erzgebirge waren und sind noch hiervon betroffen (Abb. 40). Wie auch in anderen deutschen Mittelgebirgen erwiesen sich die Fichtenreinbestände, von der Forstwirtschaft des 18./19. Jhs. nach der Beseitigung des Bergmischwaldes geschaffen, als sehr anfällig. Über die Immissionsbelastung hinaus waren sie noch zusätzlichen Streßfaktoren – z.B. Waldbränden durch die militärische Beanspruchung, großflächiger Pestizid-Ausbringung gegen Schädlingsbefall (mit DDT-Lindan-Ölgemischen aus Flugzeugen) u.ä. – ausgesetzt (H.-H. WIECZOREK 1987).

Am schlimmsten hat der Waldbestand des *Erzgebirgskamms* leiden müssen. So sind die mit Buchen untermischten Fichtenwälder östlich des Keilbergs entweder gänzlich ausgemerzt worden oder weiße, ausgeblichene Baumstämme ragen wie Gerippe als letzte Waldreste zum Himmel, während sich überall eine verfilzte Grasdecke mit kümmerlichen Birken ausbreitet. Allein auf der deutschen Seite des Mittelgebirges sind zwischen 1960 und 1990 mehr als 8300 ha Wald abgestorben; der verbliebene Bestand mit einer Fläche von etwa 70 000 ha ist zu 80 % geschädigt, 35 % davon deutlich bis stark (überwiegend Schadstufen 3 und 4). 1991 lag die Belastung durch SO_2 („Rauchschäden") noch bei 80 µg/m³ Luft (im Westen Deutschlands 1988: 20-30 µg/m³ Luft). Die hohen Werte der Luftverunreinigung werden hier zusätzlich durch den immensen Schadstoffausstoß des nahen nordböhmischen Braunkohlenreviers und die häufigen winterlichen Inversionslagen (im Mittel 82mal/Jahr) hervorgerufen. Besonders ungünstig sind bei kontinentalem Hochdruck die Absinkinversionen in einer Südost-Strömung, wenn sich ein Wolkenband in Höhe des Gebirgskamms ausbildet. Es wirkt wie ein Deckel, der den freien Austausch mit höheren Luftschichten unterbindet, so daß die Schadstoffkonzentration auf den bewaldeten Hochflächen die Verträglichkeitsgrenze der Baumvegetation übertrifft (P. PROSEK 1994).

Die erwähnten Schadstoffe und die von der Großraumlandwirtschaft eingesetzten Dünge- und Pflanzenschutzmittel, Wachstumsregulatoren, Gülle u.a. gelangen in den Boden. Bei zu großer Menge führen sie zu „Überdüngung, Stoffanreicherung, Stoffaustrag zum Grundwasser ... sowie zur *Kontamination von Boden und Pflanzen*" und stellen für den Menschen durch Nah-

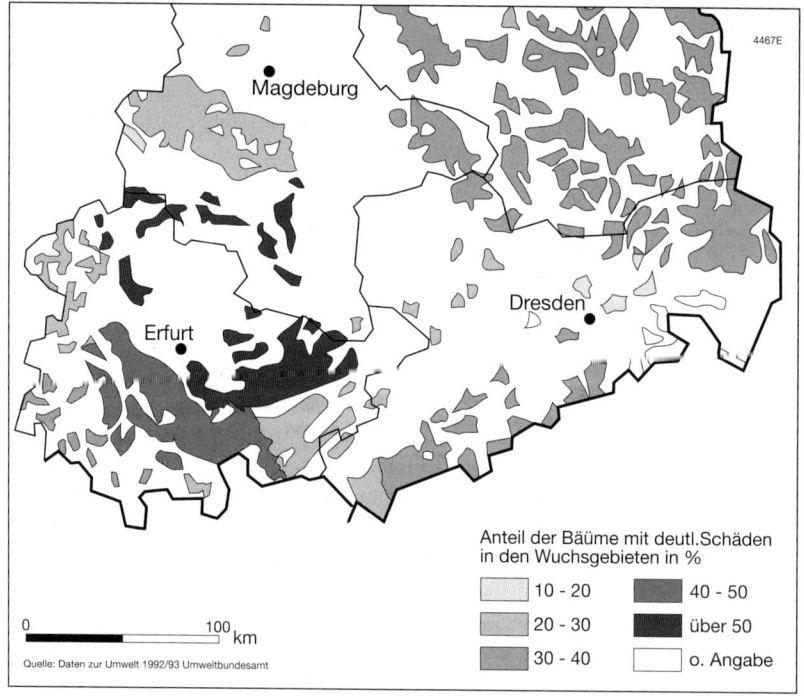

Abb. 40: Die Waldschäden 1991

rungsaufnahme und Trinkwasser ein akutes Gefährdungspotential dar (CH. OPP 1991, S. 598). Das Schadstoff-Rückhaltevermögen hängt von der Bodenart ab: Dichte (tonige) Böden speichern die Schadstoffe besser als lockere (sandige) Böden. Bei Untersuchungen im Raum Bitterfeld/Wolfen ergab sich z.b. eine besonders hohe Arsenkonzentration in den tonig-humosen Auelehmen des Muldetals; mit Annäherung an die Emittenten (Chemiekombinat) nahmen die toxischen Gehalte zu (G. HAASE und R. RUSKE 1994). Dies zeigte sich auch nach großräumiger Analyse im Tiefland zwischen Elbe und Mulde. Abhängig von Windrichtung und Windgeschwindigkeit waren die durch den Calciumgehalt der Braunkohlenaschen vornehmlich basischen Bodeneinträge im ländlichen Ostteil (Lee) wesentlich geringer als im industriellen Ballungsraum des Westens. Die Ergebnisse machen deutlich, daß nicht mit großflächigen, über den Gesamtraum verbreiteten Kontaminationen, sondern mit örtlichen Häufungen zu rechnen ist, die sich auf die bergbaulich-industriellen Kerngebiete konzentrieren. Hier verschafften der toxisch wirkende Schwermetall- und der hohe Schwefelgehalt des Flugstaubs (trotz des Kalkeintrags) der landwirtschaftlichen Bodennutzung und der Trinkwassergewinnung erhebliche Nachteile. Die Umsatzgeschwindigkeit der Schadstoffe im bio-/geochemischen Kreislauf hängt dabei vom jährlichen Feuchteangebot ab und läßt sich schwer vorhersagen (H. NEUMEISTER u.a. 1991; CH. NAGEL 1994).

Ein hoher Schwermetallgehalt der Böden, häufig oberhalb der Grenzwerte, ist auch aus den Gebieten des alten Bergbaus (z.B. im Mansfelder Land und um Freiberg) bekannt. Hierfür sind die natürliche Höffigkeit und der jahrhundertelange Abbau verantwortlich zu machen (CH. OPP 1991). Einen Sonderfall stellt die radioaktive Belastung der Uranbergbau- und Verarbeitungsgebiete des Westerzgebirges und Ostthüringens dar. Die Gefahr geht einmal von den großen und weit verbreiteten Abraumhalden aus, die das Landschaftsbild ohnedies beeinträchtigen. Hier sind die „Armerze", d.h. Erze mit geringem Urangehalt – vermischt mit Arsen- und Bleiverbindungen – , aufgeschüttet worden, welche verseuchte Sickerwässer liefern; belastet sind die ehemaligen Transportwege der Lkw, auf denen verwehtes Feinmaterial abgelagert wurde; durch Flutung von Bergwerken gelangte vergiftetes Schachtwasser in das Grundwasser; dazu kommen die Radon-Exhalationen aus Hohlräumen über Klüfte an die Oberfläche. Naturgemäß sind die Aufbereitungsrückstände der großen Schlämmteiche (Absetzbecken) zwischen Gera, Greiz und Zwickau ebenfalls hoch radioaktiv. Die toxischen Bestandteile können vom Wind verfrachtet bzw. vom Wasserkreislauf aufgenommen werden (C. GATZWEILER 1993).

Über den Umweg des Bodens oder durch Direkteinleitung tragen alle Schadstoffe zur *Gewässerverschmutzung* bei, einem weiteren Schwerpunkt der Umweltbelastung. Häusliche und industrielle Abwässer, zumal aus

Großchemie und Energiewirtschaft, aber auch aus (Erz-)Bergbau und Verhüttung und anderen Industriebranchen sowie die Abwässer der Landwirtschaft belasteten das Oberflächen- (Flüsse, Seen) und Grundwasser beträchtlich. Das galt vor allem für die Ballungsräume Leipzig-Halle, Dresden und Chemnitz. Ein großer Teil gelangte infolge veralteter Technik der Aufbereitungsanlagen oder beschädigter Leitungen unbehandelt und ungeklärt in die Gewässer. In der gesamten DDR mußten 47 % des Wassers der Güteklasse 4 (unbrauchbar für Trinkwassernutzung) und nur 1 % der Güteklasse 1 (geeignet für alle Nutzungen) zugeordnet werden (U. PETSCHOW und J. MEYERHOFF 1990). „Der Anschlußgrad der Haushalte an die öffentliche Kanalisation und zentrale Kläranlagen [lag] 1989 lediglich bei 73,2 bzw. 58,2 %. Nur 28 % der kommunalen Abwässer wurden biologisch und 10 % chemisch behandelt, während 26 % nach mechanischer Klärung und 36 % ohne Behandlung eingeleitet w[u]rden" (A. BERKNER und R. SPENGLER 1991, S. 586).

Die geringe Wassergüte erwies sich insofern als besonders mißlich, als die wasserwirtschaftliche Lage im Süden bei niedrigem Angebot durch einen hohen Verbrauch der neuen Großwohnsiedlungen (bis zu 300 l/Kopf/Tag in Halle-Neustadt und Leipzig-Grünau) chronisch angespannt war. Die oftmals fehlenden Wasserzähler der Altbauwohnungen machten überdies die Verschwendung zur Gewohnheit. Mehrfachnutzungen des Wassers nach Wiederaufbereitung (im Extremfall an der Saale bis zu 13mal!) waren deshalb unvermeidlich. Die erhobenen Kanalgebühren wurden nur teilweise zweckgebunden verwendet, z.B. für die Sanierung der Abwasserleitungen; viel mehr Geld gelangte in den allgemeinen Staatshaushalt. Man verließ sich auf die hoffnungslos überforderte Selbstreinigungskraft der Gewässer.

Neben den organischen Verbindungen (z.B. chlorierten aliphatischen und aromatischen Kohlenwasserstoffen) zählten zu den wichtigsten Schadstoffen der Abwässer unserer Region die Phosphate, Nitrate, Schwermetalle und Kalisalze. Stark verunreinigt waren die Unterläufe von Saale, Mulde und Schwarzer Elster; aber auch Werra, Unstrut (Salzfracht durch die Kaligruben an der Wipper), Weiße Elster, Pleiße und Neiße litten unter hoher Schadstoffbelastung. Am meisten traf es durch Zuflüsse und Direkteinleitungen die große Sammelader *Elbe*, die in einen biologisch beinahe toten Abwasserkanal verwandelt worden war und zu den am stärksten verschmutzten Gewässern Europas gehörte (DIERCKE Weltatlas 37/2).

Auf ihr Einzugsgebiet entfielen 1987 rd. 85 % der gesamten Industrieproduktion, in ihm lebten mehr als 80 % der Einwohner der DDR. Schon im Oberlauf beim Eintritt in die östliche Mitte u.a. durch die ungeklärten Abwässer der Millionenstadt Prag und des nordböhmischen Braunkohlenreviers „vorbelastet", kamen in der Talweitung zwischen Pirna und Meißen außer den kommunalen Abwässern der großstädtischen Agglomeration Dresden die z.T. schwer abbaubaren und hochgiftigen Frachten der Zellstoffwerke/Papierfabriken Pirna und Heidenau, des Arzneimittelwerks Dresden und der chemischen Industrie von Coswig-Radebeul hinzu, so daß der Sauerstoffbedarf des Flusses zum Abbau oxydierbarer

Stoffe (CSB) streckenweise auf Werte über 65 mg/l („sehr stark verschmutzt") anstieg. Nach einer gewissen Erholung mit deutlich höherem Sauerstoffgehalt transportierte die Schwarze Elster erneute Schadstofflasten aus dem Lausitzer Braunkohlenrevier heran, und ab Wittenberg mußte die Elbe die umfangreichen Einleitungen z.b. der „Agrochemie Piesteritz" und flußabwärts weiterer Werke der Chemiebranche aufnehmen (Coswig, Rodleben, Schönebeck, Magdeburg). Vor allem durch die Einmündungen von Mulde und Saale vergrößerte sich ihre Belastung noch einmal sprunghaft: die Chemieabwässer von Leuna, Buna, Bitterfeld/Wolfen und aus vielen anderen Industriebetrieben im Einzugsgebiet der beiden größten Nebenflüsse strömten ihr zu, so daß der Sauerstoffgehalt gegen Null tendierte (Praxis Geogr. 9/1994; I. Jütting 1994; D. Ruchay 1994). Für die erste gesamtdeutsche Gewässergütekarte mußte man eine achte Stufe „ökologisch zerstört" einführen, um Abschnitte der Elbe und ihrer Nebengewässer zutreffend beschreiben zu können.

Infolge der Einleitungen in großer Menge ergab sich hauptsächlich im Bereich der Großkraftwerke auch eine thermische Belastung der Gewässer mit entsprechenden Folgen für das biologische Gleichgewicht. Das zuströmende Kühl- und Abwasser heizte z.b. die untere Pleiße im Jahresmittel um 8 °C auf (A. Berkner und R. Spengler 1991).

Weitere Literatur (s. 8.5 und 8.6): Büttner 1995; Krönert, Erfurth 1994; Opp 1993; Schwartau 1987; Skroblin 1994

5.4   Der „sozialistische Städtebau"

Ebenso wie der sozialistische Staat die industriemäßige Produktion auf dem Land vorantrieb, nahm er auf die Gestaltung der Städte Einfluß. Nach der Devise „Erst baut der Mensch die Stadt, dann formt die Stadt den Menschen" wurden die Städte als jener Ort angesehen, an dem sich das kollektive Bewußtsein der Bevölkerung, d.h. die absolute Gleichheit der „DDR-Bürger", am besten anerziehen ließ. Durch unkritische Übernahme des sowjetischen Beispiels zielte die kommunistische Parteiführung insbesondere auf den Bau neuer Städte für die Arbeiterschaft industrieller Großkombinate ab, weil sie glaubte, daß in diesen Siedlungen „sozialistische Lebensformen" in idealer Weise zu verwirklichen seien. Obwohl wie überall nach dem Krieg in Deutschland das dringlichste Problem die Schaffung neuen Wohnraums war, investierte der DDR-Staat von vornherein stärker in die „produktiven Bereiche", d.h. in Industrie, Bergbau und Landwirtschaft, und vernachlässigte Siedlungen und Infrastruktur. So blieben kostenträchtige Neugründungen die Ausnahme (Schwedt, Eisenhüttenstadt, Neu-Hoyerswerda). Vielmehr boten sich zwei Teilräume des herkömmlichen Stadtkörpers als „Spielwiese" der Ideologie an: die *zerstörten Innenstädte* und die *Freiflächen der Stadtränder*.

Die mitteldeutschen Städte mußten durch den Bombenkrieg insgesamt weniger leiden als jene im W und NW des Landes. Dennoch waren einige in schrecklichem Ausmaß vernichtet worden. In ihnen konnte man die nötigen

Aufräumarbeiten und die Tilgung der schlimmsten Schäden mit dem Wiederaufbau nach neuen Vorstellungen leicht verbinden. Die Neugestaltung der *Innenstädte* – der Stadtkerne wie der gründerzeitlichen Wohnviertel – betraf mehr oder weniger umfänglich die Großstädte Leipzig, Dresden, Chemnitz und Magdeburg und einige Mittelstädte wie Dessau, Halberstadt, Nordhausen, Merseburg, Zerbst, ferner Jena und Plauen, die am stärksten (mit bis zu 80 % zerstörter Bausubstanz) in Mitleidenschaft gezogen worden waren, während in den Zentren der unversehrten Städte allenfalls bauliche Einzelmaßnahmen ausgeführt wurden.

Der zentral gesteuerte „sozialistische Städtebau" – ob groß- oder kleinflächig – beruhte jedoch überall auf den folgenden rechtlichen und organisatorischen Voraussetzungen („Aufbaugesetz" von 1950):
- alleinige Verfügungsgewalt des Staates über Grund und Boden und Ausschalten des privaten Grundstücksmarktes („sozialistische Bodenordnung");
- privates Bauverbot (schon 1948):
- Einfrieren der Mietpreise auf den Stand von 1938;
- Planung des Wiederaufbaus durch die von der SED ins Leben gerufene „Deutsche Bauakademie", die 1950 die „Sechzehn Grundsätze des Städtebaus" aufstellte und darin den „Idealtypus der sozialistischen Stadt" gemäß dem sowjetischen Vorbild vorschlug (z.B. A. KARGER und F. WERNER 1982).

P. SCHÖLLER (1961, 1980) und D. RICHTER (1974) unterscheiden *vier Phasen des Aufbaus*, dessen räumlicher Investitionsschwerpunkt aus Gründen des strukturellen Defizits im Norden der DDR, vor allem in Ostberlin, lag, während unsere Region etwas ins Hintertreffen geriet. Die beiden älteren Abschnitte der 50er Jahre beziehen sich vornehmlich auf die Innenstädte, die jüngeren – seit den 60er Jahren – auf Stadtrand und alte Kerne.

Nach dem Prinzip „Kahlschlag und Neubau", d.h. der totalen Beräumung zerstörter Flächen und uneingeschränkter Entfaltungsmöglichkeiten für die propagierten städtebaulichen Ideen, entstehen zwischen 1950 und 1955 in der *ersten Phase* großzügig und weiträumig gestaltete Stadtgrundrisse. Rechte Winkel und gerade Linien herrschen vor, große Teilflächen werden allerdings ausgespart und gar nicht bebaut. Zentrale Elemente sind die *Magistrale*, eine multifunktionale Pracht- und Paradestraße in überdimensionierter Breite, die als Aufmarsch-, Hauptverkehrs- und Hauptgeschäftsachse sowie als Wohnstraße konzipiert ist (z.B. Wilsdruffer-, König-Johann-/Ernst-Thälmann-Straße in Dresden, Breiter Weg/Karl-Marx-Straße in Magdeburg [Heimat und Welt, SA 15/1], Königstraße/Straße der Nationen in Chemnitz/Karl-Marx-Stadt), und der *zentrale Platz* mit einem repräsentativen Gebäude der sozialistischen Staatsmacht („Dominante") als Fläche für politische Massenkundgebungen und Volksfeste (z.B. der von 80 x 80 auf 250 x 110 m erweiterte Altmarkt in Dresden mit dem Kulturpalast, der Karl-Marx-Platz in Karl-Marx-Stadt mit dem Hochhaus des Hotels „Kongreß"). Auf der Basis dieser städtebaulichen Leitstrukturen werden die vielgliedrigen, oft eng bebauten, aus „kapitalistischer Zeit" stammenden Altstädte in einigen Städten mit voller Absicht zur Gänze ausgelöscht (Chemnitz, Magdeburg). Die Gegenüberstellung des innerstädtischen Kerns von Dresden der Jahre 1945 und nach 1950 (D. RICHTER 1974, 1984) macht den fundamentalen Wandel im Grundriß deutlich (Abb. 41); analog zur Vernichtung der sächsischen Kunstmetropole durch britische und amerikanische Bomberverbände am 13./14. Februar 1945 ist in diesem Zusammenhang bei Einheimischen und Freunden Dresdens von der „zweiten Zerstörung" der Stadt die Rede gewesen.

Der Aufriß unterliegt dem „*konservativen Formalismus*", d.h. einer aufwendigen, historisierenden Fassadengestaltung der fünf- bis sechsgeschossigen Gebäude („Zuckerbäckerstil"), die die unter STALIN gültige Architekturauffassung Moskaus mit dem „nationalen Kulturerbe" zu verknüpfen sucht (z.B. Dresdner Altmarkt, Ernst-Reuter-Allee/Wilhelm-Pieck-Straße in Magdeburg). Die übertriebene Selbstdarstellung des neuen Regimes mit zahlreichen Repräsentationsbauten läßt die Wohnraumbeschaffung zunächst weitgehend außer acht.

Schon in der zweiten Hälfte der 50er Jahre wird der Widerspruch zwischen architektonischem Aufwand und Wohnungsbau-Misere deutlich. Die Innenstädte werden in der *zweiten Phase* durch den planmäßig geförderten Wohnungsbau aufgelockert (Seevorstadt-West in Dresden, Straße des 18. Oktober in Leipzig, Bahnhofsvorstadt in Plauen i.V. u.v.a.). Große Gebäudekomplexe in Zeilenanordnung und konventioneller Ziegelbauweise (Typenhäuser) mit schlichten Fronten ohne Zierat wechseln mit durchgrünten, offenen Höfen und verraten die Anpassung an westliche Ausdrucksformen. Der verschwenderische „moskowitische Stil" der Stalin-Ära weicht nach dem Bruch mit der Vergangenheit durch CHRUSCHTSCHOW auf dem XX. Parteitag der KPdSU 1956 der „*neuen Sachlichkeit*". Funktional sind die mehrstöckigen Gebäude der Stadtzentren kombinierte Wohngeschäftshäuser; die Läden der staatlichen Warenverteilung – der Staatlichen Handelsorganisation (HO), der Konsumgenossenschaften und des übrigen sozialistischen Einzelhandels – besetzen relativ kleine Flächen in den Erdgeschossen.

Seit Anfang der 60er Jahre rücken die *Stadtränder* verstärkt in den Mittelpunkt des Städtebaus. Um die Wohnraumgarantie für jedermann und die erhöhten Ansprüche der jüngeren Generation zu erfüllen, erweist sich die Stadterweiterung als beste Lösung. Sie ist kostengünstiger und schneller zu verwirklichen als die aufwendige Sanierung der Innenstädte, wo vielerorts Platzmangel herrscht. Diese *dritte Phase*, der Zeitabschnitt des *industriemäßigen Massenwohnungsbaus*, erfaßt nicht nur die Großstädte, sondern nach und nach – selbstverständlich in kleinerem Ausmaß – auch Mittel- und Kleinstädte (mit Kreisstadt-Funktion). Durch die Umstellung der volkseigenen Bauindustrie, der sogenannten Wohnungsbaukombinate, auf Serienferti-

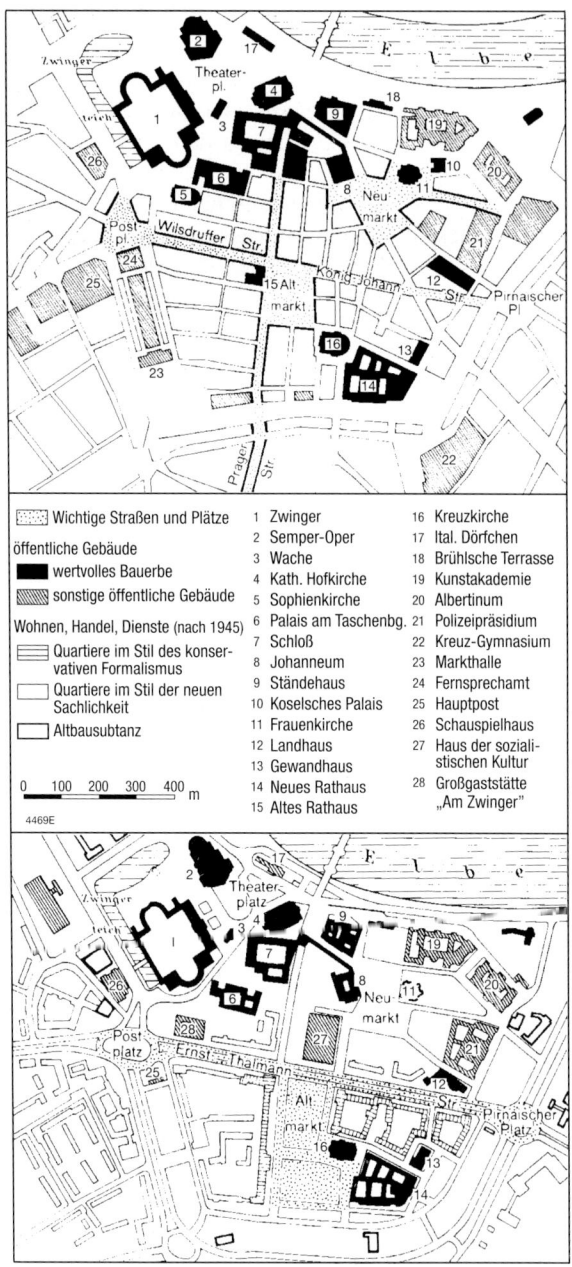

Legende	Nummern
Wichtige Straßen und Plätze	1 Zwinger — 16 Kreuzkirche
öffentliche Gebäude	2 Semper-Oper — 17 Ital. Dörfchen
wertvolles Bauerbe	3 Wache — 18 Brühlsche Terrasse
sonstige öffentliche Gebäude	4 Kath. Hofkirche — 19 Kunstakademie

Wichtige Straßen und Plätze

öffentliche Gebäude

wertvolles Bauerbe

sonstige öffentliche Gebäude

Wohnen, Handel, Dienste (nach 1945)

Quartiere im Stil des konservativen Formalismus

Quartiere im Stil der neuen Sachlichkeit

Altbausubtanz

0   100   200   300   400   m

4469E

1 Zwinger
2 Semper-Oper
3 Wache
4 Kath. Hofkirche
5 Sophienkirche
6 Palais am Taschenbg.
7 Schloß
8 Johanneum
9 Ständehaus
10 Koselsches Palais
11 Frauenkirche
12 Landhaus
13 Gewandhaus
14 Neues Rathaus
15 Altes Rathaus

16 Kreuzkirche
17 Ital. Dörfchen
18 Brühlsche Terrasse
19 Kunstakademie
20 Albertinum
21 Polizeipräsidium
22 Kreuz-Gymnasium
23 Markthalle
24 Fernsprechamt
25 Hauptpost
26 Schauspielhaus
27 Haus der sozialistischen Kultur
28 Großgaststätte „Am Zwinger"

Abb. 41: Die innere Altstadt Dresdens vor und nach 1945 (nach RICHTER 1974/1994)

gung und Standardbauweise (Plattenbau), die sich schon Ende der 50er Jahre angebahnt hatte, schießen jetzt die anfangs fünf-, später hochgeschossigen und 100 bis über 200 m langen Wohnblöcke in extrem kurzen Bauzeiten (50 Tage) nach dem Baukastenprinzip – einschließlich vorgefertigter Teile des Innenausbaus – als zentral geplante „sozialistische Wohnsiedlungen" aus dem Boden. Bauträger ist anfangs ausschließlich der Staat *(VEB Wohnungswirtschaft)*, in den 70er und 80er Jahren treten das an Industriebetriebe gebundene Genossenschaftswesen, bei denen Mitglieder Anteile erwerben und sich am Bau beteiligen können, und die Eigentumswohnung hinzu. Selten entstehen reine Werkssiedlungen (z.b. die Wismut-Siedlung in Gera-Bieblach; Heimat und Welt, TH 15/3).

Großwohnsiedlungen von Mittel- bis Großstadtgröße bilden die Randzonen der Groß- bzw. Bezirkshauptstädte und anderer industrieller Schwerpunkte als spezifische suburbane Form des sozialistischen Städtebaus. Es handelt sich um weitgehend eigenständige, kompakt gebaute Hochhausblöcke von mindestens 5000 bis über 50 000 Wohneinheiten mit hoher Wohndichte (im Mittel um 200 Einw./ha) und (Miet-)Wohnungen der Normgröße von 58 m²; die zugewiesene Wohnfläche richtet sich allein nach der Personenzahl eines Haushalts. Die mit den meist kleineren „Schlafstädten" westli-

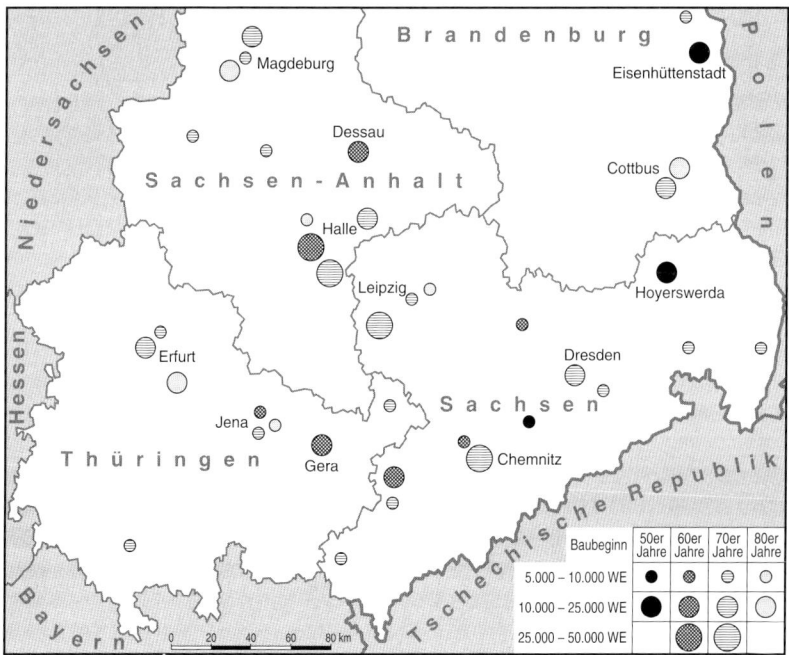

Abb. 42: Die sozialistischen Großwohnsiedlungen (nach Hohn *1993)*

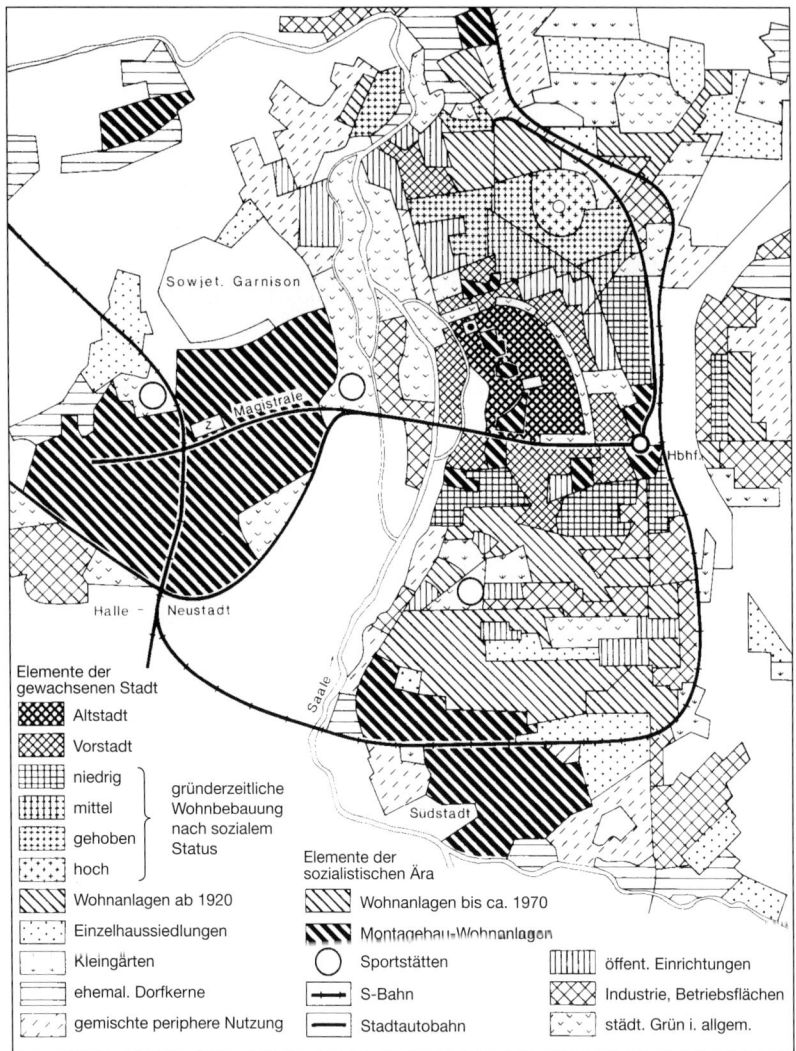

Elemente der
gewachsenen Stadt

▨ Altstadt

▨ Vorstadt

▦ niedrig ⎤
         ⎥ gründerzeitliche
▦ mittel ⎥ Wohnbebauung
         ⎥ nach sozialem
▦ gehoben⎥ Status
         ⎥
▦ hoch   ⎦

◣ Wohnanlagen ab 1920

Einzelhaussiedlungen

Kleingärten

ehemal. Dorfkerne

gemischte periphere Nutzung

Elemente der
sozialistischen Ära

◣ Wohnanlagen bis ca. 1970

◣ Montagebau-Wohnanlagen

○ Sportstätten

⊶ S-Bahn

— Stadtautobahn

▥ öffent. Einrichtungen

▨ Industrie, Betriebsflächen

städt. Grün i. allgem.

Abb. 43: Halle/Halle-Neustadt (nach SEGER, WASTL-WALTER *1991)*

cher Städte zeitlich konvergente Entwicklung solcher uniformer Gebäudekomplexe werden entweder im unmittelbaren Anschluß an die bestehenden
Stadtkörper (z.b. Leipzig-Grünau, Fritz-Heckert-Siedlung in Karl-Marx-
Stadt, Erfurt-Rieth), als Trabantenstadt (Halle-Neustadt) oder als neue
„sozialistische Wohnstadt" gebaut (Abb. 42). Als solche gilt Neu-Hoyerswerda für die Beschäftigten des Braunkohlenkombinats *Schwarze Pumpe*
(seit 1956). Durch die Errichtung geplanter „gesellschaftlicher Mittelpunkte", d.h. zugeordneter Infrastrukturzentren, sollen die Großwohnsiedlungen „die höchstmögliche Befriedigung der materiellen und kulturellen
Bedürfnisse der Werktätigen" (W. WALLERT 1974, S. 179) aus eigener Kraft
erreichen. Im Vordergrund stehen immer die sozialen Einrichtungen (Vor-
/Schulen, Kindertagesstätten, Ärztehäuser, Sportanlagen und andere Freizeit-
einrichtungen), während sich der Aufbau des Einzelhandels und der übrigen
Dienstleistungen meist verzögert oder ganz unterbleibt.

Die Trabantensiedlung *Halle-Neustadt*, deren Aufbau 1963 für die Chemiearbeiter von
Schkopau und Leuna beschlossen wurde, ist auf „grüner Wiese" westlich der Saaleaue
gegenüber dem historisch gewachsenen Stadtkörper als selbständige Gemeinde entstanden,
nach der politischen Wende mit Halle aber vereinigt worden. Sie besteht aus vier mehrstöckigen „sozialistischen Wohnkomplexen" mit je etwa 20 000 Einwohnern (1990 insgesamt 90 000 Einw.), in deren Mitte jeweils das zu Fuß erreichbare, einstöckig gebaute Ver-
sorgungszentrum für den täglichen Bedarf, Schulen und Sportanlagen lokalisiert sind. Das
Stadt- und Bildungszentrum enthält die administrativen Einrichtungen, weiterführende
Schulen, Universitätsinstitute usw. sowie den Einzelhandel des längerfristigen Bedarfs. Die
Betriebe der Stadtversorgung liegen abseits (Abb. 43; Heimat und Welt, SA 15/2).
  In allen nach 1945 gebauten Stadtrandsiedlungen Halles leben insgesamt 150 000 der
310 000 Einwohner (1990). Die Bevölkerungsdichte ist in Halle-Neustadt mit 140 Einw./ha
viermal größer als in der Altstadt von Halle (37 Einw./ha), maximale Dichten erreichen 800
Einw./ha. Die altersmäßige Verteilung der Einwohner richtet sich nach dem Baualter der
Stadtviertel. Je jünger die Wohnsiedlungen sind, um so größer ist der Anteil junger Familien mit Kindern, so daß die Innenstadt infolge der nach außen gerichteten Wanderungen
überaltert. Auch die berufliche Gliederung mit insgesamt geringer sozialer Differenzierung
macht deutlich, daß die Bevölkerung mit höherer Bildung es vorzieht, zunehmend in den
Außenvierteln zu wohnen (M. SEGER und D. WASTL-WALTER 1991).

Die *vierte Aufbauphase* seit Anfang der 70er Jahre kann durch den Widerspruch von Idee und Wirklichkeit, als Reaktion auf eine verfehlte Planung,
gekennzeichnet werden. Aus Kapitalmangel ist bekanntlich die Stadterweiterung forciert, die überkommene Bausubstanz aber nicht bewahrt worden. Der
Verfall der Altstädte, die grau und verkommen wirkenden Viertel abseits des
sozialistischen Städtebaus ohne oder mit geringen Kriegsschäden, fordert zur
Neugestaltung heraus. Sowohl in den Großstädten Halle, Erfurt und Zwickau
als auch in vielen Mittelstädten wie Eisenach, Gotha, Altenburg, Pirna, Bautzen, Zittau, Görlitz u.a. wird die Sanierung immer drängender. Hervorgerufen
durch die Flucht der Eigentümer, niedrige Mieten und den Mangel an Baumaterial, macht die verfallende Altbausubstanz wenigstens die Hälfte der
Stadtkörper aus und hat nach 50 bis 100 Jahren ohne Renovierung ein kriti-

sches Alter erreicht. Mit selektivem, zuweilen großräumigem Kahlschlag und nachfolgender Bebauung in Fertigbauweise, die auf den meist kleinen Bauparzellen allerdings schwerer anwendbar ist, wird versucht, wenigstens die schlimmsten Schäden zu beheben und kriegsbedingte Baulücken endlich zu schließen. Der Erfolg ist sehr unterschiedlich, wie es einerseits das geglückte Beispiel der Altstadt von Gera mit ansprechender Gestaltung aus einem Guß zeigt (K. BÜRGER und H.-G. TIEDT 1988), während andererseits manche Städte, wie z.B. Plauen im Vogtland (F. FRANK 1995), weiterhin ziemlich vernachlässigt worden sind.

Gleichzeitig fördert der Staat im Hinblick auf die touristische Attraktivität erstmals die *Erhaltung historisch wertvoller Bausubstanz.* Sie erstreckt sich auf vorbildlich restaurierte Einzelobjekte (z.b. Rekonstruktion der „Kulturmeile" von Dresden), öfter aber auf die bloße Fassadensanierung ganzer Altstadtteile ohne nachfolgende Unterhaltung. Selbst in Weimar, Naumburg, Quedlinburg, Meißen oder Wittenberg stehen solche Bemühungen in krassem Gegensatz zum weiteren Verfall benachbarter Straßenabschnitte bzw. von Mietshausvierteln aus der Gründerzeit.

Seit 1971 wird auch der *Eigenheimbau* unter strengen Bewilligungsvorschriften zugelassen, der schon wegen der Knappheit an Baumaterialien eingeschränkt ist. Vor allem in den Mittel- und Kleinstädten und in ländlichen Gebieten soll er zur Schaffung neuen Wohnraums beitragen, um den Staatshaushalt zu entlasten. Zudem wird die Erlaubnis zum Bau von Ferien-/Feierabend-Häuschen („Datschas") gegeben, die an den Stadträndern und attraktiven Plätzen bald zu ganzen Kolonien heranwachsen. „Hinter dieser Entwicklung ... steht die Verdrossenheit am Kollektiv, eine unverkennbare Tendenz zum Rückzug in die Privatsphäre..." (A. KARGER und F. WERNER 1982, S. 528).

Auch andere Abweichungen von den strengen Richtlinien der Frühzeit, wie z.B. die untergeordnete Rolle der Magistrale, teilweise variierende Formen der Baublöcke, keine eindeutige Zuordnung der Wohnkomplexe zu bestimmten Großarbeitsstätten mehr (und deswegen zunehmender Pkw-Pendlerverkehr), machen in der späten DDR deutlich, daß sich das Idealmodell überlebt hat. Der Bau der Stadtrandsiedlungen geht freilich bis zuletzt weiter; denn das noch 1973 verkündete Wohnungsbauprogramm sah für die Jahre 1976-1990 die Schaffung von drei Millionen Wohnungen vor. Es wurde bei weitem nicht erfüllt und scheiterte weniger an den Organisationsmängeln als an der desolaten Finanzlage des Staates.

Welche Effekte haben die städtebaulichen Ideen des Sozialismus der östlichen Mitte Deutschlands gebracht?

● Das verfügbare Kapital reicht, wie erwähnt, nicht für Stadterneuerung und Stadterweiterung zugleich aus; durch die politische Entscheidung für den Neubau ist an anderer Stelle der Stadtverfall unvermeidlich, den die Menschen lange Zeit mit scheinbar unerschöpflichem Gleichmut ertragen (müssen).

● Zweifellos nimmt die überbaute Stadtfläche zu; aber die mit der Fläche verschwenderisch umgehende Bebauung, die übertriebene Klarheit der Linien bringen ein Übermaß an architektonischer Langeweile der umgestalteten Innenstädte und an landschaftstötender Monotonie der Stadtrandsiedlungen hervor. „Statt dem Reiz bunter, enger, überraschende[r] Mannigfaltigkeit herrschte kalte Strenge, Weitflächigkeit und oft Öde" (P. SCHÖLLER 1980, S. 79).

● Die Großblockbauweise in dichter Massierung und überdimensionierter Form, das Prinzip der „kompakten Stadt", d.h. monofunktionaler Stadtviertel für die „klassenlose Gesellschaft", erstickt das Gefühl für Urbanität in der Tristesse des Einerleis; die gleichförmigen Wohnsiedlungen – als extremer Ausdruck zentralistischer Stadtplanung – sind beliebig austauschbar und entbehren jeglicher Individualität.

● Die Magistralen zerschneiden als schwer überbrückbare Hindernisse den innerstädtischen Raum und vermindern als viel befahrene Verkehrsachsen die Wohnqualität; zusammen mit den riesigen Plätzen (zuletzt in Fußgängerachsen einbezogen) vermitteln sie alles andere als Geborgenheit.

● Die Blockbauweise in den Innenstädten erhält oder begünstigt die Wohn- auf Kosten der Cityfunktion; die Citybildung durch den tertiären und quartären Sektor tritt nur abgeschwächt in Erscheinung; die Kargheit der Geschäftsstraßen mit dem unzureichenden und minderwertigen Angebot der staatlichen Läden auf sehr kleinen Verkaufsflächen (zusammen etwa 90 % des Einzelhandelsumsatzes) trägt sogar zum allmählichen Zentralitätsverlust der Innenstädte bei; die neuen Infrastruktureinrichtungen der Großwohnsiedlungen laufen ihnen teilweise den Rang ab.

● Die in manchen sozialistischen Wohnsiedlungen häufig zu spät oder unvollständig gebauten Versorgungszentren steigern zusammen mit der schlechten Bauausführung der Wohnungen, dem unfertigen Zustand mancher Siedlungen, der geringen oder einfallslosen Begrünung, dem Parkplatzmangel u.a. die Unzufriedenheit der Bevölkerung, die sich nicht zuletzt deshalb 1989 in der friedlichen Revolution Luft macht.

● Die (Groß-)Wohnanlagen als ausschließlicher Typ der Stadtrandsiedlung bedeuten, daß der Prozeß der Suburbanisierung, wie er im Ausufern westlicher Städte seit den 60er Jahren Platz greift, nicht stattfindet oder allenfalls ansatzweise eingeleitet wird.

● Die Segregation der Stadtbevölkerung nach dem Baualter der Stadtviertel schafft neue Probleme, z.B. solche der Infrastrukturausstattung: die vorhandene der alten Stadtviertel ist nicht ausgelastet, in den neuen kann sie den Bedarf nicht decken.

Hat der „sozialistische Städtebau", der bis auf wenige Fertigstellungen von Wohnkomplexen in Plattenbauweise vorüber ist und jetzt die Frage nach neuen Konzepten im marktwirtschaftlichen System aufwirft, in der östlichen Mitte einen neuen Stadttypus hervorgebracht? Trotz erheblicher Anstrengungen ist die DDR offensichtlich nicht potent genug gewesen, ihn in vier Jahrzehnten zu vollenden (D. RICHTER 1994). Sie hat es aber vermocht, *Stadtteile* nach ihren Ideen umzugestalten. Am Beispiel Halles führen M. SEGER und D. WASTL-WALTER (1991, S. 570 f.) aus, daß sich „geballte materielle Strukturen, und das sind die gewachsenen Städte, der Revolution der Stadtentwicklungspolitik gegenüber als weitgehend unempfindlich" erwiesen haben; trotz der neuen Trabantenstadt Halle-Neustadt „sind nicht nur das Straßennetz und die Parzellenstruktur, sondern auch die funktionale und sozioökonomische Differenzierung des Baukörpers und der Stadtgestalt [von Halle a.d.S.] größtenteils erhalten geblieben ... Persistenz und Umbau sind somit ... als räumliches Nebeneinander und in zeitlicher Aufeinanderfolge zu sehen".

Die meisten Städte der östlichen Mitte zeichnen sich durch eine solche „duale Struktur" aus. Den unveränderten Innenstädten stehen die neuen Stadtrandsiedlungen gegenüber; denn nur wenige Städte haben im Kern ein neues Gesicht erhalten. Deswegen und wegen der zahlreichen Korrekturen der städtebaulichen Leitlinien im Laufe der Entwicklung – auch im übrigen Ostblock – ist es ohnedies fraglich, ob unter kulturgenetischem Aspekt überhaupt von dem „Typus der sozialistischen Stadt" gesprochen werden kann (B. HOFMEISTER 1994, S. 224).

Das *Städtesystem* der östlichen Mitte hat sich im Rahmen des sozialistischen Umbaus auf den ersten Blick wenig verändert. Jedoch ist das zentralörtliche Gefüge durch administrative Reformen (Bezirksgliederung), die räumliche Schwerpunktbildung der städtebaulichen Investitionen und die Industrieförderung bestimmter Standorte zugunsten der Ballungsgebiete verschoben worden. Während die Oberzentren (Großstädte) ihre alte Stellung beibehalten haben, sind auf der mittleren Ebene zwar einige Zentren in der Bedeutungshierarchie aufgestiegen, viele aber abgesunken; die Kleinstädte haben ebenso wie die Grenzstädte durch den Verlust des Umlandes grundsätzlich an Bedeutung verloren. Anders als im Industriezeitalter ist „das zentralörtliche System ... dadurch nicht mehr ausgewogen und breit gefächert, sondern stark geschwächt" worden (K. ECKART 1989, S. 193).

Weitere Literatur (s. 8.5 und 8.6): HOFMEISTER 1996; HOHN 1993; ILLGEN 1990; KEIDEL 1996; RICHTER 1984; SCHÖLLER 1987

5.5 Die Bevölkerung

Die Volkszählungs- und Fortschreibungsresultate für die östliche Mitte und die DDR weisen für den Zeitraum 1946-1990 nach anfänglichem Wachstum die stetige Abnahme der Einwohnerzahlen und -dichte aus (Tab. 23). Auch bei der Aufschlüsselung nach Bezirken ergibt sich das Faktum der *schrumpfenden Bevölkerung* (Tab. 24).

Tab. 23: Die Bevölkerungsentwicklung 1939-1990

Jahr	Östliche Mitte (mit Altmark)		DDR (mit Ost-Berlin)	
	Mio. Einw.	Einw./km^2	Mio. Einw.	Einw./km^2
1939	11,066	201	16,745*	155*
1946	12,229	222	18,354**	169**
1950	12,276	223	18,388	170
1956	11,666	212	17,603	162
1961	11,320	206	17,079	158
1966	11,281	205	17,079	158
1970	11,202	204	17,056	157
1975	10,954	199	16,820	156
1980	10,979	200	16,739	155
1987	10,553	192	16,661	154
1990	10,345	188	16,433	152

* Umgerechneter Anteil des Deutschen Reiches; ** Sowjetische Besatzungszone

Quelle: Einwohner nach H. G. STEINBERG 1991, Einw./km^2 berechnet

Der kurzfristige Bevölkerungsgewinn in der unmittelbaren Nachkriegszeit ist vor allem eine Folge der *Zwangswanderung von Vertriebenen und Flüchtlingen* aus den polnisch und russisch verwalteten Ostgebieten des Deutschen Reiches. Ihr Anteil war in der DDR, die dem Zustrom stärker ausgesetzt war, 1950 etwas höher als im Bundesgebiet (21 bzw. 17 %). Das natürliche Wachstum fiel dagegen schwächer aus als im westlichen Teil Deutschlands; denn seit den Kriegsjahren übertraf die Geburtenziffer erst 1949 wieder die Sterbeziffer. Das im Bundesgebiet schon seit 1946 zu beobachtende kräftige natürliche Wachstum, als die ausgefallenen Geburten während des Zweiten Weltkrieges „nachgeholt" wurden, fehlt hier; erst ab 1950 nähern sich die Werte des Geburtenüberschusses an (z.B. beträgt das Mittel der Jahre 1951-55 für das geteilte Deutschland jeweils 4,7 ‰).

Schon 1947 begann aber die *Westwanderung*, die freiwillige oder erzwungene Reaktion der Menschen auf das sich etablierende politische System der kommunistischen Diktatur. Sie war anderthalb Jahrzehnte der dominierende Faktor der Bevölkerungsentwicklung und wirkte in den demographischen Kennziffern lange nach. Die Migration über die Zonengrenze und die Berliner Sektorengrenzen steigerte sich nach der Gründung der DDR 1949 und in

den 50er Jahren zur *Massenflucht*, besonders im Zusammenhang mit dem
Volksaufstand am 17. Juni 1953 und der Zwangskollektivierung der Landwirtschaft 1959/1960. Von 1950 bis 1961 kehrten per saldo – unter Abzug der
Rückwanderung – 3,54 Mio. Menschen, das sind im Mittel fast 300 000 jährlich, ihrer Heimat den Rücken (Abb. 44). 1952-1961 waren es fast zur Hälfte
Jugendliche bzw. Erwachsene unter 25 Jahren; stets überwogen die männlichen Personen. Unter dem Begriff „Sowjetzonenflüchtling" verbargen sich
im übrigen viele, die sich als ehemalige Heimatvertriebene veranlaßt sahen,
die notdürftig aufgebaute Existenz in fremder Umgebung wieder aufzugeben
(H. G. STEINBERG 1974, CH. HÖHN u.a. 1990).

   Nach dem Mauerbau am 13. August 1961 und der „Sicherung der Staatsgrenze West" gegen den „Klassenfeind" sank die Westwanderung beträchtlich (1962-1988: 625 000 Personen, das sind ca. 23 000/Jahr) ab; denn die
Überwindung des *Eisernen Vorhangs* war nur noch durch lebensgefährliche
Flucht, legale Ausreise (vor allem von Rentnern, später auch bei der Famili-
enzusammenführung) bzw. den freigekauften politischen Häftlingen möglich. Weil auch die Immigration (z.B. von Gastarbeitern aus Vietnam und
Mosambik) einschließlich der Rückwanderung von „Westdeutschen" mit
etwa 11 % der „Fortzüge", d.h. die Außenwanderung insgesamt eine geringe
Rolle spielte, wurde die Bevölkerungsentwicklung der DDR 1962-1988 fast
ausschließlich durch die natürlichen demographischen Prozesse, Geburten
und Sterbefälle, reguliert (D. GOHL 1986).

   Die unmittelbaren und mittelbaren Konsequenzen der Fluchtbewegung für
Bevölkerungsentwicklung und Wirtschaftsleben waren unübersehbar:

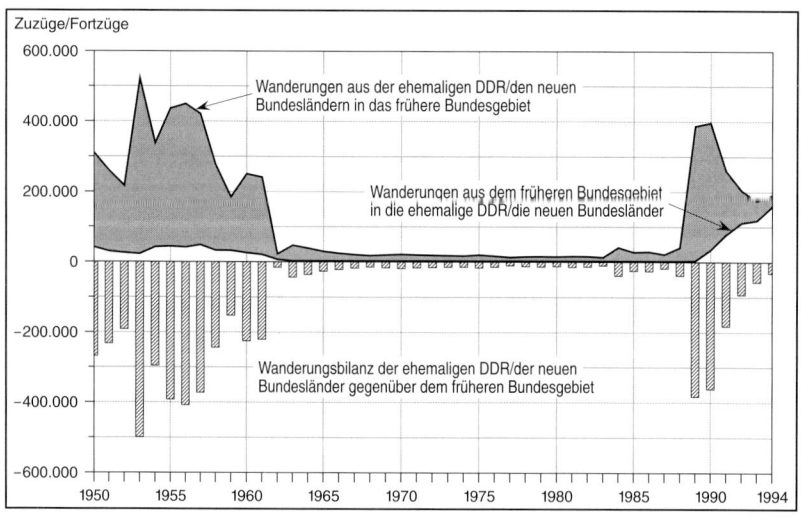

Abb. 44: Die Westwanderung der DDR-Bevölkerung (nach DOBRITZ, GÄRTNER 1995)

● Die *natürliche Bevölkerungsbewegung* litt unter dem rapiden Rückgang der Geburten seit 1963 durch die Dezimierung der zeugungsfähigen Altersgruppen, sowohl infolge der Massenflucht als auch infolge des Geburtenausfalls im Zweiten Weltkrieg und in den ersten Jahren danach;

● der *Altersaufbau* zeigte eine starke Überalterung der Bevölkerung aus den o.g. Gründen: Jeder fünfte „DDR-Bürger" stand 1974 im Rentenalter, das ist der höchste bekannte Wert in einem Staatsgebiet der Erde;

● in der *Geschlechterproportion* trat eine Verschiebung zugunsten der Frauen in einem für Industrieländer überdurchschnittlichen Ausmaß auf;

● der *Arbeitsmarkt* war durch eine erhebliche Minderung des Arbeitskräftepotentials besonders in den mittleren Altersgruppen der männlichen Bevölkerung geprägt.

Spätestens Anfang der 70er Jahre sah sich der Staat angesichts der beständigen Bevölkerungsverluste, die wegen der Engpässe in der Versorgung mit Grundnahrungsmitteln (Lebensmittelkarten bis 1953!) anfangs hingenommen worden waren, zu *bevölkerungspolitischen Maßnahmen* gezwungen. Bereits 1958 hatte die DDR-Regierung ein Gesetz über den „Mutter- und Kinderschutz und die Rechte der Frau" verabschiedet, das erhöhte finanzielle Beihilfen bei Geburten und für Kinder, den Aufbau von Kinderkrippen, -gärten u. dgl. vorsah. Mangels ausreichender männlicher Arbeitskräfte mußten nun in verstärktem Umfang Frauen in den Arbeitsprozeß – auch in Berufe, die für sie untypisch waren – eingegliedert werden, um das „Plansoll" im „sozialistischen Wettbewerb" erfüllen zu können. Obwohl die verhältnismäßig hohe Frauenbeschäftigung schon immer ein Kennzeichen der Industriegebiete Mitteldeutschlands gewesen war (Kap. 4.2.1), wurde sie jetzt eine bittere Notwendigkeit. Die pronatalistischen Maßnahmen, die sich in den „sozialistischen Errungenschaften" (z.B. bezahltes Babyjahr) niederschlugen, verfolgten vor allem den Zweck, die verschobene Altersstruktur zu korrigieren und einem weiteren Bevölkerungsverlust entgegenzuwirken. Eine Emanzipation der Frauen war damit nicht verbunden.

Tatsächlich stieg die Geburtenzahl seit 1975 wieder und lag deutlich über dem Niveau des Bundesgebietes (Abb. 45). Schon 1981 kehrte sich die Tendenz freilich um; die Wirkung der bevölkerungspolitischen Maßnahmen war verflogen. Die Einführung neuer Verhütungsmittel (Antibaby-Pille 1965) und die Legalisierung

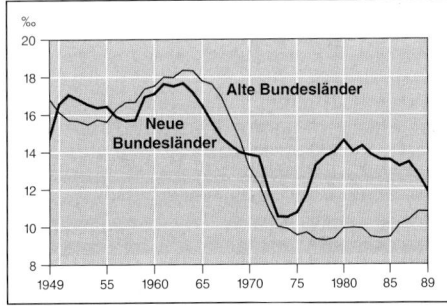

Abb. 45: Die Geburtenziffern in Deutschland 1949-1989 (nach GÖRMAR, MARETZKE 1992)

der Schwangerschaftsunterbrechung (1972) förderten den schon früher sichtbaren Trend zu Kleinfamilie und Kinderlosigkeit, hervorgerufen durch
erhöhte Lebensansprüche, Wohnungsprobleme und zunehmende Verstädterung. Das veränderte *generative Verhalten* setzte sich wie im Bundesgebiet
endgültig durch. Das Bestandserhaltungsniveau der Bevölkerung wurde
unterschritten, weil die Sterbeziffer nach wie vor hohe Werte erreichte. Die
Einwohnerschaft der DDR nahm weiter ab, aber die Anomalien im Altersaufbau waren zuletzt weitgehend ausgeglichen. Damit näherten die Bevölke-
rungsstrukturen beider deutscher Staaten sich Ende der 80er Jahre immer
mehr an.

Die *regionale Differenzierung* des Bevölkerungsgeschehens muß sich auf
ein paar allgemeine Aussagen beschränken (Tab. 24):

● Die Massenflucht aus der DDR rekrutierte sich in erster Linie aus den
Industriegebieten, d.h. sie traf unsere Region zur Gänze, besonders aber die
Ballungsräume; die Westwanderung aus dem ländlichen Raum trat nur
während der Zwangskollektivierung stärker in Erscheinung.

● Das generative Verhalten der ländlichen Bevölkerung paßte sich im Zuge
der industriemäßigen Produktion in der Landwirtschaft immer mehr jenem
der Stadtbevölkerung an; die traditionellen Unterschiede der Fruchtbarkeit
zwischen Stadt und Land kehrten sich teilweise um.

● In den industriellen Aufbauschwerpunkten mit der Anlage von
Großwohnsiedlungen (Halle-Leipzig, Lausitz) war die natürliche Bevölkerungsentwicklung am günstigsten. Halle-Neustadt mit einer überwiegend
jungen Bevölkerung (Kap. 5.4) wies 1980 die höchsten Geburtenüberschüsse
der östlichen Mitte auf.

● Die alten Industriegebiete der verstädterten sächsischen Bezirke mit
nachhinkendem Wohnungsbau hatten auf Grund der rückläufigen Geburten-
entwicklung und des absoluten Bevölkerungsverlustes die ungünstigste
Altersstruktur und den stärksten Frauenüberschuß. In den thüringischen
Bezirken herrschte eine um Nuancen bessere Situation.

Die regionalen Unterschiede gehen gleichzeitig auf die *Binnenwanderung*
zurück. Wir hatten sie als Landflucht während des Industriezeitalters kennen-
gelernt (Kap. 4.2.1). Die Land-Stadt-Bewegung setzt sich fort, allerdings mit
dem wesentlichen Unterschied, daß sie kaum noch spontan abläuft, sondern
ganz überwiegend *staatlich gelenkt* ist. Wanderungsziele sind die Investiti-
onsschwerpunkte und die damit verbundenen neuen (Groß-) Wohnsiedlungen
(G. BOSE 1972). Sie betreffen innerhalb der östlichen Mitte vor allem die
Braunkohlengebiete, den ausgebauten Industrie-Ballungsraum Leipzig-
Halle-Dessau und das neue Energiezentrum der Lausitz, dazu einige besonders geförderte Industriestandorte in Thüringen und Anhalt sowie die neuen
Bezirkshauptstädte. Die alten Industriegebiete des Südens werden vernach-
lässigt und stellen wie der ländliche Raum grundsätzlich das größte Abwan-

Tab. 24: Wohnbevölkerung, Bevölkerungsdichte und natürliche Bevölkerungsbewegung nach Bezirken

Bezirk	Einw. [Mio.]		Dichte [Einw./km²]		Natürl. Wachstum [‰]		
	1950	1985	1950	1985	1970	1975	1986
Magdeburg	1,52	1,25	132	109	-0,3	-4,5	-0,6
Halle	2,12	1,79	242	204	0,5	-3,9	-1,1
Erfurt	1,37	1,24	186	168	1,3	-2,6	0,7
Gera	0,76	0,74	189	185	0,3	-3,1	0,1
Suhl	0,57	0,55	147	143	0,9	-3,3	0,0
Leipzig	1,63	1,38	328	278	-1,0	-5,6	-2,5
K.-M.-Stadt	2,33	1,88	388	312	-3,0	-6,2	-4,0
Dresden	1,98	1,78	294	264	-1,6	-4,1	-1,5
DDR	18,38	16,64	170	154	-0,2	-3,5	-0,1

Quelle: H. KOHL u.a. 1981; B. BENTHIEN u.a. 1990

derungspotential. Unter den Migranten übertreffen die Männer mittlerer Altersgruppen die Frauen gleichen Alters um das Doppelte (Autorenkollektiv 1977, S. 90 ff.).

Der Verlauf der Wanderungen, die sich in aller Regel über kurze Entfernungen, meist innerhalb der neuen Bezirke, vollziehen und grundsätzlich von den kleinen zu den großen Gemeinden gerichtet sind, unterliegt räumlichen wie zeitlichen Schwankungen. Anfangs hängt er noch sehr stark mit den Auswirkungen des Bombenkrieges, später mit den Phasen des Industrie- bzw. Wohnungsbaus an jeweils anderen Plätzen zusammen. Wenn an einer Stelle der Aufbauplan in die Tat umgesetzt worden war, der Industriebetrieb arbeitete und die Wohnsiedlung bezogen war, hörte auch die Zuwanderung auf. Eine kurzlebige Binnenwanderung kennzeichnete insbesondere die Uranbergbaugebiete des Erzgebirges (Kap. 5.2.2).

Das *Wandervolumen* hatte den größten Umfang bis Ende der 50er Jahre. Wanderungen vollzogen sich – noch weitgehend spontan – vom Land in die im Wiederaufbau befindlichen (Groß-)Städte. Der ländliche Raum war durch die Evakuierung von Teilen der (Groß-)Stadtbevölkerung und die Aufnahme von Vertriebenen und Flüchtlingen überfüllt und mußte entlastet werden; es handelte sich also teilweise um eine Rückkehr der Stadtbewohner („Korrektur-Wanderungen"). In den 60er Jahren nahm die Intensität deutlich ab; sie betrug 1970 nur noch ein Drittel der Wanderfälle von der Mitte der 50er Jahre. Die gelenkte Migration zielte jetzt vor allem auf die geförderten Industrie-Mittelstädte ab, wo sie den Altersaufbau günstig beeinflußte. Der verstärkte Wohnungsbau an solchen Schwerpunkten wirkte sich seit Ende der 70er Jahre schwächer aus, weil die strukturellen Verbesserungen auf dem Land die Abwanderung hemmten und Motorisierung und bessere Transportmittel den Arbeitsplatzwechsel ohne Wohnsitzveränderung möglich machten.

Die absolute Dimension der Bevölkerungsveränderungen unter dem Einfluß von Kriegszerstörung, Fluchtbewegung und Wiederaufbau dokumentieren in besonderer Weise die großen Städte. Ihre Einwohnerzahlen zeigen eine unterschiedliche Entwicklung (Tab. 25). Für die alten Großstädte ist in der gesamten Periode die Bevölkerungsabnahme das wesentliche Merkmal. Die großen Verluste können durch Zuwanderung nicht ausgeglichen werden. Eine Ausnahme bildet das durch seine Trabantensiedlung stark gewachsene Halle. Die Mittelstädte ziehen aus dem Aufstieg zur Bezirkshauptstadt (Erfurt; Gera auch aus dem Uranbergbau) und aus der besonderen Industrieförderung (Jena, Dessau) demographische Gewinne und überschreiten z.t. erst jetzt die statistische Schwelle zur Großstadt. Ein dritte Gruppe hat unter Randlage und fehlender Unterstützung zu leiden und verliert zunehmend an Bedeutung (Plauen, Görlitz, Eisenach).

Tab. 25: Die Großstädte Mitteldeutschlands/der östlichen Mitte [1000 Einw.]

	1939	1950	1971	1983	1990	1993
Leipzig	702	618	584	559	513	494
Dresden	630	494	502	522	493	480
Chemnitz/K.-M.-Stadt	335	293	298	318	296	282
Magdeburg	330	260	272	289	280	272
Halle (* mit Halle-Neustadt)	217	289	311*	328*	310*	298
Erfurt	159	189	196	214	210	202
Dessau-Roßlau	117	88	98	103	98	94
Plauen	110	84	92	79	72	70
Zwickau	85	139	126	210?	115	109
Gera	83	99	111	130	126	124
Jena	71	80	88	106	101	100

Quellen: Atlas des Saale- und mittleren Elbegebietes, Erläuterungen; D. GOHL 1986; Stat. Jb. d. Bundesrep. Deutschland

Durch die größere Mobilität hat auch die *Pendelwanderung* zur Gegenwart hin zugenommen. Sie betrug 1964 (wie 1929) 10 %, 1971 aber 13,5 % aller Arbeitskräfte der DDR; in der östlichen Mitte waren Mitte der 70er Jahre 10-13 % der Erwerbspersonen Pendler (Autorenkollektiv, Bd. 1, 1977). Dennoch sind es wie früher überwiegend Nahpendler (Kap. 4.2.1). Pendlerzahlen und Pendlereinzugsbereiche verhalten sich unterschiedlich. J. HAASE (1964) weist für die wesentlich vergrößerten Belegschaften der Chemiegroßbetriebe Leuna und Buna (1921: 12 000; 1959: 48 000 Personen) im Vergleich zur Vorkriegszeit kaum veränderte Quellgebiete nach. Dagegen hat Leipzig (1971: 51 304 Pendler) durch den flächenhaften Ausbau öffentlicher Verkehrsmittel den Anteil der Nahpendler (59 %) etwas erhöhen, das Einzugsgebiet aber beträchtlich ausweiten können (41 % Fernpendler) (L. UHLIG und H.-F. WOLLKOPF 1981). In einer Untersuchung über die Industriestadt Torgau an der Elbe, die den engen Zusammenhang von Eisenbahnnetz und Pendlereinzugsbereich bestätigt, kommen auf 19 500 Einwohner etwa 6000 Pendler (F. GRIMM und CH. MAUL 1962). Eine im Verhältnis zur Stadtgröße außerordentlich große Zahl von Tagespendlern strömt in das Uranbergbauzentrum Ronneburg bei Gera: etwa 15 000 Arbeiter bei 10 000 Einwohnern (D. GOHL 1977).

Als Resultat der demographischen Wandlungsprozesse läßt sich zusammenfassend formulieren:

● Die östliche Mitte hat zwar erhebliche Verluste hinnehmen müssen, stellt aber innerhalb der DDR nach wie vor den historisch begründeten Bevölkerungsschwerpunkt dar.

● Die weiter anhaltende Landflucht hat die kleiner gewordenen alten Ballungszentren kaum zu stützen vermocht, aber durch staatliche Lenkung zum Wachstum einiger mittelgroßer Verdichtungsgebiete beigetragen.

● Die Ballungstendenz ist insgesamt zwar unverkennbar, aber nur die Ballungskerne wachsen, während ihr Umland Menschen abgibt.

● Das Muster der Bevölkerungsverteilung ist bis auf Ausnahmen das gleiche geblieben, aber die Polarität zwischen dünn und dicht bevölkerten Gebieten hat zugenommen, obwohl der ländliche Raum vergleichsweise große Dichten aufweist (DIERCKE Weltatlas 71; Heimat und Welt, SA 14/2, S 14/1).

Abschließend möge der Hinweis genügen, daß sich die Zuordnung der Erwerbsbevölkerung zu den *Wirtschaftsbereichen* wenig geändert hat (Tab. 26; vgl. Tab. 16 u. 21). Wenn auch die Beschäftigung im Dienstleistungsbereich an Boden gewinnt, steht die Erwerbstätigkeit in den produktiven Wirtschaftszweigen doch im Vordergrund, ja sie hat absolut sogar zugenommen („verlängertes Industriezeitalter"; s. Kap. 5.2).

Tab. 26: Die Erwerbstätigen nach Wirtschaftsbereichen 1989/90 [%]*

	Land- und Forstwirtschaft	Produzierendes Gewerbe (mit Baugewerbe)	Öffentl. u. priv. Dienstleistungen, Handel u. Verkehr
Sachsen-Anhalt	11,5	47,5	39,1
Sachsen	2	62	36
Thüringen	10	52,5	37,5
DDR (1974)	11,4	51,6	37

* Wegen der unterschiedlichen Quellen ergeben die Quersummen nicht in jedem Fall 100 %.

Quellen: Autorenkollektiv 1977; W. BRICKS 1993; L. GRUNDMANN u.a. 1992; Stat. Jb. d. Landesämter

Indessen hat die Abschaffung der „Klassenunterschiede" die *sozialen Strukturen* fundamental gewandelt. Über 90 % der Berufstätigen sind der Schicht der Arbeiter und Angestellten zuzurechnen. „Der auf Besitz gegründete bürgerliche Mittelstand [ist] fast gänzlich ausgelöscht" (D. GOHL 1986, S. 137).

Weitere Literatur: BENTHIEN U.A. 1990; DONDA 1974; LUNGWITZ 1974; STEINBERG 1991; STORBECK 1964; WENDT 1994

5.6   Der Tourismus

Nicht einmal der Fremdenverkehr konnte sich der diktatorischen Staatsgewalt entziehen und wurde als hochsubventioniertes sozialpolitisches Mittel zur Erziehung der „sozialistischen Gemeinschaft" eingesetzt. Im Anschluß an die Vorläufer aus den 30er Jahren (mit dem organisierten KdF-Tourismus des Nationalsozialismus) begann ab 1952 der *planwirtschaftliche Sozialtourismus* mit der zentralen Zuweisung des Ferienplatzes (G. ALBRECHT und B. BENTHIEN u.a. 1991). Bis zuletzt hatte das „sozialistische Erholungswesen" unter der Diskrepanz von ständig wachsendem Bedarf (1988: 102 Mio. Übernachtungen) einerseits und unzureichendem Angebot (eine Million Betten in 77 711 Einrichtungen) bzw. geringem Komfort der touristischen Infrastruktur andererseits zu leiden, so daß Restriktionen für breite Schichten und Privilegien für „Linientreue" üblich waren. Selten konnte das Reiseziel frei gewählt werden; das lange Warten auf die Zuteilung der Ferienplätze strapazierte die Geduld jedes einzelnen zusätzlich.

Die staatlich verordnete Provinzialität und die eingeschränkte Bewegungsfreiheit der Menschen, die den schrankenlosen Tourismus westlicher Prägung vor Augen hatten, kam – selbst beim Besuch der Ostblockländer (vor allem der Tschechoslowakei) – nirgends deutlicher zum Tragen als hier. Die Gestaltung von Erholung und Freizeit, die Flucht aus der bedrückenden Umgebung der Großwohnsiedlungen wurden ein Hauptproblem für die Bevölkerung der wachsenden Ballungsgebiete. Die Reisefreiheit gehörte deshalb zu den ersten Forderungen bei den Umwälzungen von 1989.

Tab. 27: Der Erholungstourismus 1988 [in 1000]

	Betten	Feriengäste	Übernachtungen	(in % der DDR)
Sachsen-Anhalt	103	1074	7494	(8,4)
Sachsen	160	2211	13917	(15,6)
Thüringen	117	1865	14283	(16,0)
DDR	1019	11625	89432	(100,0)

Quelle: G. ALBRECHT und B. BENTHIEN u.a. 1991

Die Organisation des DDR-Erholungswesens oblag einmal den Betrieben und Behörden, der Partei und der Armee, die über eigene Heime, Bungalows, Wohnwagen, Zelte, Pionierlager usw. verfügten (1988: 40 Mio. Übernachtungen), zum anderen dem Feriendienst der Gewerkschaft (FDGB), der feste Unterkünfte (Hotels, Ferienheime), zum Teil in vertraglich gebundenen Privatquartieren, vermittelte (23,5 Mio.), dem Reisebüro der FDJ „Jugendtourist" (in Jugendhotels 5,6 Mio.) und schließlich den staatlichen (Dauer-) Campingplätzen (19 Mio.). Die über örtliche Kurverwaltungen zugänglichen

Privatquartiere (3,9 Mio.) waren an dem in jeder Hinsicht verbesserungsbedürftigen touristischen Angebot nur in bescheidenem Umfang beteiligt (übriges öffentliches Beherbergungsgewerbe: 9,2 Mio).

Die *Erholungsgebiete* der östlichen Mitte haben innerhalb der DDR nicht die große Bedeutung wie die der Ostseeküste und der mecklenburgisch-brandenburgischen Seenplatten (Tab. 27). Neben dem alten und jungen Bädertourismus, der sich kräftig ausweitet (Sanatorien), sind vor allem die Mittelgebirge, voran der Thüringer Wald, mit ihren traditionellen Plätzen und der Vielzahl kleiner, selten umfänglich ausgebauter Luftkurorte die Ziele des gesteuerten Massentourismus (vgl. Kap. 4.2.3). Vornehmlich in den Wintersportorten entstehen auch Prestigebauten. In manchen Feriengebieten müssen die Erholungssuchenden beträchtliche Umweltschäden in Kauf nehmen (DIERCKE Weltatlas 1988, 61; Heimat und Welt, SA 9/1,3, S 20/3, 21, TH 21).

Die zahlreichen *Naherholungsgebiete*, wie die „Wörlitzer Kulturlandschaft" (Heimat und Welt, SA 21/2), Dübener Heide, Sächsische Schweiz (Heimat und Welt, S 21/3), das Saale-Unstruttal u.a. werden im nicht organisierten Tagesausflug mit dem eigenen Kraftfahrzeug in der warmen Jahreszeit besucht. Der kulturhistorisch orientierte *Städtetourismus*, der mit dem „Geschäfts"reiseverkehr um die sehr kleine Hotel-Kapazität, sogar in den Großstädten, ringen muß, und der *Besichtigungstourismus* anderer attraktiver Punkte (z.B. Wartburg, Heimat und Welt, TH 8/1,2; Moritzburg, Kyffhäuser) wird in wachsendem Maß auch von Ausländern getragen.

Weitere Literatur: BRICKS 1996; HARTSCH 1963; SCHMIDT 1994

5.7 Das Raummuster im Wandel?

Wir haben über die Veränderungen der wirtschaftsräumlichen Gliederung unserer Region während der DDR-Zeit zu urteilen. Nach den strukturellen Eingriffen in alle Lebens- und Wirtschaftsbereiche, von der Kollektivierung im Agrarraum, über die Kombinatsbildung in Industrie und Bergbau bis zum Umbau der Städte, müßte erwartet werden, daß sich das Raummuster der östlichen Mitte (ebenso wie seine Menschen) in einem Zeitraum von mehr als vier Jahrzehnten gründlich gewandelt hat. Bei der Betrachtung der für die DDR diesbezüglich entworfenen kartographischen Darstellungen auf statistischer Basis (D. SCHOLZ 1971, korr. 1985; D. GOHL 1977) wird man sogleich auf die mehr oder weniger gute Übereinstimmung mit den alten Grenzen der Wirtschaftsräume aufmerksam.

Die Erklärung für diese Tatsache ist einfach. Die anfängliche Raumpolitik des Ausgleichs, d.h. die Förderung der nördlichen Landesteile auf Kosten des industrialisierten Südens der DDR *(Deglomeration)*, wurde später zugunsten der *Konzentration* aufgegeben. Die Stärkung der alten Standorte, insbesondere der Großstädte, die mehrfach zur Sprache gekommen ist, erwies sich letzlich als die rentablere Lösung der Wirtschaftsplanung, weil die für alle Belange notwendige Infrastrukturausstattung einschließlich des Arbeitskräftepotentials schon vorhanden war. Zwar nahm damit, wie bereits ausgeführt, die Ballungstendenz zu, und die Gebietstypen der Bevölkerungsverteilung standen sich unvermittelter gegenüber als früher. Da ein Suburbanisierungsprozeß im großen und ganzen fehlte, vergrößerten sich die Ballungsgebiete als wirtschaftliche Aktivräume dennoch nicht oder nur unwesentlich. Auf die nicht wachstumsträchtige Industrie wurde ohnedies wenig Einfluß genommen, so daß einige Verdichtungsräume keine neuen Impulse erhielten.

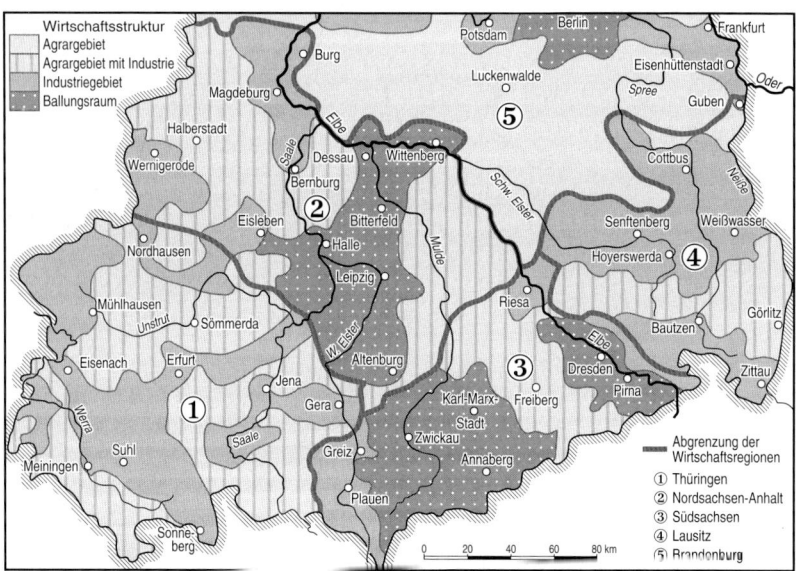

Abb. 46: Die Wirtschaftsräume (nach GOHL 1986)

Die vereinfachte Wiedergabe der Wirtschaftsräume nach D. GOHL (Abb. 46), die bei größerem Maßstab eine größere Vielfalt bieten würde, zeigt deshalb eine Konfiguration der Ballungs-, Industrie-, Agrar- und Mischgebiete, wie wir sie für die Epoche des Industriezeitalters bis zum Zweiten Weltkrieg geschildert haben (Kap. 4.3). Hinzugekommen ist lediglich das neue Industriegebiet der Niederlausitz. Abgesehen von den dünn bevölkerten Agrar- und Waldgebieten im Nordosten werden für die östliche Mitte vier *Bevölkerungs- und Wirtschaftsräume* ausgeschieden, die im inneren Aufbau als weitgehend einheitlich gelten können, sich im S und O aber mehr und mehr auseinanderentwickeln, so daß Untergliederungen geboten sind (vgl. Heimat und Welt, SA 14/3, TH 18/2):

1. *Thüringen*: mittlere Bevölkerungsdichte, gleichmäßig gestreute Industrie, keine Ballungsräume (allenfalls örtliche Konzentration), geringe Umweltbelastung, bedeutende Landwirtschaft im Thüringer Becken.

2. *Nordsachsen – Anhalt* mit dem Ballungsgebiet Halle-Leipzig und den (Bergbau-) Industriegebieten von Bitterfeld-Dessau-Wittenberg und Magdeburg: größte Bevölkerungsagglomeration im Gesamtraum und hohe Industriedichte mit Wachstumstendenz und Überlastungserscheinungen, große Umweltschäden, industrialisierte Landwirtschaft (vor allem im W).

3. *Südsachsen* mit den großflächigen Ballungsräumen Karl-Marx-Stadt-Zwickau(-Plauen) und Dresden: höchste Bevölkerungs- und Industriedichte der östlichen Mitte; im W alte Industrie, an vielen Standorten im Niedergang, deshalb Bevölkerungsverluste, im O Ausbau und Zuwanderung; dazwischen von Industrie durchsetzte Agrargebiete mittlerer Güte.

4. *Lausitz*: im N (vor allem Niederlausitz) Industriegebiet mit starkem Wachstum (Energiezentrum auf Braunkohlenbasis), relativ geringe Bevölkerungsdichte, aber neue Agglomerationen, daneben große Wald- und inselartige Agrargebiete, empfindliche Umweltbelastung; im S (südliche Oberlausitz) altes Industriegebiet in dichtem Netz mit hoher, aber abnehmender Bevölkerungsdichte.

D. SCHOLZ (1971) scheidet zusätzlich den (Unter-)Harz, den Thüringer Wald, das hohe Erzgebirge, die Sächsische Schweiz und das Zittauer Gebirge als Erholungsgebiete aus.

Wenn auch nicht alles beim alten geblieben ist, so scheint uns die weitgehende Persistenz des herkömmlichen, in der Phase der Hochindustrialisierung geschaffenen Raummusters von Bevölkerung und Wirtschaft unleugbar zu sein. Die DDR-Wirtschaftspolitik hat es trotz tiefgreifender struktureller Maßnahmen sichtlich nicht vermocht, die historisch gewachsene Raumordnung entscheidend in Bewegung zu bringen. Die Veränderungen sind viel mehr gradueller als prinzipieller Art gewesen.

6 Räumliche Tendenzen nach der Wiedervereinigung

Obschon die negativen Begleiterscheinungen der freien Marktwirtschaft nicht zu übersehen waren, hatte sich unsere Region in der Epoche des Industriezeitalters in ungeahnter Weise entfaltet und im Deutschen Reich eine zentrale Stellung errungen. Am Ende jener Blütezeit griff der Staat bei den Kriegsvorbereitungen in das Raumgefüge lenkend ein und kontrollierte die Menschen stärker als jemals zuvor. In der jüngsten Vergangenheit beherrschte er es total und überwachte auch alle anderen Lebensbereiche.

Kommen die wiedererstandenen Länder Sachsen, Sachsen-Anhalt und Thüringen jetzt und künftig mit weniger Staat aus, d.h. genügt für den Neuanfang die Privatinitiative, die Tatkraft einzelner oder die von Gruppen (Körperschaften)?

Die aufwühlenden Ereignisse von 1989/90 stehen noch lebhaft vor unseren Augen: Nach der „Liberalisierung" der Sowjetunion unter GORBATSCHOW *(Glasnost, Perestroika)* brach das sozialistische System in der DDR, die an der alten Ideologie festhielt und wirtschaftlich am Ende war, wie ein Kartenhaus zusammen. Die neue Zeit, die sich in der alten Bundesrepublik über Jahrzehnte kontinuierlich entwickeln konnte, kam für jedermann gewissermaßen über Nacht. Wir erinnern uns an die wichtigsten Daten:

- 20. August/10. September 1989: Öffnung der ungarischen Grenze für DDR-Flüchtlinge; seit Ende September Stürmung der Bonner Botschaft in Prag durch Ausreisewillige und anschließende „erlaubte" Massenausreise;
- September/Oktober 1989: friedliche Montagsdemonstrationen in Leipzig und anderen Städten (Höhepunkt am 9. Oktober nach den Feiern zum 40. Jahrestag der DDR);
- 9. November 1989: Fall der Berliner Mauer und Öffnung der innerdeutschen Grenze;
- 18. März 1990: erste freie Volkskammerwahlen und Bildung einer nichtkommunistischen DDR-Regierung (große Koalition aus CDU und SPD);
- 6. Mai 1990: demokratische Gemeinderatswahlen in der DDR;
- 1. Juli 1990: Wirtschafts-, Währungs- und Sozialunion der DDR mit der Bundesrepublik Deutschland;
- 3. Oktober 1990: Beitritt der DDR zur Bundesrepublik Deutschland gemäß Artikel 23 des Grundgesetzes nach den „Zwei plus Vier-Verhandlungen" im Sommer *(Wiedervereinigung)*;
- 14. Oktober 1990: Restituierung der Länder nach den Landtagswahlen.

Nach 57 Jahren „brauner" und „roter" Diktatur mit Unterdrückung und Gewalt bedeutete die Übernahme der freiheitlich-demokratischen Grundordnung für die Menschen der DDR und ihren Lebensraum, einen erneuten, jetzt plötzlichen *Strukturbruch*, nämlich

• die *Wiederherstellung des Privateigentums*, d.h. die Reprivatisierung (Verkauf) des „gesellschaftlichen" Eigentums sowohl in der Land- als auch in der gewerblichen Wirtschaft (Bergbau, Industrie, Handel usw.) und im persönlichen Bereich,

• die *Ablösung der zentralistischen Planwirtschaft* durch die *soziale Marktwirtschaft* und

• die *Wiedergewinnung der persönlichen Freiheit* mit allen Rechten und Pflichten eines Bundesbürgers.

Die Kehrseite der von den Menschen seit langem erhofften Veränderungen, die durch ihre Schnelligkeit einer politisch-geistigen und sozioökonomischen Radikalkur gleichkamen, ist erst nachträglich sichtbar geworden:

• Die strukturellen Umwandlungen, insbesondere die bürokratische Klärung der Eigentumsverhältnisse nach dem Prinzip „Rückgabe vor Entschädigung" durch die – dem Bundesfinanzministerium direkt unterstellte – Treuhandbehörde und ihre Nachfolgerin, die Bundesanstalt für vereinigungsbedingte Sonderaufgaben (BvS), verzögern rasche Investitionen;

• nach dem Zusammenbruch der Sowjetunion und der anderen „Volksdemokratien" 1990/91 entstehen völlig neue ökonomische Verflechtungen: der alte Osthandel wird durch die Eingliederung in die EU und den Weltmarkt ersetzt;

• beide Umstellungsprozesse hemmen den Aufschwung des Wirtschaftslebens ungemein und rufen zunächst Massenarbeitslosigkeit hervor;

• die Menschen, die bislang „wohl behütet" am Gängelband des Staates hingen, müssen nach sozialistischer Erziehung über mehr als eine Generation unvermittelt *selbstverantwortlich denken und handeln* und „Demokratie lernen".

Die Schwierigkeiten des Integrationsprozesses sind infolgedessen beträchtlich. Die Hilfe des Staates ist zweifellos in jeder Hinsicht gefragt, der Kapitalaufwand bei den Transferleistungen von West nach Ost (z.B. Programm „Aufschwung Ost") unermeßlich groß, um die materiellen und ideellen Hinterlassenschaften des Sozialismus aus der Welt zu schaffen, den ungeheuren Nachholbedarf der Menschen zu befriedigen und das Wirtschafts- und Gesellschaftssystem neu und lebenswert zu gestalten. Die freie Entfaltung des Individuums, seine Eigeninitiative zur Gewinnung eines höheren Lebensstandards im Rahmen der Verfassung dürfen dabei nicht behindert werden. Der allmähliche Rückzug des Staates versteht sich von selbst.

Welche strukturellen Wandlungen haben sich in den von uns bisher dargestellten Bereichen vollzogen, welche Tendenzen der räumlichen Dynamik sind in der östlichen Mitte schon faßbar? Es können zur Zeit nicht mehr als einige Hinweise – selten einmal regional differenziert – auf mögliche Entwicklungsleitlinien gegeben werden, zumal alles in Fluß ist und „Bilanzen" rasch überholt sind.

6.1 Die Privatisierung der Landwirtschaft

1989 gab es in der DDR 580 Volkseigene Güter (VEG) und 4530 Landwirtschaftliche Produktionsgenossenschaften (LPG), die zusammen über 99,2 % der landwirtschaftlichen Nutzfläche verfügten, sowie 3558 private, hauptsächlich gartenbaulich genutzte (Nebenerwerbs-)Betriebe, die sich den winzigen Rest teilten; insgesamt waren 850 000 Personen in der Landwirtschaft beschäftigt. Bei der (Re-)Privatisierung stehen vor allem die LPG und die aus privaten Gütern hervorgegangenen VEG zur Disposition (M. LÜCKEMEYER 1992). Grundprinzipien sind die Auflösung der übergroßen Betriebseinheiten und die Wiederherstellung der bäuerlichen Mischwirtschaft.

Aus der verfügbaren Masse erhalten vier Interessentengruppen Land (D. SCHOLZ 1993):

● die illegal enteigneten *Landwirte* und *Gutsherren* der Bodenreform 1945-49; hierbei ergeben sich komplizierte Rechtsprobleme durch die Aufteilung der Ländereien im Zuge der Bodenreform und die spätere Zusammenfassung bei der Kollektivierung sowie durch die fehlende Einheit von Grundstücks- und Gebäudeeigentum;

● die ortsansässigen *Wiedereinrichter*, die ihre Anteile aus den Genossenschaften zurückerhalten, wobei die Feststellung der ehemaligen Nutzflächen (u.a. durch mangelhaft geführte Kataster) Schwierigkeiten bereitet und zumeist weiteres Land durch Kauf oder Pacht erworben werden muß, um rentabel wirtschaften zu können; zudem verschleppen „alte Seilschaften" (LPG-Funktionäre aus der DDR-Zeit) aus Eigeninteresse die ohnedies langwierige Rückgabe des Eigentums; zu den Wiedereinrichtern gehört auch jene Gruppe von Landwirten (und ihren Nachkommen), denen das Land nach 1949 weggenommen worden ist und die meist „in den Westen" geflohen sind;

● die orts- oder nichtortsansässigen *Neueinrichter*, die aus der Bestandsmasse Grund und Boden käuflich erwerben und neue bäuerliche Familienbetriebe aufbauen können; das Kaufinteresse, aus verschiedenen Motiven auch von Landwirten der alten Länder, richtet sich zu Höchstpreisen vor allem auf die natürlichen Gunsträume (z.B. Börden, Thüringer Becken, sächsische Gefilde) bzw. auf das ehemalige Grenzgebiet;

● die privaten *Nachfolgegesellschaften* der LPG. Sie stellen die häufigste Form der Reprivatisierung dar. Es geht um die Verkleinerung der Betriebseinheiten, die Abkehr von der extremen Spezialisierung zugunsten der gemischt-wirtschaftlichen Betriebsweise, die Aufgabe der horizontalen und vertikalen Integration und den Abbau der Überbeschäftigung, aber zugleich auch um die Einführung von Innovationen (z.b. Bildung von Bio-Großunternehmen) und den Aufbau neuer Absatzwege (vgl. DIERCKE Weltatlas 1988 und 1996, 52/53; Heimat und Welt, SA 17/2).

Seit 1991 hat sich die Landwirtschaft auch den Regelungen der EU-Agrar-politik zu unterwerfen. Die nun geltenden Verordnungen erzeugen für die neu formierten Betriebe einen „permanenten Anpassungsdruck"; denn sie müssen sich den Konsequenzen aus der westeuropäischen Überproduktion (Vor-schriften und Programme über Milchquoten, Flächenstillegung, Kulturland-schaftspflege u.ä.) genauso stellen wie die „westdeutschen" Betriebe.

Beobachtungen in Sachsen und Thüringen (H. KOWALKE 1994; M. WOLL-KOPF 1996) zeigen erste räumlichen Folgen, bei denen die unterschiedlichen natürlichen Voraussetzungen mitwirken:

● Rückgang der landwirtschaftlichen *Nutzfläche* um ca. 20 % insbeson-dere in den von Natur aus benachteiligten Höhengebieten, teils durch reines Wüstfallen (Verbuschung), teils mit prämienbegünstigter Aufforstung, darü-ber hinaus durch den Flächenbedarf im Umkreis der Städte (Gewerbeparks, Wohnungsbau) und für Verkehrsanlagen;

● *Ackerbau*: Anstieg des EU-beihilfefähigen Getreide- und Rapsanbaus (Speiseöl!) auf Kosten des Hackfrucht- und Futterbaus; teilweise nach-fragebedingte Ausdehnung traditionell erzeugter Produkte (z.B. Heil- und Gewürzpflanzen-Kulturen bei Sömmerda / Thüringer Becken, Weinbau an Unstrut und Elbe); Extensivierung durch Umwandlung von Acker- in Grün-land auf Grenzertragsböden;

● drastischer Rückgang der *Viehhaltung* auf 50-70 % des Ausgangsbe-standes, sowohl bei Rindern wie beim Kleinvieh;

● Steigerung der *Produktivität* – u.a. durch den geringeren Besatz mit (familienfremden) Arbeitskräften – und des Ertrags in der Getreide- und Milchproduktion;

● erhebliche Vergrößerung der *Betriebszahl* und Zunahme der Zahl von Nebenerwerbsbetrieben (bei Wiedereinrichtern);

● vielfacher Beginn der agrarischen Tätigkeit über kurz- und mittelfristige *Pachtverträge*, ehe die Eigentumsfragen geklärt sind (besonders in Thürin-gen, wo die extreme Zersplitterung des Bodeneigentums wieder zum Tragen kommt);

● Aufrechterhaltung größerer Betriebseinheiten, die zwar kleiner sind als die „sozialistischen Betriebe", aber die *Betriebsgröße* vor 1945 wesentlich übertreffen (1996: neue Länder im Mittel 195 ha; alte Länder 21,5 ha); dies ist in erster Linie durch den Fortbestand der entflochtenen LPG bzw. AIV als Agro-GmbH (450 ha), Agrargenossenschaften, Kapitalgesellschaften (1100 ha) u.ä. bedingt, jedoch verfügen auch die neuen Familienbetriebe durchschnittlich über größere Flächen (50-70 ha) als in den alten Ländern;

• starker Rückgang der *Arbeitskräfte* mit Unterschieden je nach der Betriebsform (z.B. mehr in Tierhaltungs- als in Marktfruchtbaubetrieben): 1989-93/94 in Thüringen von 122 000 auf 28 000, in Sachsen von 180 000 auf 40 000 und in Sachsen-Anhalt von 200 000 auf ebenfalls 40 000 Personen; die daraus folgende hochgradige Arbeitslosigkeit ist durch den freiwilligen Berufswechsel (u.a. Grenzgängertum bzw. Abwanderung), die subventionierte(n) Umschulung, Arbeitsbeschaffungsmaßnahmen und Vorruhestandsregelungen sowie durch das Ausscheiden aus Altersgründen teilweise aufgefangen worden.

Die weitere Entwicklung läßt sich im Augenblick nicht vorhersehen, weil die Umwandlung einerseits reibungslos, andererseits unter großen Schwierigkeiten abläuft. Das Hauptproblem für die Wiedereinführung der bäuerlichen Wirtschaft ist der Mangel an Kapital und Erfahrung bei vielen neuen Landwirten, die eine selbständige Betriebsführung unter den heute erschwerten Wettbewerbsbedingungen erst erlernen müssen. Trotz der großen Betriebszahl ist ihr Anteil an der landwirtschaftlichen Nutzfläche noch klein. Zahlreiche positive Beispiele und die Agrarberichte der Bundesregierung geben aber zu Hoffnungen Anlaß. Gleichwohl sollte die Agrarstrukturförderung „nicht ausschließlich auf den Familienbetrieb ausgerichtet sein, dessen Aufgaben ... auch im Bereich der Landschaftsgestaltung und Renaturierung des ländlichen Raumes liegen", sondern genauso den „leistungsfähigen Großbetrieb" berücksichtigen (D. SCHOLZ 1993, S. 149). Seine bereits feststellbaren Erfolge im europäischen Wettbewerb könnten nicht zuletzt das Gefüge der Landwirtschaft in den alten Ländern in Bewegung bringen.

Weitere Literatur: BERGMANN 1992; RÖSSLING 1993; SCHOLZ 1992; THÖNE 1993; WIEGAND 1994

6.2   Der Bergbau im Niedergang

Zusammen mit der Industrie war der Bergbau bis zuletzt die wichtigste wirtschaftliche Stütze der östlichen Mitte. Seitdem Weltmarktpreise gelten, geht es im *Erzbergbau*, sofern er nicht schon unter dem DDR-Regime aufgegeben worden war, ausschließlich um Stillegung und Sanierung (Kap. 6.4), möglicherweise – nach Entflechtung der Kombinate – um eine sinnvolle Nachnutzung und selbstverständlich um die Weiterbeschäftigung der freigesetzten Arbeitskräfte. Die geringen Erzgehalte, die größtenteils veralteten Anlagen und die viel zu teure Produktion besiegelten rasch das Schicksal des traditionell bedeutenden Montanwesens, das in einer hochentwickelten Industrie-

und Dienstleistungsgesellschaft keinen Platz mehr hat. 1990/91 wurden die Kupfer- und die Urangewinnung an den bekannten Förderplätzen (Kap. 4.1.2.1) außer in Königstein (Laugungsverfahren) eingestellt; 1991 schloß die letzte Zinnmine in Altenberg, wo das Erz seit 1440 gefördert worden war.

Beispielsweise betrugen bei der Wismut AG die Kosten für das Kilogramm Urankonzentrat 300 DM; sie waren damit fast zehnmal so hoch wie die Notierung auf dem Weltmarkt (1990). Aus einer in eine GmbH umgewandelten Bergbauunternehmen, dessen Nachfolge der Bund angetreten hat, soll ein breit gefächerter Baukonzern entwickelt werden. Die Umweltsanierung, ein weltweit einmaliges Großprojekt zur Beseitigung der Altlasten auf ca. 1200 km^2 Fläche (Zeitbedarf 10-15 Jahre), für das die Bundesregierung allein 13 Mrd. DM in Aussicht gestellt hat, und die Umstrukturierung sollten nach ersten Plänen die Hälfte der ursprünglich 40 000 Mitarbeiter großen Belegschaft binden. 1995 beschäftigte das Sanierungsunternehmen im Raum Ronneburg 4600, in Raum Aue 650 Personen. Das Mansfelder Kombinat (48 000 „Werktätige"), welches als Bergbau- und Industriekombinat die Monostruktur der gewerblichen Wirtschaft des südöstlichen Harzrandes bestimmt hat, ist mehrfach aufgeteilt und wieder verschmolzen worden. Neben der Sanierungsgesellschaft (2700 Beschäftigte) und zahlreichen Klein- und Kleinstbetrieben soll die Aluhett Aluminiumwerk AG Hettstedt (300 Beschäftigte), die Aluminiumhalbzeuge fertigt, Keimzelle für die Weiterverarbeitung und den Aufschwung in der Region sein.

Der *Bergbau im Deckgebirge* ist unterschiedlich betroffen. Aufsehen erregt hat der Bergarbeiterstreik des Kalibergbaus in Bischofferode 1993 (für Südthüringen s. K.-H. PÖRTGE 1996). Die Gruben des südlichen Harzvorlandes wurden nach der Fusion der Mitteldeutschen Kali AG und der Kali und Salz GmbH in Kassel „aus Gründen der Wettbewerbsfähigkeit" geschlossen, den 700 Beschäftigten vom Bund eine zweijährige Beschäftigungsgarantie angeboten und Dauerarbeitsplätze in Aussicht gestellt, die bislang nur teilweise verwirklicht worden sind. Hier ruhen die Hoffnungen auf einem geplanten Gewerbepark.

Der *Braunkohlenbergbau*, das Rückgrat der Energieversorgung und die unverzichtbare Basis der Industriewirtschaft seit einem Jahrhundert, hat sich nach der Umwandlung der Kombinate in die Mitteldeutsche bzw. Lausitzer Braunkohlen AG (MIBRAG, LAUBAG) mit nachfolgender Privatisierung auf (Teil-)Stillegung bzw. stark gedrosselte Förderung einstellen müssen, weil die Umstellung der überwiegend auf der Braunkohle basierenden Energiewirtschaft auf neue Kraftwerkstechniken unausweichlich geworden ist.

Im Mitteldeutschen Revier waren 1995 noch vier von 20 Tagebauen und zwei von 27 Brikettfabriken in Betrieb, im Lausitzer Revier werden es 1997 noch vier von 17 Tagebauen und eine von elf Brikettfabriken sein (Vergleichsjahr 1989); die Braunkohlenförderung betrug 1993/94 im westelbischen Revier 28, im ostelbischen Revier weniger als 60 Mio. t (1989 noch 105 bzw. 195 Mio. t).

Die Umweltproblematik, die Überkapazitäten auf dem Energiesektor durch den Ausfall industrieller Großabnehmer (Kap. 6.3) und der extreme

Rückgang der Gas- und Kokserzeugung sowie des Brikettabsatzes durch die wachsende Umstellung der Verbraucher auf anderen Hausbrand haben diese Entwicklung schneller als erwartet vorangetrieben und sich nachhaltig auf die Beschäftigtenzahlen ausgewirkt, die – mit den entsprechenden demographischen und sozialen Folgen (Kap. 6.7) – auf einen Bruchteil des Ausgangsbestandes verringert worden sind (1989/1994: MIBRAG 60 000/8000, LAUBAG 54 000/12 000 Personen).

Die Aufrechterhaltung der Braunkohlenförderung des *Mitteldeutschen Reviers* in verkleinertem Umfang, das im Wettstreit mit dem Lausitzer Revier zuletzt den kürzeren gezogen hatte, gründet auf den folgenden Überlegungen (A. BERKNER 1995, S. 154):

● Im Vergleich zur Lausitz wird „der Nachteil des höheren Schwefelgehalts ... durch den Vorteil des höheren Heizwerts kompensiert", nachdem die Emissionen technisch beherrschbar sind, so daß die Förderung konkurrenzfähig bleibt;

● für etwa 50 000 Menschen müssen mittelfristig (auch anderweitige) Arbeitsplätze bereitgestellt werden;

● die Politik der „Erhaltung und Entwicklung der industriellen Kerne" im mitteldeutschen Ballungsraum setzt einen billigen Energieträger voraus, so daß der Absatz gesichert erscheint;

● der weiter existierende Bergbau kann im Rahmen der Sanierungsaufgaben kostengünstig eingesetzt werden.

Entscheidend war schließlich, daß ein britisch-amerikanisches Firmenkonsortium Ende 1994 Teile der MIBRAG kaufte.

Weitere Literatur: BERKNER 1993; BÜTTNER 1995; GEORGI 1994; GATZWEILER 1993; HEISE 1994; HÖNSCH 1992; SKROBLIN 1994

6.3   Industriesterben und Neuanfänge

In der Industrie, dem Hauptpfeiler des Wirtschaftslebens der östlichen Mitte, namentlich Sachsens, dominierten bekanntlich die historisch gewachsenen Gewerbe mit großer Branchenvielfalt, Spezialisierung und Fertigungstiefe, aber überwiegend regionaler Monostruktur, während die Wachstumsbranchen unterrepräsentiert waren und sich auf wenige Standorte verteilten (H. KOWALKE 1994). Das Wegbrechen der Ostmärkte, die ungeklärten Eigentumsverhältnisse, die meist veraltete Industriesubstanz, die traditionellen Produktionsweisen ohne Neuerungen u.a. sind einige Erklärungen dafür, warum die in den sozialistischen Kombinaten zusammengefaßten „volkseigenen Betriebe" (VEB) beim plötzlichen Übergang zur Marktwirtschaft, ohne die Möglichkeit einer Erprobung, im Kern erschüttert wurden und auf-

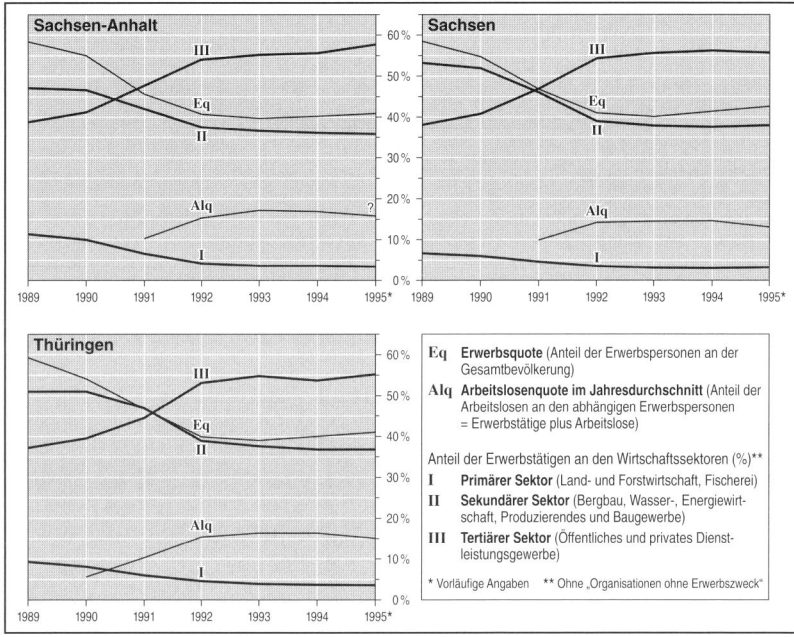

Abb. 47: Die Entwicklung der Erwerbsstruktur in den Hauptwirtschaftssektoren 1989-1995 nach Ländern (nach Statist. Landesämter)

geben mußten. Den gegenwärtigen Transformationsprozeß der *Ent-* oder *Deindustrialisierung* ordnet P. SEDLACEK (1996) in das theoretische Konzept der „nachholenden Modernisierung" ein. Er wird weitgehend „extern", d.h. von „westdeutscher" Seite, gesteuert und verhilft letztlich dem Wandel der Erwerbsstruktur im Sinne des FOURASTIÉschen Modells zum Durchbruch (Abb. 47).

Die Umwandlung schlägt sich anfangs in der Vielzahl von Betriebsschließungen, später in der Erhaltung bzw. Gründung neuer Betriebe und in beiden Phasen tiefgreifend auf dem *Arbeitsmarkt* nieder, dessen statistischer Zahlenspiegel die dahinterstehenden Einzelschicksale kaum einmal verrät. Die überdurchschnittliche Arbeitslosigkeit der industriellen Kernräume (bis über 20 %) hat zweifellos diesen strukturellen, weniger konjunkturellen Hintergrund; denn bei Wiederaufnahme der Produktion unter den neuen Bedingungen hat die Beschäftigung im allgemeinen ein deutlich niedrigeres Niveau. Die Beschäftigtenzahlen in der Industrie gingen in Sachsen 1989-92 von 1,12 auf 0,31 Mio., in Thüringen 1991-94 von 0,33 auf 0,12 Mio., in Sachsen-Anhalt 1989-93 von 0,64 auf 0,21 Mio. zurück. Wegen ihrer hohen Erwerbsquote sind insbesondere die Frauen betroffen. Nach dem Tiefstand von 1993, als die „Talsohle" erreicht war, ist inzwischen eine branchenspezifisch unterschiedliche Erholung eingetreten. Doch können die betrieblichen Neuanfänge den Arbeitsplatzverlust bei weitem nicht auffangen. Soziale Maßnahmen in noch größerem Umfang als in Landwirtschaft und Bergbau (s.o.), z.b. von „Beschäftigungsgesellschaften" als Übergangslösung, sind unverzichtbar (DIERCKE Weltatlas 1996, 59/2).

P. SEDLACEK (1996) hebt für Thüringen hervor, daß die Arbeitsmarktsituation in den südlichen Grenzgebieten am günstigsten ist (8-10 % Erwerbslose), weil durch Tagespendler nach Franken ein gewisser Ausgleich erzielt werden kann. Sogar aus Innerthüringen (Jena, Gera) wird das mittelfränkische Industriegebiet um Nürnberg im Tagesrhythmus angefahren. Nordthüringen (ehemaliger Kali-, Kupferbergbau mit Verarbeitung) und Ostthüringen (ehemaliger Uranbergbau, Textilindustrie) sind dagegen aus Lagegründen benachteiligt (> 20 % Erwerbslose).

Unter der Obhut der Treuhandanstalt und der BvS bestanden die noch nicht abgeschlossenen Veränderungen („Abwicklungen") wie bei den behandelten Wirtschaftszweigen aus der anspruchsvollen Aufgabe, die VEB-Kombinate möglichst schnell zu (re-)privatisieren, aufzugliedern bzw. zu entflechten und zu sanieren, gegebenenfalls stillzulegen, damit Beschäftigung und Warenerzeugung nicht zu lange unterbrochen sind. Bei der *Privatisierung* handelt es sich um die Rückgabe an die ehemaligen Eigentümer bzw. ihre Nachkommen oder um den Verkauf an neue Investoren „westdeutscher" und ausländischer Herkunft; die Übernahme durch heimische Unternehmer bezieht sich im allgemeinen auf Klein- und Kleinstbetriebe. Die großen Betriebe können nur durch *Entflechtung* veräußert werden. Hinter vielen Neugründungen verbirgt sich deshalb die Aufgliederung der ehemaligen Kombinate in mittelgroße, mitunter in kleine Betriebe, die teils den vorsozialistischen Fabriken entsprechen, teils neue Betriebseinheiten darstellen, in jedem Fall aber die Produktion auf modernisierter Grundlage aufnehmen.

Beispielsweise sind aus dem Chemiekombinat *Leuna* durch Aufspaltung 150 neue Unternehmen hervorgegangen (1996). Für die Sicherung des Chemiestandorts wurden acht internationale Chemie- und Energiekonzerne gewonnen, voran die französische Elf Aquitaine, die sich gleichzeitig zum Bau einer 4,9 Mrd. DM teuren Raffinerie auf einer Fläche von 250 ha in Spergau („Leuna 2000") nach neuestem Umweltstandard verpflichtete (2500 Arbeitsplätze, Betriebsbeginn im Herbst 1997 mit einer voraussichtlichen jährlichen Verarbeitungskapazität von etwa 8,7 Mio. t Rohöl vorwiegend aus Rußland). Damit konnten Treuhand bzw. BvS, die für den Neuanfang 5,6 Mrd. DM bereitstellten, mehr als 10 000 Arbeitsplätze (= 40 % der Arbeitsplätze des ehemaligen DDR-Kombinats) erhalten und der Region neue Perspektiven eröffnen.

In den Jenaer *Zeiss-Werken* (Heimat und Welt, TH 9/1) gab es bis 1993 etwa 160 „Ausgründungen" mit 6800 Beschäftigten, weil die neu gebildete Unternehmensgruppe Jenoptik, die zu 100 % dem Land Thüringen gehört, kleine und mittelgroße Produktionsteile gezielt ausgliederte und vorwiegend örtlichen Kaufinteressenten (meist ehemaligen Mitarbeitern, die sich selbständig machen wollten) überließ, um das Kernstück *Jenoptik Technologie* GmbH zu erhalten und seine Fertigungstiefe herabzusetzen (Wirtschaftsatlas Neue Bundesländer 1994).

Die *Sanierung* wird den Investoren überlassen oder – bei besonders großem Aufwand – vor dem Verkauf eigens von der Treuhand ins Leben gerufenen Sanierungsgesellschaften übertragen (Kap. 6.4). Die *Stillegung* erfolgt, wenn es betriebswirtschaftliche Gründe nahelegen.

Besonderes Gewicht wird auf die Ausnutzung sanierter Altstandorte gelegt, die im Vergleich zu Industrieansiedlungen auf „grüner Wiese" eine Reihe von Vorteilen bieten. Nach der Totalsanierung des Geländes und der Schaffung eines Gemeinschaftsklärwerks verfügt z.B. der neue *Chemiepark Bitterfeld-Wolfen* (u.a. Bayer-Werke mit der Produktion von Arzneimitteln, Lackharz und Methylzellulose, Heraeus Quarzglas, Ausimont Wasserstoffperoxid) auf dem Areal des ehemaligen Chemiekombinats über alle notwendigen Infrastruktureinrichtungen (Wasser-, Kraftwerk, Gasversorgung, Bahnanschluß usw.) und Gewerbebetriebe zur Weiterverarbeitung sowie selbstverständlich über einen erfahrenen Facharbeiterstamm an Ort und Stelle.

Der aktuelle Wandel trifft die Branchen und Regionen in unterschiedlicher Weise. Während z.B. in Sachsen die Textil- und übrige Leichtindustrie mit einer hohen Zahl von Betriebsschließungen und Arbeitslosen zurückgeht, der Maschinen- und Fahrzeugbau mehr oder weniger stagniert, können die Branchen Elektronik, Elektrotechnik und Feinmechanik/Optik auf Wachstum setzen. Verursacht durch den großen Nachholbedarf und die steuerlich geförderte Gebäudeinstandsetzung erlebt nur das Baugewerbe überall einen Ausnahmeboom. Die jeweilige Branchenstruktur entscheidet also im Augenblick über die wirtschaftliche Situation der Industriegebiete (H. KOWALKE 1994).

Die *monostrukturell aufgebauten Industriegebiete* haben das Nachsehen, so etwa die jung industrialisierte Niederlausitz und der Südraum Leipzig (Grundstoffe/Chemie), noch mehr aber die alten Gewerbegebiete wie Oberlausitz, Erzgebirge, Erzgebirgsvorland, Vogtland und Ostthüringen mit vielen nicht privatisierungsfähigen Betrieben der Textil- und Metall-/Maschinenindustrie an zahlreichen, verstreuten Standorten. So beschäftigte die sächsisch-thüringische Textilindustrie 1990 rund 300 000 Arbeitskräfte. Im Sommer 1993 ging die Zahl auf ein Zehntel zurück; ähnlich groß war der Bedeutungsverlust im Bekleidungsgewerbe (DIERCKE Weltatlas 1996, 59/3). Die einst führende Textilregion Deutschlands muß den im Bundesgebiet über zwei Jahrzehnte ablaufenden Umstellungsprozeß plötzlich nachholen und steht dabei vor einem aussichtslos erscheinenden Existenzkampf.

In allen betroffenen Siedlungen herrscht tatsächlich „Industriesterben", vielfach auch sozialer Abstieg und Abwanderung, und es besteht die Gefahr, daß einige Gebiete die Lebensgrundlage verlieren, wenn sich die strukturelle Anpassung (z.B. innerhalb der Textilbranche Ersatz der Massen- durch Qualitätsware) verzögert und sich wenig Aussichten auf neue Beschäftigungsmöglichkeiten eröffnen. Immerhin ist 1993 mit der Gründung des Volkswagen-Montagewerks in Mosel nördlich Zwickau und des Neoplan Omnibuskarosseriewerks in Plauen im SW des westsächsischen Industriegebietes ein neuer Anfang gemacht worden. Die modernen Fertigungsbetriebe halten die Tradition der Kfz-Erzeugung aufrecht, haben in unmittelbarer Nähe bereits acht Zulieferbetriebe und ein Motorenwerk in Chemnitz nachgezogen und können den weiteren Umbau der Branchenstruktur positiv beeinflussen, so daß die Impulswirkung für den wirtschaftlichen Neubeginn möglicherweise auf die gesamte Region ausstrahlt.

Hier klammert man sich also an das Entwicklungskonzept der *Wachstumspole*, das derzeit allerdings eine neue Monostruktur herbeizuführen scheint (E.-J. SCHRÖDER 1994); denn auch in Chemnitz besitzt nach der Privatisierung von über 1000 VEB der Maschinenbau – mit verändertem Produktionsprofil – wieder eine Schlüsselrolle (A. BOCHMANN u.a. 1995), und in Zschopau ist die Motorradproduktion wieder aufgenommen worden. In ähnlicher Weise setzt das neue Opelwerk in Eisenach den herkömmlichen Fahrzeugbau mit den entsprechenden Zulieferwerken in benachbarten Städten fort und soll das südwestliche Thüringen beleben (Heimat und Welt, TH 8/3).

In den *vielseitig aufgebauten*, meist großstädtischen *Industriegebieten*, wie in Dresden und Leipzig, ist die Situation besser. Die Branchenmischung, die teilweise gut erhaltene Industriesubstanz mit vorhandener Forschungskapazität sind neben den lagebedingten Vorteilen Aktivposten bei der Privatisierung und für potentielle Investoren, so daß sie bei entsprechender Umstellung den Arbeitsmarkt positiv beeinflussen, evtl. sogar eine neue Zuwanderung auslösen können. Ein besonderes Stimulans in Dresden ist das 1995 in Betrieb genommene Entwicklungs- und Produktionszentrum für Mikrochips des Siemens-Konzerns, das die örtliche Tradition auf dem Gebiet der Elektrotechnik fortsetzt. Leipzig baut gleichfalls auf seine bewährten Gewerbetugenden (Bankenwesen, Handel und Fach- bzw. Branchenmessen statt der früheren Universalmesse); zweifellos hat die Tertiarisierung des Wirtschaftslebens hier die größten Fortschritte gemacht („Medienstadt Leipzig"), so daß der lagebegünstigte Standort für Industrieinvestoren in einem zweiten Schritt sehr attraktiv geworden ist. Andere, meist mittelstädtische Standorte mit günstiger Branchenstruktur mußten indessen große Verluste hinnehmen wie z.B. Weimar und Suhl, während Erfurt ab 1997 u.a. auf die neue Regionalmesse hofft.

Die Politik der „Erhaltung und Entwicklung der industriellen Kerne", die durch Subventionen insbesondere die (Chemie-)Großbetriebe des „mitteldeutschen Industriegebiets" und anderer Ballungszentren begünstigt, geht zu Lasten der Investitionshilfen für die mittelständische Wirtschaft, die das eigentliche Merkmal Mitteldeutschlands gewesen ist. Neben dem internationalen Interesse gibt es trotz des Mangels an Eigenkapital aber erstaunlich viele Initiativen einheimischer Unternehmer, ebenso „Westdeutscher", die ihre Heimat wiederentdeckt haben und ein neues Wagnis eingehen wollen. Sie setzen sich über die bürokratischen Hemmnisse erfolgreich hinweg und knüpfen teilweise an alte Traditionen mit neuen Ideen an. Auch das heimische Handwerk hat infolge der Baukonjunktur einen lebhaften Aufschwung genommen; einige Spezialzweige haben Hochkonjunktur (z.b. Weihnachtsholzwaren, Spielkarten).

Derzeit übersteigt die Zahl der Firmengründungen jene der Insolvenzen; Umsatz und Produktivität wachsen, während das Beschäftigungsniveau noch sehr zu wünschen übrig läßt. Allerdings ist es fraglich, ob viele der mit Elan aufgebauten Industriebetriebe, die erst teilweise in der Gewinnzone arbeiten, überleben werden und im internationalen Wettbewerb mithalten können, wenn sie keine Partnerschaft mit einem „westlichen" Unternehmen eingegangen sind. Sicher mißachten die von vielen großen und kleinen Gemeinden in Angriff genommenen *Gewerbeparks* und „Technologiezentren" auf „grüner Wiese" den tatsächlichen Bedarf (Kap. 6.5); doch werden sie weniger vom produzierenden als vom Dienstleistungsgewerbe in Beschlag genommen (D. SCHOLZ 1993; H. KOWALKE 1994).

Weitere Literatur: ECKART, SEDLACEK 1993; HASENPFLUG 1993; HEISE 1994; KOWALKE 1992; RITTER, STEINAUER 1995; WEHNER 1996

6.4 Die Sanierung der Altlasten

Die Umweltsituation hat sich seit der Wende spürbar verbessert. Die in Kap. 5.3 geschilderten Belastungen von Luft, Boden und Wasser sind durch (Teil-) Stillegungen und Produktionseinschränkungen im Rahmen des Transformationsprozesses der Wirtschaft, insbesondere durch Schließung einer Vielzahl von Großemittenten der Energie- und Wärmeerzeugung auf Braunkohlenbasis, sowie durch die Umstellung des Hausbrands auf Erdgas und Erdöl deutlich zurückgegangen. Zum Beispiel stieg der mittlere Sauerstoffgehalt der Elbe seit 1990 streckenweise um ein Mehrfaches an, die Belastung mit organischen Stoffen verminderte sich auf die Hälfte und der Metallgehalt sank beträchtlich, so daß die biologische Regeneration in Gang kam (Tab. 28). Trotzdem ist die Wassergüte dringend verbesserungsbedürftig (vgl. DIERCKE Weltatlas 37②; 1996, 54). Auch die Luftbelastung (mit Schwefeldioxid) hat erheblich abgenommen, obwohl sie infolge des sprunghaft gestiegenen Kfz-Verkehrs (mit Stickstoffverbindungen) immer noch sehr hoch ist. Der schwächere Ausstoß basisch reagierenden Staubs hat die Bodenversauerung in den Akkumulationsgebieten naturgemäß erhöht, die Schwermetallimmission allerdings herabgesetzt.

Die geschundene Landschaft zeigt, daß kein Weg an der gewaltigen Aufgabe einer umfassenden Umweltsanierung vorbeiführt. Für das ehrgeizige Vorhaben sind schon Transferzahlungen in Milliardenhöhe getätigt worden,

Tab. 28: Die Abwasserlasten der Elbe durch die industriellen Direkteinleiter in Deutschland und der Tschechoslowakei 1989-1992 [t]

	Chem. Sauerstoffbedarf (CSB)	Anorganische N-Verbind. (NH$_4$-N)	Organisch gebundene Halogene (AOX)	Quecksilber (Hg)	Cadmium (Cd)
1989					
D	716616	25559	1808,9	17,1	14,76
CS	127765	2000	688,0	2,3	0,006
1992					
D	53094	4441	280,1	0,20	1,610
CS	45835	980	377,0	1,76	–

Quelle: D. RUCHAY 1994

aber auch in Zukunft werden heute noch nicht genau abschätzbare Aufwendungen nötig sein. Denn außer der bekannten Luft-, Boden- und Wasserverschmutzung beanspruchen die erst nach und nach publik gewordenen *industriellen Altlasten* Aufmerksamkeit. Einmal muß die verrottete Gebäudesubstanz nicht privatisierbarer Industriebetriebe in Rechnung gesetzt werden (um in den Siedlungen Bauland gewinnen und der Suburbanisierung entgegenwirken zu können), zum anderen bedeuten die deponierten Abfälle von Industrie und Bergbau in den Werksgeländen ein großes Umweltproblem, weil sie schadstoffhaltig bis hochtoxisch (z.B. durch Schwermetalle), ungeordnet gelagert und mangelhaft kontrolliert worden sind, ganz zu schweigen von den vielen wilden Müllkippen in den Braunkohlenrestlöchern. Die schlimmsten Gefahren gehen von den Schlämmteichen der Uranverarbeitung (Seeligenstädt/Ostthüringen) und den Absetzbecken der chemischen Industrie aus („Silbersee" der Filmindustrie von Bitterfeld-Wolfen; Abb. 48). Dazu kommt die Bodenverseuchung auf den bis 1994 frei gewordenen Militärarealen der Roten Armee. Der umfangreichste Nachholbedarf besteht sicher in den devastierten Gebieten des Braunkohlenbergbaus, wo neben vielen Spezialaufgaben – als schwierigste gilt die Renaturierung des Wasserhaushalts – die verschleppte Rekultivierung auf Jahrzehnte Investitionen erforderlich macht. Schließlich müssen die geschädigten Waldbestände, vor allem des Erzgebirges, durch Mischwald-Aufforstungen schadstoffresistenter Züchtungen zu neuem Leben erweckt werden (Kap. 6.2).

Die Sofortprogramme unmittelbar nach der politischen Wende, als die schlimmsten „Umweltsünder" einfach abgeschaltet wurden, werden durch die vom Bund unterstützten, mittel- und langfristig angelegten *Aktions-* und *Förderprogramme* – inzwischen in unüberschaubarer Zahl und allzu häufig unabhängig voneinander – ersetzt und teilweise von privaten Sanierungsgesellschaften übernommen, die wichtige Arbeitgeber geworden sind. Um beispielsweise die Wasserqualität zu verbessern, schafft man Gemeinschaftskläranlagen für industrielle Direkteinleiter und setzt das veraltete öffentliche

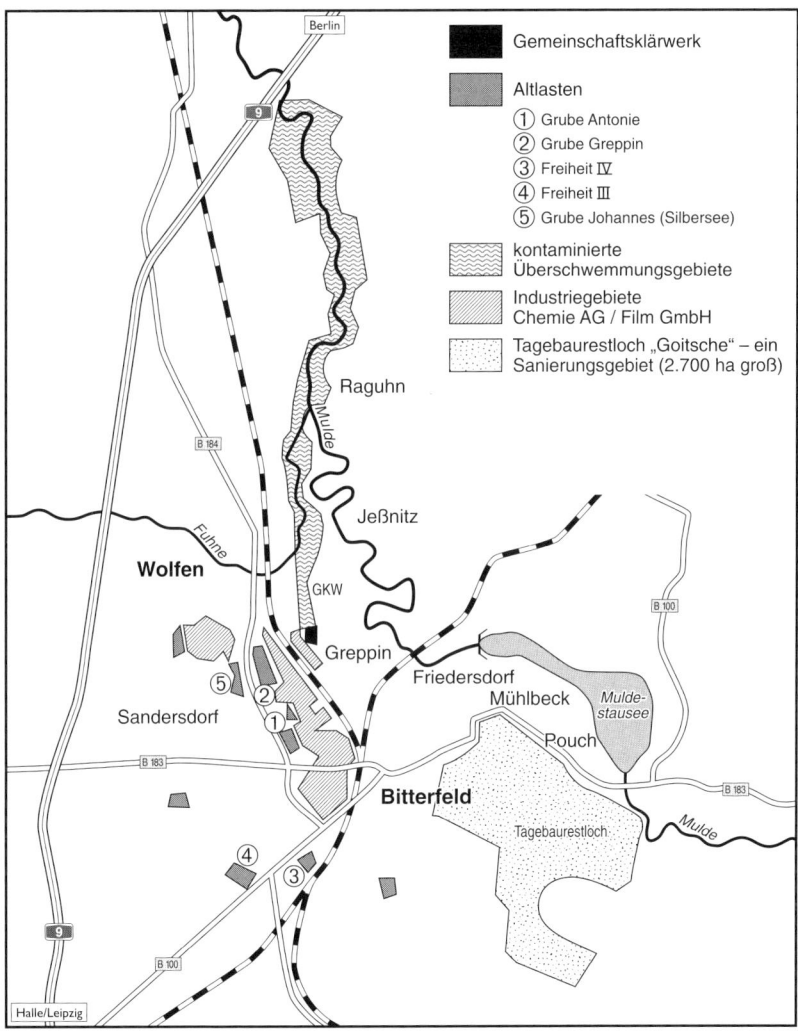

Abb. 48: Die Altlasten im Raum Bitterfeld (nach HAASE, RUSKE 1994)

Kanalnetz instand. Im Einzugsgebiet der Elbe wurden bis 1995 beim Bau 87 größerer Kläranlagen für jeweils mehr als 20 000 Einwohner rund vier Mrd. DM aufgewendet und mehrere hundert kleinere kommunale Kläranlagen fertiggestellt. Das Aktionsprogramm für die Elbe beschränkt sich freilich nicht auf technische Maßnahmen zur Reinhaltung des Gewässers, sondern sieht auch die Erhaltung natürlicher Lebensräume in der Flußlandschaft, namentlich im Tiefland, vor.

Es erweist sich immer mehr, daß die Sanierungskonzepte räumlich differenziert entwickelt werden müssen, je nachdem, ob es sich um punkt-, linien- oder flächenhafte Umweltschäden handelt. Erfreulicherweise hat die seit 1991 im Auftrag des Bundes durchgeführte Bestandsaufnahme der radioaktiven Belastung („Altlastenkataster") ergeben, daß die Bergbauregionen außerhalb der Betriebsgelände der ehemaligen SDAG Wismut „nur an einzelnen Stellen und in begrenztem Umfang" verseucht sind. In den betreffenden Gebieten werden die Verdachtsflächen nun für neue Nutzungen verfügbar und damit manche Unsicherheiten und wirtschaflichen Hemmnisse beseitigt (F.A.Z. 29. 4. 1997).

An vielen Stellen überlagern sich die Umweltprobleme allerdings („Interferenzräume"), wie im Südraum Leipzig, um Bitterfeld, im südlichen Harzvorland und in den Uranabbaugebieten, so daß die *integrale Landschaftsplanung*, die nicht nur auf einen Bereich (z.B. Wasser) Rücksicht nehmen, sondern auf das gesamte Gebiet abgestimmt sein muß, unerläßlich geworden ist. Regional- und Landesplanung werden immer dringlicher herausgefordert und stehen vor schwierigen Aufgaben. Derzeit ringt die interkommunale Raumordnung in der Auseinandersetzung mit privaten Unternehmen und Entwicklungsgesellschaften um gangbare Wege und muß vielseitigen Ansprüchen, von gewerblichen Interessen über Wohnsiedlungsvorhaben bis hin zur agrarischen oder touristischen Nutzung in der Braunkohlenbergbau-Nachfolgelandschaft (Seen) oder zu einem „Europäischen Umweltpark" im Leipziger Südraum, gerecht werden (Bitterfeld: Heimat und Welt, SA 18/2-3, Leipziger Land: Heimat und Welt, S 19).

Die immensen Aufgaben, die sich aus der Mißwirtschaft des sozialistischen Systems ergeben haben, sind so vielfältig und jeweils anders gelagert, daß hier nicht exemplarisch vorgegangen werden kann, sondern auf die unten stehende einschlägige Literatur verwiesen werden muß.

Literatur: BERKNER 1993, 1995; GATZWEILER 1993; GEORGI 1994; HAASE, RUSKE 1994; HÖNSCH 1992; PÖRIGE 1996; NAGEL 1994; RUCHAY 1994; SKROBLIN 1994

6.5   „Grüne Wiese" contra Innenstadt

Die siedlungsgeographischen Prozesse der Gegenwart sind durch mehrere Untersuchungen gut überschaubar. Während im dörflichen Umfeld bis auf die Umwidmung oder Aufgabe der LPG-Einrichtungen, den beginnenden Eigenheimbau und die Verbesserung der Infrastruktur noch wenig geschehen ist und die erwünschte – weil in der Vergangenheit vernachlässigte – Auffächerung der Funktionen für ein breiteres Arbeitsplatzangebot (z.B. durch industrielle Betriebe und Tourismus) erst ansatzweise in Gang kommt, zeigen die Städte, insbesondere die Großstädte, die weitaus größere Entwicklungsdynamik. Stärker als jemals zuvor beziehen sie jetzt ihr engeres und weiteres Umland ein. Nachdem die alten Fesseln gefallen sind und der freie Grundstücks- und Immobilienmarkt wiedereingeführt worden ist, hat die *Suburbanisierung* als der dominierende Raumprozeß auf breiter Front eingesetzt, während die Kernstädte mit ihrem hohen Anteil an alter Bausubstanz teilweise noch auf der Suche nach ihrer neuen Identität sind. Dem großen Flächenbedarf, der alle bisher bekannten Maße sprengt, muß bereits auf dem Verordnungsweg Einhalt geboten werden, um die Fehler der überhasteten Wendezeit künftig zu vermeiden. Der Stadtplanung bleibt oft nichts anderes übrig, als sich den geschaffenen Tatsachen anzupassen.

Das städtische Umland verdankt seine plötzliche Aufwertung der Grundstücksnachfrage für moderne Wohn- und Gewerbeanlagen, die im Westen Deutschlands 20-30 Jahre früher die allmähliche Expansion der Siedlungen ausgelöst hatte. *Wohnparks*, auch in attraktiver Lage, die im alten Bundesgebiet die Anfänge der Suburbanisierung repräsentieren, sind allerdings erst in geringem Umfang und mit kleiner Gebäudezahl entstanden; der Eigenheimbau schließt derzeit unmittelbar an den Ortsrand an (z.B. Dresden-Loschwitz). Dies hängt mit den für die Kommunen teuren Erschließungsarbeiten und Infrastruktureinrichtungen und der noch schwachen Nachfrage von Bauwilligen infolge der unzureichenden Vermögensbildung bzw. der hohen Baulandpreise zusammen (P. GANS 1993; G. HERFERT 1994). Die Suburbanisierung ist vielmehr durch *Gewerbeparks* eingeleitet worden. Sie beherrschen derzeit den Wachstumsprozeß im Umland der Städte. Im alten Bundesgebiet entstanden solche randstädtischen Zentren im allgemeinen erst nach der Errichtung der Wohnsiedlungen.

Schon 1991 war die Entflechtung und Privatisierung des staatlichen *Einzelhandels* aus der DDR-Zeit abgeschlossen. „Westdeutsche" Ladenketten und Firmen bekannter Großunternehmen breiteten sich in schnellem Tempo aus und kamen dem „Kaufrausch" der Bevölkerung nach der lange ersehnten „Westware" entgegen. Daß sie den neuen Standort für *Großmärkte* (Super-, Fachmärkte, SB-Warenhäuser u.ä.) vor allem am Rand und nicht innerhalb der Städte wählten, hat leicht einsehbare Gründe:

● großer Flächenbedarf für niedrige Hallenbauten und Parkplätze,

● billiger Baugrund in den ländlichen Randgemeinden ohne das Problem ungeklärter Eigentumsverhältnisse,

● fehlende planerische Regulierungen durch regionale Entwicklungskonzepte während der politischen Wende („Wilder Osten"),

● lokale Initiativen zur Stärkung der Wirtschaftskraft, d.h. das Bestreben der Gemeinden, den Beschäftigtenrückgang in Landwirtschaft, Bergbau und Industrie aufzufangen, und die

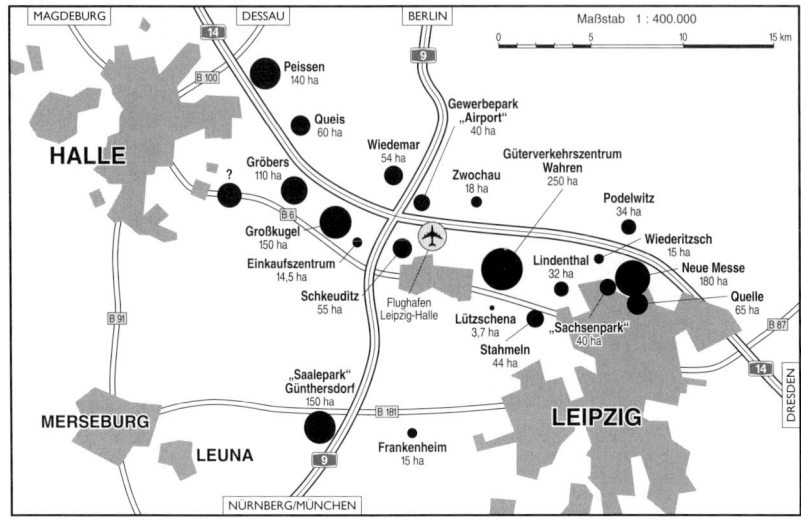

Abb. 49: Neue Gewerbestandorte zwischen Halle und Leipzig (nach SCHMIDT, H. 1994)

● regionale Erreichbarkeit über das bestehende Fernstraßennetz.

Die umfangreichste Entwicklung durch solche bald umstrittenen *Gewerbeparks* hat zweifellos der – am besten untersuchte – Halle-Leipziger Verdichtungsraum innerhalb weniger Jahre erlebt, so daß seine Siedlungsfläche durch zahlreiche neue Kerne gegenwärtig immer mehr zusammenwächst und die Sicherung von Freiräumen erforderlich wird (Abb. 49). Die Zusammenarbeit der beiden Großstädte mit dem Ziel der Raumordnung liegt im gegenseitigen Interesse (K. WIEST 1993).

Als erster eröffnete 1991 der Saale-Park auf ehemals landwirtschaftlicher Nutzfläche („grüner Wiese") der 670 Einwohner großen Gemeinde Günthersdorf an der Autobahn Nürnberg-Berlin seine Pforten mit einer Verkaufsfläche in der amerikanischen Dimension von 105 000 m² für 79 Firmen (Gesamtfläche mit Parkraum 6 km²) und einer einmaligen Angebotsbreite („Erlebniswelt mit Konsumcharakter"); 1992 folgte der kleinere Sachsenpark bei Seehausen nördlich von Leipzig (30 000 m²), seitdem weitere. Vor allem Industriewaren (Baumärkte, Möbel und Wohnungseinrichtungen, elektrotechnische Erzeugnisse u.ä.) entsprechen der Nachfrage der chronisch unterversorgten Bevölkerung, wie auch Neugründungen in Jena und im Umland anderer großen Städte zeigen. Die Gewerbeparks leiteten einen Boom ein, der z.B. Leipzig 1995 eine Einkaufsfläche von rd. 400 000 m² brachte. Am Nordrand der Stadt hält die Flächenüberbauung durch weitere Einrichtungen des tertiären Sektors längs der Autobahn Leipzig-Dresden noch an (Quelle Versandhaus, Neue Messe u.a.); das „Mitteldeutsche Dienstleistungszentrum" am Schkeuditzer Kreuz auf 2530 ha mit 5000 bis 6000 neuen Arbeitsplätzen hat als Zentrum des Bankenwesens, der Mode- und Ausstellungsbranche einen Einzugsbereich, der große Teile Sachsens, Sachsen-Anhalts und Thüringens umfaßt. Manche Gewerbeparks planen schon Erweiterungen, andere entstehen neu (1995: Halle-Bruckdorf mit 45 000 m² Verkaufsfläche). In Dresden wird die Zersiedlung des Umlandes durch Gewerbe- und Handelsstandorte auf rund 1000 ha an den Autobahntrassen nach Berlin, Bautzen und Chemnitz im N und W der Stadt vorangetrieben; in Chemnitz (Chemnitz-Center mit 70 000 m² größer als die gesamte, 50 000 m² große Verkaufsfläche der Innenstadt) und Magdeburg (Flora-Park 56 000, Börde-Center 54 000 m² Verkaufsfläche) bevorzugen die überdimensionierten Parks ebenfalls autobahnnahe Standorte (L. GRUNDMANN 1995; U. JÜRGENS 1994b; G. MEYER 1992; Heimat und Welt, SA 15/2, S 15/2).

Aber nicht nur die Großstädte ufern aus. Auch im Umland von Mittel-, ja Kleinstädten, hier meistens auf der eigenen Gemarkung, verläuft die Entwicklung gleichsinnig. So sind in 35 von 54 Gemeinden des Chemnitz-Zwickauer Raumes Gewerbegebiete im Bau, geplant oder fertiggestellt (L. GRUNDMANN 1995). Als Vorreiter, anfangs provisorisch untergebracht, fungieren Getränkemärkte und Autohäuser.

Sicher haben die Gewerbeparks, die in erster Linie Handels- und Dienstleistungseinrichtungen beherbergen und weniger vom produzierenden Gewerbe genutzt werden, eine große Bedeutung für den Arbeitsmarkt. So bietet das 1994 eröffnete Einkaufszentrum Paunsdorf im O Leipzigs für „höher entwickelte Ansprüche der Erlebnis- und Shopping-Gesellschaft" auf 70 000 m² schon 5000 Dauerarbeitsplätze (U. JÜRGENS 1994a, S. 313). Man sollte aber dabei bedenken, daß durch die totale Ablösung der übersetzten staatlichen Handelseinrichtungen (HO, Konsumgesellschaften, übriger sozialistischer Einzelhandel) auch in diesem Erwerbssektor zahlreiche Arbeitskräfte freigesetzt worden sind.

Die Nachteile des überaus schnellen Wachstums ohne ausreichende Kontrolle dürfen nicht verschwiegen werden:

● überdimensionierter Landschaftsverbrauch und ökologisch negative Folgen durch großflächige Bodenversiegelung ohne Begrünungsinseln (z.B. J. BREUSTE 1994; R. KRÖNERT und S. ERFURTH 1994);

● verkehrstechnische Probleme – selbst in der Nachbarschaft neu ausgebauter Fernverkehrsstraßen – durch den explosionsartig angeschwollenen Individualverkehr und den unzureichenden Anschluß an öffentliche Verkehrsmittel (besonders bei Märkten mit einem Angebot für den kurzfristigen Bedarf);

● ein Überangebot von Nutzflächen und Waren durch die wachsende Konkurrenz der Märkte untereinander, das – bei rezessiven Tendenzen der Wirtschaft – an der Nachfrage vorübergeht und bereits sinkende Umsätze, Teilschließungen oder leerstehende Gebäude, die nie genutzt worden sind, mit sich bringt (z.B. P. GANS und TH. OTT 1996);

● ästhetische Monotonie der Baukörper.

Die Gewerbeparks beeinflussen aber auch die *Regionalentwicklung* in zweierlei Hinsicht störend: Einmal verändern sie das geplante zentralörtliche System, weil sie zum größten Teil nicht in den zentralen Orten des Stadtumlandes, sondern in Gemeinden entstanden sind, für die eine Zentrenfunktion nicht vorgesehen ist. Zum anderen bedeuten sie einen Kaufkraftabfluß aus den Kernen der Verdichtungsräume an die Peripherie und tragen zur Auszehrung der Innenstädte bei (E. DEN HARTOG-NIEMANN UND K.-A. BOESLER 1994; U. JÜRGENS 1994a).

Die schwache Attraktivität der *Innenstädte* wird durch einen Komplex weiterer Faktoren hervorgerufen, die Grundstücke, Kunden und Infrastruktur betreffen:

● vielfach ungeklärte Eigentumsverhältnisse,

● hoher Investitionsbedarf infolge der desolaten Bausubstanz (gesteigert durch den Denkmalschutz),

● übertriebene Bodenpreise und Mieten auf Grund des knappen Platzangebots, die z.B. in Leipzig an die Verhältnisse „westdeutscher" Großstädte heranreichen und diese übertreffen,

● zu kleine Ladengrößen,

● gestiegene Mobilität und geändertes Konsumverhalten der Kunden,

● abstoßende Wirkung der (vorübergehenden) innerstädtischen „Baustellenlandschaft",

● zu wenig Kundenparkplätze, keine P+R-Systeme usw.

Dennoch kann von einer „Verödung" (Funktionsentleerung) der Innenstädte nicht die Rede sein, aber immerhin von einer gehemmten Entwicklung des mittelständischen Einzelhandels, die eine sehr einseitige Handelsstruktur, d.h. die Dominanz „westdeutscher" Großanbieter und Filialisten, zur Folge hat.

Auch in den Innenstädten waren die ehemals staatlichen Handelsbetriebe rasch in privater „westdeutscher" und einheimischer Hand. 1991 sicherte sich beispielsweise in Jena die Handelskette REWE 50 % der ehemaligen HO-Verkaufsfläche, 20 % gingen an andere „westdeutsche" Firmen, 30 % blieben in örtlichem Besitz, während der Anteil der Läden gerade umgekehrt ist, d.h. wenige Firmen aus dem alten Bundesgebiet verfügen über die großen Objekte, der Großteil der kleinen Geschäfte gehört Einheimischen. Viele selbständige „Tante-Emma-Läden" waren im ungewohnten marktwirtschaftlichen Wettbewerb den großen Anbietern jedoch nicht gewachsen. Schon nach kurzer Zeit mußten sie mangels Kapital aufgeben, so daß die Verkaufsfläche zunehmend auf „westdeutsche" Unternehmen als Filialbetriebe überging, wenn die Läden nicht zu klein waren oder einen zu schlechten Standort hatten. Durch den Konzentrationsprozeß gehörten 92 % der Verkaufsfläche des täglichen Bedarfs (Nahrungs- und Genußmittel) in Jena schon 1991 Mehrbetriebsunternehmen (Abb. 50; G. MEYER 1992).

Natürlich gibt es Entwicklungspläne der Stadtverwaltungen für die Erhaltung bzw. den Ausbau des Einzelhandels, um die Attraktivität der Innenstädte (im Stadtkern u.a. durch Fußgängerbereiche, Passagen, gastronomische und kulturelle Einrichtungen, im übrigen durch Stadtteilzentren) zu steigern und den Bauboom am Stadtrand einzuschränken. Trotzdem sind die marktwirtschaftlichen Selektionsprozesse nicht zu unterbinden, wenn man bedenkt, daß in der Leipziger Innenstadt für Gewerbegebiete nur 500 ha, im Umland

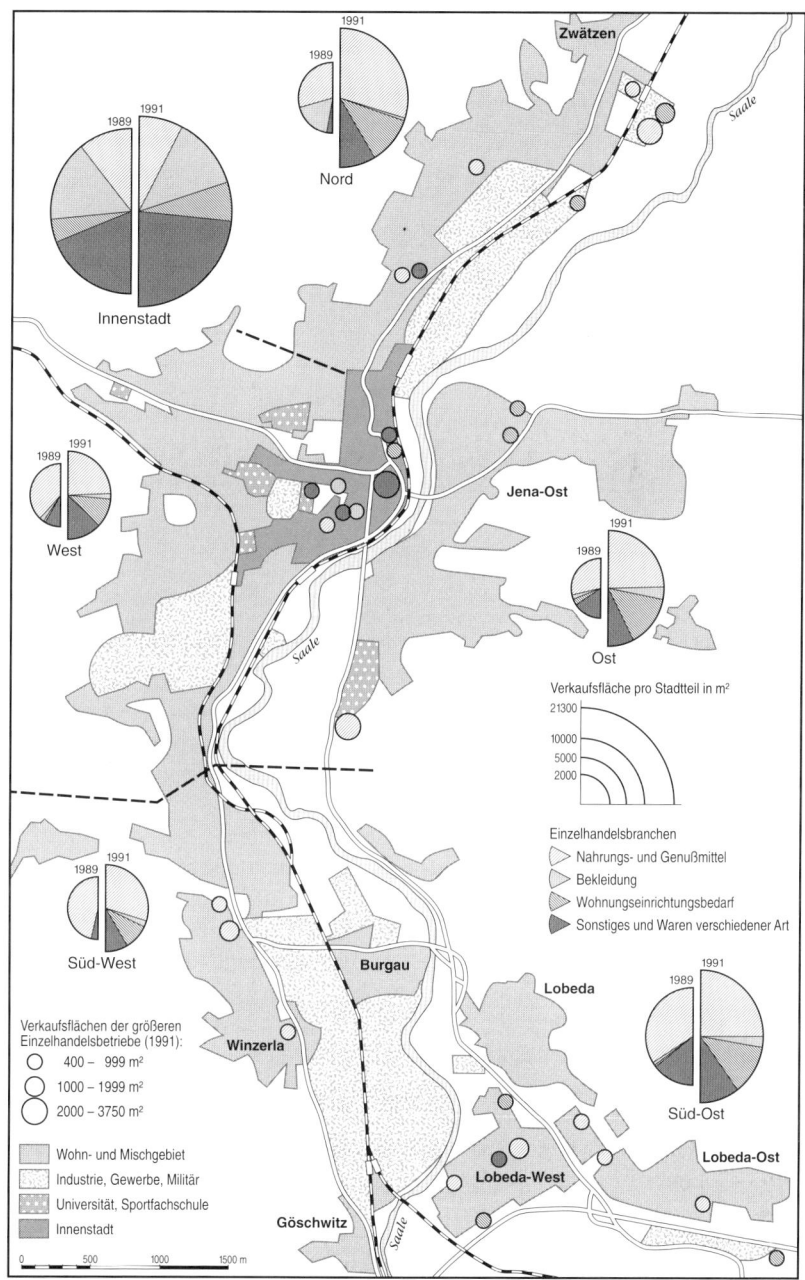

Abb. 50: Der Einzelhandel in Jena 1989/91 (nach MEYER 1992)

aber 3000 ha ausgewiesen sind (L. GRUNDMANN 1995). U. JÜRGENS (1994a, S. 313) hält in der größten Stadt der östlichen Mitte nur die City mit „ihrem unverwechselbaren Profil ..., das im Ambiente traditioneller Passagen und Hinterhöfe auf Exklusivität und Feinheit zielt", nicht aber die geplanten Stadtteilzentren in der Auseinandersetzung mit den Einkaufsparks der Peripherie für konkurrenzfähig.

Auch die Versuche mancher Industriekleinstädte, die Industriebrachen inmitten der Siedlungen z.b. durch Stadtpassagen in Wert zu setzen, sind nur teilweise von Erfolg gekrönt (z.b. Grimma, Hohenstein-Ernstthal, Limbach-Oberfrohna); sie scheitern meist am großen Investitionsbedarf und/oder am schon etablierten Großmarkt auf der „grünen Wiese". Die eingefahrenen Kaufkraftströme lassen sich nur schwer umorientieren (G. MEYER 1992).

Nur die größeren Städte der östlichen Mitte sind offenbar in der Lage, durch neue überregionale (Verwaltungs-)Aufgaben einen Ausgleich des Funktionsverlustes herbeizuführen. Je nach politischem Geschick und unternehmerischen Initiativen dürfte ihnen gleichwohl eine unterschiedliche Zukunft beschieden sein. Eine Gruppe, welche die ökonomische oder administrative Basis weitgehend verloren hat (z.B. Weimar, Suhl) oder schon in der DDR-Zeit vernachlässigt worden war (Plauen), wird Schwierigkeiten haben, sich im Städtesystem zu behaupten. Eine andere Gruppe hat durch die Tatkraft einzelner Persönlichkeiten ihre regionale Rolle bewahrt oder sogar ausgebaut (Jena). Eine dritte Gruppe ist auf dem Weg, sich trotz des Verlustes an Bevölkerung und Funktionen durch vielseitige Aktivitäten den alten Rang wieder zu erstreiten und die Raumentwicklung dementsprechend zu beeinflussen (Leipzig, Dresden). Einige von ihnen suchen freilich noch nach einem städtebaulichen Konzept, das den sozialistisch umgestalteten Altstädten über die wiederherzustellende historische Bausubstanz hinaus ein neues Gesicht mit entsprechender Anziehungskraft verschaffen könnte (Magdeburg, Dresden; D. RICHTER 1994; Heimat und Welt, SA 15/1, S 15/1).

Fragt man zusammenfassend nach den aktuellen *Tendenzen der Entwicklung* in den großen Städten, wird unter Berücksichtigung der typischen Teile einer Stadtregion folgendes zu betonen sein:

● *Altstadtbereich:* über den Bodenpreis Verdrängung der Wohnfunktion durch Dienstleistungseinrichtungen, in den großen Städten „City-Bildung", d.h. Abnahme des Einzelhandels für den kurzfristigen Bedarf, Vordringen der längerfristigen Bedarfsstufen mit hochwertigem Angebot und des quartären Sektors (Wirtschaftsverbände, Versicherungen, Banken u.ä.); Intensivierung der Flächennutzung durch hochgeschossige Neu- bzw. Umbauten;

● *gründerzeitliche Wohnviertel:* Erneuerung der Bausubstanz und damit kräftiger Anstieg der Immobilienpreise vor allem in zentrumsnaher Lage; Selektion der Wohnbevölkerung durch den Zuzug einkommensstarker Schichten und von gehobenen Dienstleistungen;

- *gemischte Wohn- und Industrieviertel:* Verfall und Abwanderung;
- *Stadtrand:* einerseits beginnender Eigenheimbau; andererseits unbestimmte Tendenz bei den (sozialistischen) Wohnsiedlungen: Trotz Umwandlung ihrer „gesellschaftlichen Zentren" in ein vielseitiges Dienstleistungsangebot besteht die Gefahr des Abstiegs, wenn das Wohnumfeld (z.b. unfertige Teilgebiete, schlechter Gebäudezustand, fehlende Flächen für den ruhenden Verkehr, geringe Begrünung; TH. KEIDEL 1996) nicht bald lebenswert gestaltet wird. Die Sanierung und Privatisierung der Wohnungen mit dem Vorkaufsrecht der Mieter geht wegen der Altschulden für Bau und Instandhaltung bislang nur schleppend voran. Der Wegzug einkommensstarker Haushalte in den neuen Eigenheimbau und der Zuzug der aus der Innenstadt verdrängten einkommensschwachen Bevölkerungsgruppen hat bereits begonnen (P. GANS und TH. OTT 1996);
- *Umland:* Aufstieg durch Gewerbe- und Wohnparks.

Die wichtigste Aufgabe des Städtebaus wird für lange Zeit die „Stadtreparatur" im weitesten Sinne sein (G. FUCHS 1992, Anhang).

Weitere Literatur: BUCHHOFER, LEYKAUF 1993; BRAUSE, GRUNDMANN 1994; GORMSEN 1996; GRUNDMANN u.a. 1996; HECKL 1995; KÖHLI 1993; NIPPER, NUTZ 1995; PÜTZ 1994; SCHMIDT 1993, 1994

6.6 Verkehrskonzepte und touristischer Neubeginn

Eingedenk der Tatsache, daß die Umstellung auf die moderne marktwirtschaftliche Grundlage, die positive Regionalentwicklung und der Ausgleich zwischen den alten und neuen Ländern nur dann gelingen können, wenn die infrastrukturellen Voraussetzungen geschaffen worden sind, hat sogleich nach der Wende der Aus- und Aufbau des *Nachrichten- und Verkehrsnetzes* begonnen. Das Unvermögen des alten Systems kam auf diesem Gebiet besonders kraß zum Ausdruck. Bekanntlich war die telefonische Verbindung bzw. die Einrichtung privater Fernsprechanschlüsse für DDR-Bewohner ein großes Problem. Die Straßen hatten trotz wachsenden Individualverkehrs einen beklagenswerten Zustand (Schlaglochstrecken, fehlende Fahrbahndecken, defekte Brücken u.ä.). Die Transitstrecken der Autobahnen mußten mit finanzieller Hilfe der Bundesrepublik verbessert werden; als eigenständige Leistung größeren Umfangs in der östlichen Mitte konnte allein die Autobahn (Dresden-)Nossen-Leipzig (um 1970) vorgezeigt werden. Die Gleiskörper der „Deutschen Reichsbahn" waren stellenweise so verschlissen, daß die Züge Schrittgeschwindigkeit einhalten mußten. Immerhin wurden das von der Sowjetunion nach Kriegsende demontierte zweite Gleis auf den doppelspurigen Strecken ersetzt und die Elektrifizierung vorangetrieben.

Innerhalb kurzer Frist sind in den neuen Ländern sowohl beim Aufbau eines leistungsfähigen Telekommunikationssystems als auch bei der Instandsetzung des Schienen- und Straßennetzes große Fortschritte gemacht und die schlimmsten Engpässe beseitigt worden.

Schon bis Ende 1993 investierte die Bundespost – mit Schwerpunkt bei der Telekom – 29 Mrd. DM und richtete 2,3 Mio. neue Telefonanschlüsse ein. Der Telefonbestand wird sich 1989-97 von 1,8 auf 5,7 Mio. erhöhen; dazu kommen die Datenanschlüsse verschiedenster Systeme nach dem modernsten Stand der Nachrichtentechnik. Zugleich stellte der Bund 38 Mrd. DM für den Verkehrswegebau zur Verfügung: Bei der Bahn waren Ende 1993 rd. 3000 km des Netzes saniert und fast 900 km elektrifiziert, auf der Straße rd. 7000 km Fahrbahnen erneuert und rd. 190 km neu- bzw. ausgebaut worden (Wirtschaftsatlas Neue Bundesländer 1994). Dazu kommt die laufend voranschreitende Modernisierung der Autobahnen (z.B. der sechsspurige Ausbau von Strecken mit hohem Verkehrsaufkommen).

Insbesondere galt es, die an der innerdeutschen Grenze unterbrochene Verkehrsführung so rasch wie möglich wiederherzustellen, um den schlagartig angestiegenen Verkehrsfluß in beide Richtungen, den Pendlerverkehr von Ost nach West und den Versorgungsverkehr von West nach Ost, bewältigen zu können („Lückenschlußprogramm 1990"). Als ebenso wichtig erwies sich aber die schnelle Verbesserung von Fern- und Lokalverbindungen, weil die Bevölkerung als erste Kapitalanlage „westliche" Automarken kaufte. Ein Verkehr von „Westniveau" mußte anfangs auf einem ungeeigneten Straßennetz stattfinden. Infolge der großen Investitionen, die sich im unvermeidlichen (Groß-)Baustellen-Gewirr äußert, herrscht heute für den Verkehrsfluß auf den Straßen „Chaos" als Dauerzustand, während bei der Bahn die Erneuerung und Umorientierung (z.B. die Anbindung an das IC-Netz) naturgemäß reibungsloser verläuft.

Der Anschluß unseres Raumes an das westeuropäische Verkehrsnetz und seine Angleichung an die neuen Ansprüche, d.h. die Wiederbelebung seiner zentralen Stellung, ist nur über ein *langfristiges Aufbauprogramm* zu erreichen. Diesem erklärten Ziel tragen die „Verkehrsprojekte Deutsche Einheit" (1991) Rechnung, die mit einem Investitionsvolumen von 70 Mrd. DM 17 große Vorhaben auf Schiene und Straße (und ein Wasserstraßen-Projekt: Mittelland-/Elbe-Havel-Kanal) für alle neuen Länder verfolgen und Teil des ersten gesamtdeutschen Verkehrswegeplans (1992-2012) sind, der auch Ortsumgehungen und die neue Gestaltung des ÖPNV (z.B. S- und U-Bahnen) einschließt. Erstmals übersteigt die Mittelbereitstellung für die Schiene jene für die Straße.

Die Planung, deren Verwirklichung unverzüglich begonnen hat, sieht vornehmlich neue Ost-West-Verbindungen (vor allem die Anbindung Berlins) oder deren Ausbau vor (DIERCKE Weltatlas 1996, 62). In der östlichen Mitte spielen – entsprechend der Lage – zudem Nord-Süd-Strecken eine Rolle,

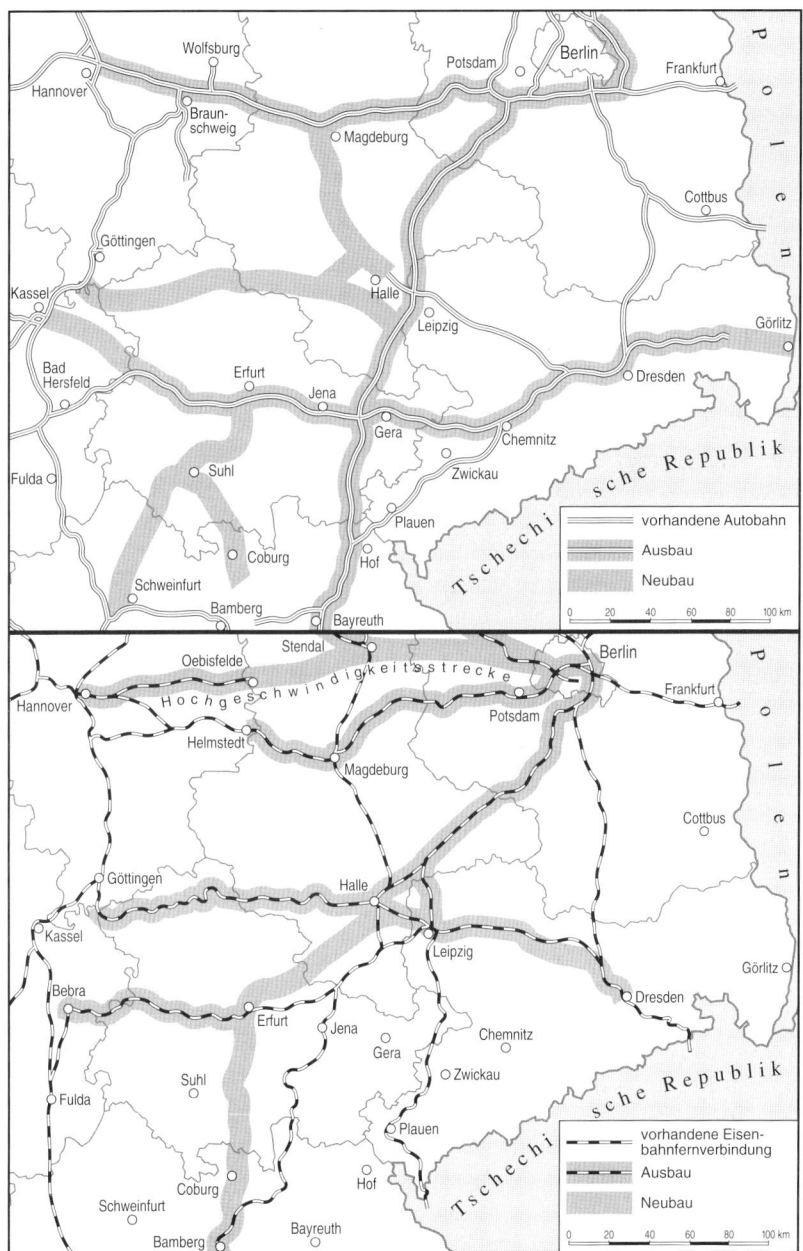

Abb. 51: Die neuen Verkehrsachsen (nach Wirtschaftsatlas Neue Bundesländer 1994)

wobei der Thüringer Wald auch von einer Schnellbahn, Erfurt-Nürnberg, gequert werden soll (Abb. 51). Wichtigster Verkehrsknoten wird der Halle-Leipziger Ballungsraum sein, dessen außerordentliche Stellung während der gesamten historischen Entwicklung damit eine Bestätigung findet (u.a. sieht die Planung hier ein Güterverkehrszentrum, den größten Rangierbahnhof Deutschlands und den Ausbau des Halle-Leipziger Flughafens in der Nähe des Autobahnkreuzes Berlin-Nürnberg/Dresden-Magdeburg bzw. Kassel vor). Den genehmigten/geplanten Verkehrsvorhaben Halle-Eisleben, Halle-Bitterfeld, Halle-Weißenfels, Halle-Leipzig, Merseburg-Leipzig, Leipzig-Delitzsch sowie Leipzig-Altenburg dürfte die Entwicklung der Stadtregion mit einem neuen, achsial orientierten Raummuster folgen.

Die Grundkonzeption der „Verkehrsprojekte Deutsche Einheit" wird von der Öffentlichkeit im großen und ganzen akzeptiert. Erste Bürgerinitiativen befassen sich naturgemäß mit Trassenführungen. So ist die geplante Südharz-Autobahn (Kassel/Göttingen-Nordhausen-Halle/Leipzig) derzeit umstritten. Außerhalb der o.g. Projekte steht die viel diskutierte Autobahn Dresden-Prag, deren Trasse nach einem Bürgerentscheid 1995 in der Elbmetropole stadtnah verlaufen soll. Da anzunehmen ist, daß die ökonomischen Impulse hauptsächlich an den geplanten Verkehrsachsen zum Tragen kommen, wurden 1996 Forderungen für eine erneuerte Schienenverbindung Bebra-Erfurt-Gera-Glauchau-Chemnitz-Dresden-Görlitz(-Breslau) gestellt, um den ostthüringisch-westsächsischen Raum nicht ins Abseits geraten zu lassen. Die Anlieger befürchten die Bevorzugung der Entwicklungsachse, die sich im Zusammenhang mit den weiter nördlich geplanten Schienen- und Straßen-Hauptsträngen Kassel/Bebra-Erfurt-Halle/Leipzig-Dresden bilden wird.

Als Drehscheiben des rasch expandierenden Linien- und Charter-Luftverkehrs fungieren die internationalen Flughäfen Halle/Leipzig (in Schkeuditz) und Dresden-Klotzsche sowie die Regionalflughäfen Erfurt und Hof. Die Anpassung an moderne Ansprüche ist im Gange. Nur die Landeshauptstadt Magdeburg besitzt keine entsprechende Einrichtung (z. Zt. Planung des Großflughafens „Berlin International" in Stendal).

Wie die anderen Wirtschaftssektoren hat auch der *Tourismus* nach der Wende einen kräftigen Einbruch erlebt. Die Bettenkapazität ging z.B. in Thüringen zwischen 1989 und 1995 von 94 000 auf 67 000 Plätze zurück (W. Bricks 1996). Nach der Privatisierung der FDGB-Ferienheime, -Hotels u. dgl. sind die Beherbergungsbetriebe entweder erneuert worden oder sie stehen wegen ungeklärter Eigentumsverhältnisse leer. Die Nachfrage läßt indessen sehr zu wünschen übrig. Der erwartete, aber zu schwache „Nostalgie"-Tourismus aus den alten Bundesländern und das Streben der Menschen aus den neuen Bundesländern zu den lange ersehnten Reisezielen in den Alpen, in Westeuropa und Übersee, vor allem aber die unzureichende touristische Infrastruktur bzw. das inakzeptable Preis-Leistungs-Verhältnis sind wohl die wesentlichen Gründe für den Bedeutungsverlust des Freizeitsektors als Einkommensquelle. Darunter haben jetzt die Privatvermieter besonders zu leiden. Die klein- und mittelständischen Betriebe werden deshalb bevorzugt gefördert; ebenso hat der Aufbau einer umweltverträglichen Ausstattung der Fremdenverkehrsgebiete Vorrang. Nur einige Kurorte haben durch die subventionierten Kliniken ihren alten Stand mehr oder weniger halten können.

Am touristischen Entwicklungspotential der traditionellen Zielgebiete, namentlich in den Mittelgebirgen, gibt es keinen Zweifel (DIERCKE Weltatlas 60; Heimat und Welt, SA 9, S, TH 21). Damit es zur Verbesserung der regionalen Wirtschaftsstruktur der ländlichen Räume beitragen kann, sind Ideen und Kapital nötig. Seit etwa 1994 werden der private Unternehmergeist, die Initiativen von Kommunen oder Gemeindeverbänden, die das vorhandene touristische Leistungsvermögen vermarkten wollen, allmählich spürbar, und die alten „Fremdenverkehrsgebiete" formieren sich (z.B. Thüringer Wald, Unterharz). Durch die Werbung mit Anzeigen, Prospekten, Verzeichnissen der Vermieter u.ä. versuchen die neuen Verkehrsvereine, die Fremden mit alten und neuen Attraktionen, wie Sportanlagen, Rad-, Wanderwegen, Langlaufloipen, kulturelle Veranstaltungen u.a., für die *Erholungs- und Ausflugsgebiete* zu gewinnen, während spezielle Angebote (z.B. Reiterhöfe, Golfplätze, Tennishallen) meist noch im Planungsstadium sind: Von den im Bau befindlichen „Rennsteig-Thermen" in Oberhof erwartet man sich im Thüringer Wald einen neuen Impuls (DIERCKE Weltatlas 61). Das vom Uranbergbau geplagte Radiumbad Oberschlema soll nach der Sanierung als Attraktion im Erzgebirge wiedererstehen. Das umweltgerechte und regionsfördernde Element der Tourismusentwicklung gewinnt immer größeres Gewicht. Naturparks, d.h. für die Erholung besonders geeignete Landschafts- und Naturschutzgebiete (Biosphärenreservate), sind in den drei Ländern bereits ausgewiesen oder einstweilen sichergestellt (z.B. die Oberlausitzer Heide- und Teichlandschaft, die Elbeauen). Neben dem alten „Nationalpark Harz" im Westen wurde um den Brocken der „Nationalpark Hochharz", in Sachsen der „Nationalpark Sächsische Schweiz" geschaffen.

Aus der kulturellen Vielfalt und historischen Tiefe „mitteldeutscher Landschaften" soll der *Besichtigungstourismus* schöpfen. Ihm werden z.B. Touristenstraßen angeboten, so in Thüringen die „Spielzeug-", „Olitäten-" und „Klassikerstraße", letztere verbunden mit dem Besuch von Theatern, Konzertveranstaltungen und Museen in den alten Residenzen. Im Erzgebirge sollen die „Silberstraße" und mehrere Schaubergwerke, im Anhaltischen die „Straße der Romanik", die Dessau-Wörlitzer Park- und Schloßanlagen, die Luthergedenkstätten u.a. eine ähnliche Wirkung entfachen; im Harz wird die Zusammenarbeit der Gemeinden dies- und jenseits der niedersächsisch-anhaltischen Landesgrenze angestrebt. Der oben erwähnte *Städtetourismus* hat durch das stark vergrößerte, aber teure Bettenangebot der Hotels („westlicher" Investoren), insbesondere für den Geschäftsreiseverkehr, in jüngster Zeit vielleicht den größten Zuwachs (von Ausländern) erlebt. Vergleichbare statistische Daten stehen noch nicht zur Verfügung. Nach jüngsten Meldungen (F.A.Z. 11. 3. 1997) soll die Zahl der in allen Beherbergungsbetrieben registrierten Übernachtungen 1996 in Sachsen 12 Mio. (bei einem Plus von 18 % gegenüber dem Vorjahr), in Sachsen-Anhalt 5,3 Mio. (+ 5,5 %) und in Thüringen ca. 8 Mio. (+ 2,3 %) betragen haben. Die Bettenauslastung ist nach den Kapazitätssteigerungen der letzten zwei bis drei Jahre gesunken und als unbefriedigend zu bezeichnen (36,4, 31,3 bzw. 32 %). Es bleibt abzuwarten, welchen Anreiz die Mischung aus traditionellen Plätzen und modernisiertem Angebot im inländischen Wettbewerb auf Erholungssuchende ausüben wird.

Weitere Literatur: BREITFELD u.a. 1992; LEHNIG 1996; OELKE 1996; SCHMIDT 1994

6.7   Die Bevölkerung zwischen Unsicherheit und Hoffnung

Die hochgradige Arbeitslosigkeit und die Verschiebung der Berufsgliederung nach Wirtschaftszweigen vom primären und sekundären zum tertiären Erwerbssektor als zwangsläufige Konsequenzen des strukturellen Umbruchs sind in den vorausgegangenen Kapiteln bereits angesprochen worden (vgl.

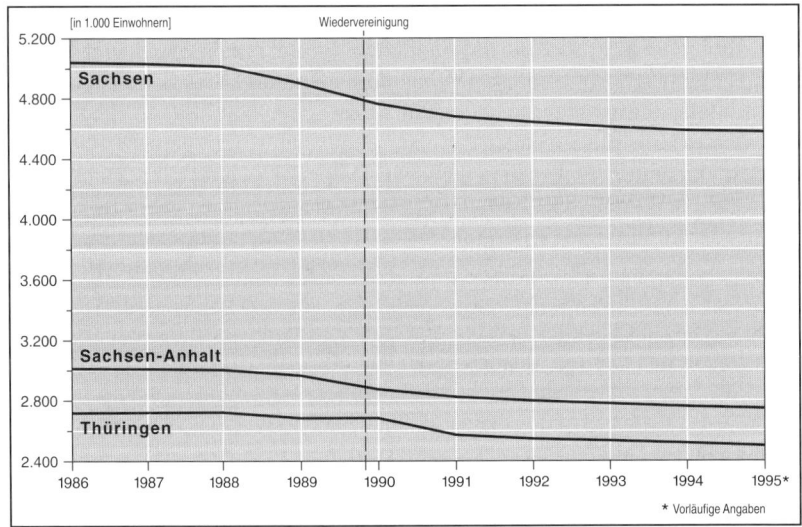

Abb. 52: Die Bevölkerungsentwicklung 1986-1995 nach Ländern (nach Statist. Landesämter)

DIERCKE Weltatlas 1988 und 1996, 58, 59). Hat der damit verbundene soziale Wandel die demographische Situation berührt, wie reagiert die Bevölkerung auf die politische Wende und ihre Folgen? Schöpft sie Hoffnung oder verfällt sie in Mutlosigkeit?

Die *Bevölkerungsentwicklung* der östlichen Mitte (einschließlich der Altmark) ist wie in allen neuen Bundesländern negativ, das Ausmaß des Defizits hat sich im Vergleich zur späten DDR-Zeit sogar deutlich erhöht (Abb. 52). 1987 bis 1994 nahm die Einwohnerzahl von 10,55 auf 9,86 Mio. Menschen ab, die Bevölkerungsdichte ging von 192 auf 179 Einw./km² zurück. Der Verlust von etwa 6,5 % verteilt sich auf Sachsen-Anhalt, Sachsen und Thüringen ziemlich gleichmäßig. Indessen läßt die Abnahmetendenz mit Annäherung an die Gegenwart spürbar nach (DIERCKE Weltatlas 1996, 70/2).

Zwei demographische Prozesse haben das aktuelle Bevölkerungsgeschehen ausgelöst und greifen ineinander: Die erneute Ost-West-Wanderung und der drastische Geburtenrückgang.

Mit der Grenzöffnung erreichte die *Abwanderung* in die alten Bundesländer eine Größenordnung, die der Fluchtbewegung in den 50er Jahren entsprach. Knapp 400 000 Menschen verließen 1989 die DDR in Richtung Westen, bis zur Wiedervereinigung am 3. Oktober 1990 waren es weitere 345 000 Personen. Erst 1991 ebbte die Flut, jetzt eine innerdeutsche Binnenwanderung, ab (rd. 250 000 Fortzüge). Außerdem verringerte die Gegenbewegung von West nach Ost die Wanderverluste zusehends, so daß der Migrationssaldo 1991 „nur" noch -170 000 Menschen (1990: -360 000 Personen) betrug (H. WENDT 1994). Seitdem entwickelt er sich weiterhin „positiv".

Nach der Zahl der Fortzüge übersiedeln die meisten Menschen in das alte Bundesgebiet aus unseren drei bevölkerungsreichen Ländern (1991: 65 % der Abwanderungen aus der ehemaligen DDR). Umgerechnet je 1000 Einwohner ergibt sich indes eine etwas andere Reihenfolge: Sachsen-Anhalt 16,8, Mecklenburg-Vorpommern 16,5, Thüringen 16,2, Brandenburg 15,7, Sachsen 15,5 und Ost-Berlin 11,9 Personen. Die Hauptquellgebiete der Abwanderung stimmen mit der Verbreitung der alten, monostrukturellen Industriegebiete überein, vor allem mit deren Großstädten (Tab. 24). Besonders betroffen sind die Niederlausitz, der Südraum Leipzig, Chemnitz-Zwickau, Dresden, ebenso die thüringischen Industriestädte, darunter viele Mittelstädte, jedoch auch agrarisch-industrielle Mischgebiete (D. SCHOLZ 1994). Allein der ländliche Raum gibt, bezogen auf die Einwohnerzahl, weniger Menschen ab.

Das *Umland* der großen Städte bildet allerdings eine Ausnahme. In Ansätzen schon in den 80er Jahren zu beobachten, kommt das lange aufgestaute „Suburbanisierungspotential" ab etwa 1993 allmählich zum Tragen. G. HERFERT (1994, 1996) stellt im Umland der sächsischen Großstädte Bevölkerungsgewinne fest, die sich im Falle Leipzigs bereits zu einem flächendeckenden Ring zusammenschließen; die Stadtgemeinde muß derzeit einen Verlust von 10 000 Einwohnern im Jahr hinnehmen und hatte im Frühjahr 1996 erstmals wieder weniger Einwohner als Dresden (464 000 zu 468 000). Die Neubewertung der Wohnqualität (in der DDR-Zeit waren es die Großwohnsiedlungen, jetzt ist es das „Häuschen im Grünen") zeitigt ihre Folgen. Die überzogenen Baulandpreise der meist noch im Planungsstadium befindlichen neuen Wohnsiedlungen, nicht selten mit kompakten, mehrgeschossigen Miethäusern („Wohnparks"), hemmen die schnelle Entfaltung des Suburbanisierungsprozesses und bedingen zunächst die scharfe Selektion der Zuwanderer (junge Familien mit Kindern hoher Einkommensgruppen). Über den künftigen Verlauf gehen die Schätzungen im Augenblick auseinander; doch wird der „intraregionale Dekonzentrationsprozeß", d.h. die Stadt-Umland-Wanderung, auf die Dauer nicht aufzuhalten sein (Kap. 6.5).

Über die Hälfte der Abwanderer zieht es in die drei wirtschaftsstarken Altbundesländer Bayern, Baden-Württemberg und Nordrhein-Westfalen. Im übrigen beeinflußt die räumliche Nähe die Richtung des Wanderstroms (DIERCKE Weltatlas 1996, 59): Aus Sachsen-Anhalt wendet man sich hauptsächlich nach Niedersachsen und Nordrhein-Westfalen (52 % aller Wegzüge), von Thüringen nach Hessen und Bayern (50 %) und aus Sachsen nach Bayern und Baden-Württemberg (58 %). H. WENDT (1994, S. 140) führt dieses Migrationsmuster außerdem auf „traditionelle regionale Verflechtungen und tradierte mentale Beziehungen" zurück. Tatsächlich sind die Zuzüge in den aufnahmefähigen grenznahen Gebieten der alten Bundesländer sehr groß (z.B. Oberfranken, Nordhessen).

Die *Altersstruktur* der Abwanderer zeigt die übliche Selektion. Es handelt sich ganz überwiegend um die „junge, mobile, ausgebildete und arbeitsplatzsuchende Bevölkerung", d.h. um junge Familien mit Kindern. D. SCHOLZ (1994, S. 21 f.) gibt für 1990 an, daß in Sachsen und Thüringen die Altersgruppe von 20-35 Jahren mit 55 %, erweitert auf 15-40 Jahre sogar mit 70 % an den Wegzügen beteiligt ist, obwohl sie am gesamten Altersaufbau der beiden Länder nur Anteile von 21 bzw. 34 % hat.

Damit sind die Gründe für die *Ost-West-Wanderung* während und nach der Wende schon dargelegt. Im Sinne des *push-/pull*-Ansatzes liegen sie grundsätzlich in den unterschiedlichen Lebensbedingungen dies- und jenseits der ehemaligen innerdeutschen Grenze. Binnenwanderungen innerhalb der östlichen Mitte oder der neuen Bundesländer haben – außer der Stadt-Umland-Wanderung (s.o.) – ebenso wie Außenwanderungen einen vergleichsweise geringen, aber relativ wie absolut wachsenden Umfang. Waren es bis zur Wiedervereinigung noch die politischen Verhältnisse und die persönliche Unfreiheit, die viele Menschen der Heimat den Rücken kehren ließen, so spielen zunehmend ökonomische Gründe, untergeordnet auch der Wohnungsmangel, eine Rolle. Der strukturelle Wandel der Wirtschaft in der östlichen Mitte und die damit einhergehende Massenarbeitslosigkeit sind die wesentlichen Triebkräfte für die Westwanderung. Eine Bestätigung dafür liefert der schon erwähnte statistische Nachweis, daß die Migration zwar nicht vorüber, aber rückläufig ist und mit dem Voranschreiten des Transformationsprozesses vermutlich weiterhin schwächer werden wird (Tab. 29).

Tab. 29: Innerdeutsche Wanderungen nach Ländern der östlichen Mitte 1991-1995 [Wanderungssalden mit dem früheren Bundesgebiet in Personen]

	Sachsen	Sachsen-Anhalt	Thüringen
1991	-50940	-35159	-27839
1992	-24262	-18500	-11142
1993	-13752	-10189	-8618
1994	-7664	-8737	-6350
1995*	-6129	-8189	-7620

* Vorläufige Angaben

Quelle: Stat. Landesämter; Stat. Bundesamt

Für eine künftig ausgeglichene Wanderbilanz sprechen einmal der vielfach vorübergehende, also mit Rückwanderung verbundene Charakter der Abwanderung, zum anderen die Zunahme der West-Ost-Bewegung durch Beamte, Unternehmer, Fachkräfte u.a. und schließlich die Tatsache, daß das Abwanderungspotential der jungen Altersgruppen nicht unerschöpflich ist. Nicht zuletzt wirkt auch die Auffüllung des Arbeitsmarktes in den alten Bundesländern – zumal bei schwächer werdender Konjunktur – regulierend (H. WENDT 1994). Inwieweit die (Fern-)Pendelwanderung den endgültigen

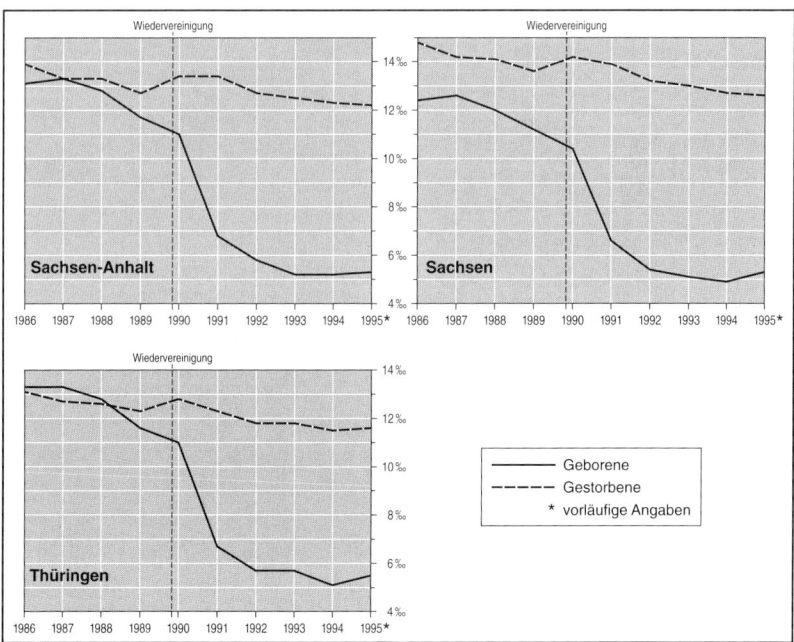

Abb. 53: Die natürliche Bevölkerungsentwicklung 1986-1995 nach Ländern (nach Statist. Landesämter)

Wohnsitzwechsel ersetzt hat, läßt sich im Augenblick nicht schlüssig sagen (für Thüringen s. Kap. 6.3).

Mit der zurückgehenden Abwanderung allein ist freilich eine positive Bevölkerungsentwicklung unserer Region in der Zukunft nicht gesichert. Im Gegenteil, das *generative Verhalten* der Gegenwart läuft ihr tendentiell entgegen und wird einmal tiefe Spuren im Altersaufbau hinterlassen. Die drastische und seit 1991 anhaltende Abnahme der Geburtenziffern ruft bei gleichbleibenden bis schwach sinkenden Sterbeziffern derzeit in allen drei Ländern ein natürliches Defizit von etwa -6 bis -8 ‰ hervor. 1993 war es in Sachsen am höchsten (-8,0 ‰), kaum schwächer in Sachsen-Anhalt (-7,3 ‰) und etwas niedriger in Thüringen (-6,6 ‰). Selbst im Vergleich zur negativen Bilanz der späten DDR-Zeit (Mittel der Jahre 1986-89: -1,9; -0,6; -0,1 ‰) ist dies ein außerordentlicher Abschwung (vgl. Tab. 24); auch der in jüngster Zeit etwas verlangsamte Abfall der Geburtenziffern nach dem starken Ein-

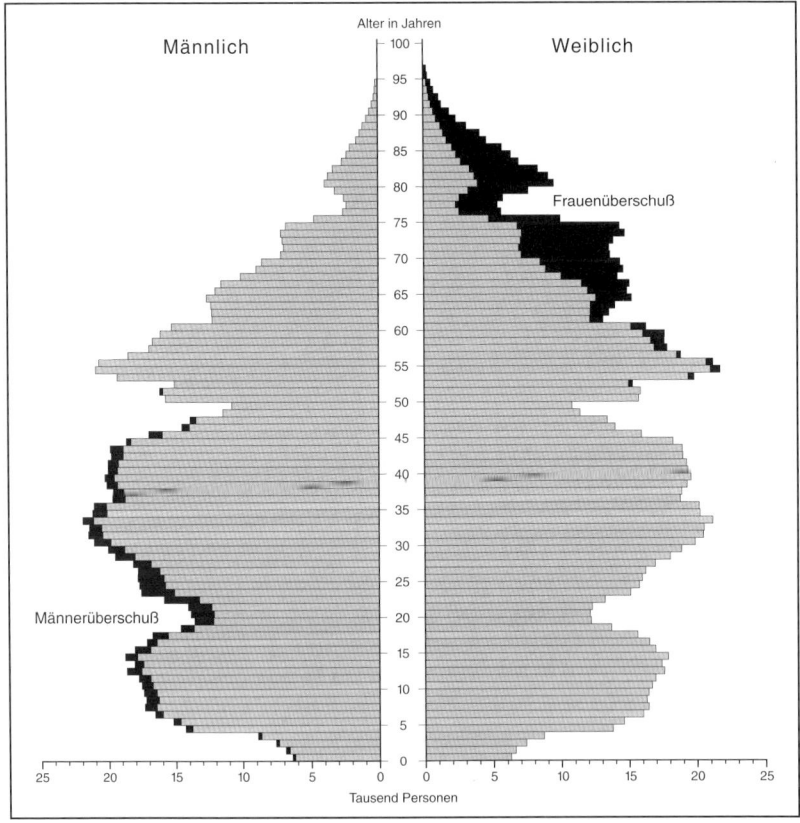

Abb. 54: Der Altersaufbau Thüringens am 31. 12. 1994 (nach Thür. Landesamt f. Statistik)

schnitt von 1990/91 mildert die problematische Lage nur wenig, weil das niedrige Geburtenniveau erhalten bleibt (Abb. 53). Die demographische Alterung des Gesamtgebietes, namentlich der Großstädte, die auch hierin vorangehen, ist somit vorgezeichnet. Das schlagartig geänderte generative Verhalten kommt im Altersaufbau Thüringens vom Jahr 1994 bereits deutlich zum Ausdruck: Die Einbuchtung der jüngsten Jahrgänge ist unverkennbar und übertrifft sogar die Defizite aus dem Zweiten Weltkrieg und des Abschwungs zwischen 1965 und 1975 (Abb. 54).

Angesichts der völlig veränderten Lebenssituation belegen die genannten Werte die existentielle Unsicherheit der Menschen bzw. eine hinsichtlich der Fertilität abwartende Haltung, aber auch den Wunsch, jetzt, nachdem die persönliche Freiheit Wirklichkeit geworden ist, der modernen Lebenseinstellung westlicher „postindustrieller" Gesellschaften, die auf das eigene Wohl bedacht sind und Kinder als wirtschaftliche Belastung empfinden, verstärkt nachzueifern.

Fragt man nach dem Verhältnis von Wanderungsverlust und Geburtenrückgang, so zeigt die Bevölkerungsentwicklung des repräsentativen Beispiels Sachsen-Anhalt für die Jahre 1990-95, daß das generative Verhalten für den Rückgang der Gesamtbevölkerung innerhalb der Zeitspanne maßgeblicher geworden ist als die Wanderungsbewegungen. Die Abwanderung hat abgenommen, die Wanderbilanz ist neuerdings (hauptsächlich durch zugezogene Aussiedler, Flüchtlinge und Asylsuchende) sogar positiv. Die Geburten-

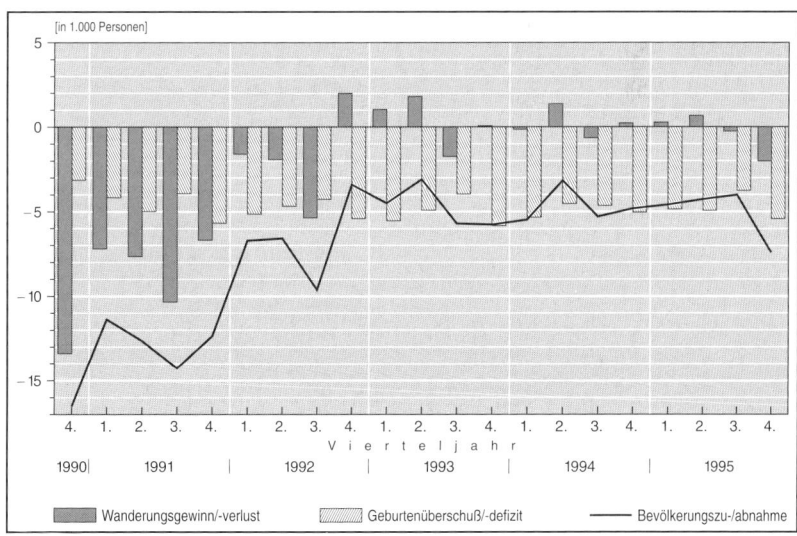

Abb. 55: Die Bevölkerungsentwicklung Sachsen-Anhalts 1990-1995: Geburtenüberschuß und Wanderungssaldo (nach Statist. Ber. d. Landesamts f. Statist. v. Sachsen-Anhalt 1995)

zahlen verharren dagegen auf niedrigem Niveau und steuern das demographische Geschehen nunmehr allein (Abb. 55).

Die von den geschilderten Prozessen ausgelöste Abnahme der Bevölkerung in der östlichen Mitte bedeutet zusammen mit anderen Entwicklungen (Industriebrachen, Flächenstillegung in der Landwirtschaft) zwar eine schwächere „Intensität der Raumnutzung" (Bevölkerungsdichte), doch wird diese Entlastung vom Flächenanspruch durch Handel, Verkehr und Suburbanisierung wohl wieder wettgemacht werden. Unausweichlich wird aber der Umfang der *arbeitsfähigen Bevölkerung* kleiner (D. SCHOLZ 1994). Im Augenblick baut die Abwanderung den Überschuß an Arbeitskräften noch ab und entschärft die Situation auf dem Arbeitsmarkt wenigstens etwas. Aber die im Umbruch befindliche Wirtschaft kann unter den Bewerbern immer noch auswählen. Die Frage ist nur, ob angesichts des generativen Verhaltens in der Gegenwart bei einem künftig stärkeren Bedarf die „Ressource menschliche Arbeitskraft" in genügendem Umfang zur Verfügung steht, um die Regionalentwicklung voranzutreiben. Wird dann eine West-Ost-Migration der Abgewanderten beginnen oder werden ausländische Arbeitskräfte die Lücken füllen müssen? Oder wird die heranwachsende Generation Vertrauen in die Zukunft gewinnen können und ein anderes Fertilitätsverhalten an den Tag legen? Je nachdem, welche Prämisse man zugrundelegt, werden die Prognosen unterschiedlich ausfallen.

Weitere Literatur: DINKEL, LEBOK 1994; DOBRITZ, GÄRTNER 1995; ECKART, SEDLACEK 1993; GANS, KEMPER 1995; GÖRMAR, MARETZKE 1992; MARETZKE 1995; Praxis Geogr. 1994

7 Ausblick

Wird die „östliche Mitte" in naher Zukunft an die Traditionen „Mitteldeutschlands" anknüpfen können? Diese Grundfrage, die sich nach den Entwicklungsansätzen der Jahre 1990-96 von selbst aufdrängt, ist schwer, allenfalls bruchstückhaft zu beantworten. Eine mittelfristige Vorhersage hängt im Augenblick von zu vielen Unwägbarkeiten ab. Nur subjektiv gefärbte Mutmaßungen sind möglich. Ganz gewiß ist das oft kritisierte politische Schlagwort von den „blühenden Landschaften" nicht mehr als eine Vision. Es wird im Augenblick mit den „harten" Tatsachen konfrontiert, die sich aus internen und externen Problemen zusammensetzen, so daß eine pessimistische Haltung verständlich erscheint. Sollte man aber nur schwarz sehen, ist eine optimistische Sicht nicht ebenso vertretbar?

Die wichtigste Voraussetzung für den Aufschwung der östlichen Mitte – seit 1991 auch ein „Ziel-Nr. 1-Gebiet" des EU-Strukturfonds für die regionale Wirtschaftsförderung – ist die möglichst rasche Beseitigung der Folgen des Systembruchs von 1989/90. Den großen Kapitalbedarf zum Ausgleich der wirtschafts- und infrastrukturellen Mängel, zur Bewältigung der Umweltprobleme usw. – auch auf Kosten liebgewordener Gewohnheiten – zu decken, erweist sich mehr und mehr als eine nationale Aufgabe ersten Ranges. Alles wird davon abhängen, ob das 1990/91 beschlossene finanzielle Transfersystem Bestand haben kann.

Nachdem auf das Hochgefühl des Anfangs eine Ernüchterung gefolgt ist, muß aber zugleich vielen verzagten Menschen das Vertrauen in das demokratische Staatswesen, dessen Teil sie geworden sind, zurückgegeben werden, um u.a. die demographische Schwäche überwinden zu können. Die „Hilfe zur Selbsthilfe" sowohl in materieller als auch in ideeller Hinsicht sollte nach allem, was an Leid, Unmenschlichkeit und Unterdrückung geschehen ist, nicht mehr umstritten sein.

Vieles bestimmen freilich andere, schwer einschätzbare Umstände, die aus der „Vernetzung der Räume" entspringen. Wie wird sich der bedrohte „Wirtschaftsstandort Deutschland" bei der anhaltenden Rezession der westeuropäischen Industriewirtschaft bewähren, welche Einflüsse gehen von der europäischen Integration – insbesondere den neuen Demokratien im östlichen Mitteleuropa – aus, wie wirkt sich die bislang noch kaum in Gang gekommene Kooperation über die Staatsgrenzen, das Konzept der „Euroregionen" mit Polen und Tschechen, aus (z.B. F.-D. GRIMM 1996; H. RUPPERT 1995), und wird die künftige Bundeshauptstadt Berlin die Entwicklung unserer Region berühren?

Mit dem eingeleiteten Übergang zur Dienstleistungsgesellschaft *(Tertiarisierung)* hat die Industrie ihre führende Rolle in der östlichen Mitte schon jetzt verloren. Auf welche Weise können die bisher industriell geprägten Ballungsgebiete „überleben", kann der tertiäre Sektor das produzierende Gewerbe überall ersetzen? Den Vorreitern des Wachstums wird es leicht fallen, den Anschluß an die prosperierenden Regionen der alten Bundesrepublik zu finden; die früher peripher gelegenen Grenzgebiete, euphorisch als „neue Mitte" bezeichnet, ziehen aus der Nähe zu den alten Bundesländern längst Nutzen (z.B. Regionen an deutschen Grenzen 1995). Andere Räume werden unterliegen, wenn sie die propagierte „dezentrale Konzentration", den unterstützten Aufstieg neuer Zentren mit Breitenwirkung, nicht rechtzeitig akzeptieren und darauf bauen. Die gegenwärtige Regionalplanung bevorzugt die Ballungsräume an den vorgesehenen Hauptverkehrsachsen („besseres Erreichbarkeitsniveau"), vernachlässigt aber die ländlichen Räume, ja selbst die abseits der geplanten Verkehrsstränge liegenden Verdichtungsgebiete. Möglicherweise werden sich die räumlichen Disparitäten dadurch sogar vergrößern. Doch kann man „bis jetzt noch keine grundlegenden Veränderungen in der über Jahrhunderte gewachsenen Struktur des Wirtschaftsraums in Sachsen und Thüringen [und Sachsen-Anhalt]" feststellen, was für „ein beachtliches Beharrungsvermögen" des herkömmlichen Raummusters spricht. D. SCHOLZ (1994, S. 23) sieht darin eine große Chance für die weitere Entwicklung. J. STEINBACH (1994, S. 44) ist dagegen skeptisch und vermutet „zwischen den alten und neuen Ländern ... eher ... eine Vertiefung als [den] Abbau der Strukturunterschiede".

Wie dem auch sei, ein Zurück zum „alten Mitteldeutschland" wird es sicher nicht geben können. „... it is unrealistic, ... to expect a resurrection of the historical and theoretical Mitteldeutschland model of a dynamic 'Central' Germany, which DICKINSON referred to in 1943 as 'the economic epitome and heartland of Germany' ..." urteilen zwei unbefangene britische Beobachter (T. WILD und PH. JONES 1993, S. 293). Aber eine *konkurrierende Mitte* ist möglich. Sie muß sich im Wettbewerb mit den etablierten Wachstumsräumen im übrigen Bundesgebiet und in anderen europäischen Ländern eine neue Rolle suchen und kann vielleicht in einem vereinten Europa aus der zentralen Lage Gewinn ziehen. Wenn sich ihre Bevölkerung auf den traditionellen Unternehmungsgeist und Fleiß besinnt, Anregungen „von außen" nicht ablehnt, sondern aufgreift und für ihre Belange abwandelt, um selbst internationale Geltung zu erlangen, sollte es gelingen, mit anderen „Mitten" dauerhaft Schritt zu halten. Im überschaubaren Zeitraum von ein bis zwei Jahrzehnten, wenn das Generationenproblem sowie das „DDR-Denken" endgültig verschwunden sein und viele Menschen der alten Länder ihre Zurückhaltung gegenüber den neuen Ländern Deutschlands aufgegeben haben werden, müßte die innerstaatliche und europäische Integration unserer Region vollziehbar sein. Das im Augenblick noch gebräuchliche Identifikationsmuster von „Ossi" und „Wessi" – das Unterlegenheitsgefühl auf der einen und die Eroberungsmentalität auf der anderen Seite – würde dann überflüssig, die drei „neuen Länder" könnten am Leben unseres föderal aufgebauten Staates als unauffällige Glieder teilnehmen und durch ihre wirtschaftlich-kulturelle Vielfalt ein neues Selbstbewußtsein stiften, das allseits positiv rückwirkt. Der Verfasser ist davon überzeugt, daß eines nicht allzu fernen Tages die unselige Epoche Mitteldeutschlands/der östlichen Mitte in der zweiten Hälfte des 20. Jahrhunderts eine historische Episode gewesen sein wird.

8 Literatur

Alle Titel sind nur einmal aufgeführt und erscheinen in der Rubrik ihrer sachlichen Zugehörigkeit. Gegebenenfalls muß an mehreren Stellen gesucht werden.

Abkürzungen

Ber	Berichte
BzdL	Berichte zur deutschen Landeskunde
ER	Europa Regional
FzdL	Forschungen zur deutschen Landeskunde
GB	Geographische Berichte
GR	Geographische Rundschau
GuSch	Geographie und Schule
Hb	Handbuch
Jb	Jahrbuch
PGM	Petermanns Geographische Mitteilungen
Studb	Studienbuch, -bücher
Tb	Taschenbuch
WVL	Wissenschaftliche Veröffentlichungen des (Deutschen Instituts (Museums) für Länderkunde (zu Leipzig)
Z	Zeitschrift
ZfdE	Zeitschrift für den Erdkundeunterricht

8.1 Gesamtdarstellungen, Sammelwerke, Bibliographien und Einleitung (Kap. 1)

Atlas des Saale- und mittleren Elbegebietes. Hrsg. v. SCHLÜTER, O., und AUGUST, O.; Leipzig 1959-61

Atlas Deutsche Demokratische Republik. Hrsg. v. d. Akad. d. Wiss. d. DDR; Gotha, Leipzig 1981 (zit. als: Atlas DDR)

AUBIN, G., Entwicklung und Bedeutung der mitteldeutschen Industrie (Beitr. z. mitteldt. Wirtsch.geschichte, 1); Halberstadt 1924, S. 5-27

Autorenkollektiv, Ökonomische Geographie. Bd. 1: Ökonomische Geographie der Deutschen Demokratischen Republik, Bevölkerung, Siedlungen, Wirtschaftsbereiche; Gotha, Leipzig o.J. [³1977]; Bd. 2: Die Bezirke der Deutschen Demokratischen Republik; Gotha, Leipzig o.J. [²1974]

BENTHIEN, B., u.a., DDR. Ökonomische und soziale Geographie; Gotha 1990

BRANDT, B., Der Nordosten (Landeskde. v. Dtld., Bd. II); Leipzig, Berlin 1931

BREITFELD, K., u.a., Das vereinte Deutschland. Eine kleine Geographie; Leipzig 1992

BRICKS, W., Thüringen. Kleine Landeskunde; Braunschweig 1993

DIERCKE Weltatlas; Neubearbeitung, Braunschweig 1988, 1996

ECKART, K., DDR (Klett Länderprofile); Stuttgart ³1989

ERNST, E., Länderneugliederung in Deutschland. Hintergründe und Perspektiven; in: GR 45 (1993), S. 446-458

FUCHS, G., Die Bundesrepublik Deutschland mit aktualisierten Daten 1989 und einem Ausblick auf die neuen Bundesländer (Klett Länderprofile); Stuttgart, Dresden ⁵1992

GANS, P., und BRICKS, W. (Hrsg.), Thüringen: Zur Geographie des neuen Bundeslandes (Erfurter Geogr. Stud., 1); Erfurt 1993

GELLERT, J. F., und KRAMM, H. J., DDR. Land, Volk, Wirtschaft (Hirts Stichwortbücher); Wien 1977

Geographische Rundschau; Sachsen (46/9, 1994); Thüringen (48/1, 1996)

GERLACH, S. (Hrsg.), Sachsen. Eine politische Landeskunde (Schr. z. polit. Landeskde. Bad.-Württ., 22); Stuttgart, Berlin, Köln 1993

GOHL, D., Deutsche Demokratische Republik. Eine aktuelle Landeskunde (Fischer Tb., 6296); Frankfurt/M. 1986

GRUNDMANN, L., u.a., Sachsen. Kleine Landeskunde; Braunschweig 1992

GRUNDMANN, L., und HÖNSCH, I., Landeskundliche Forschungs- und Dokumentationsarbeiten in Leipzig. Tradition und Neubeginn; in: Materialien z. Did. d. Geogr. 15 (1992), S. 277-290

Heimat und Welt. Weltatlas; Ausgaben f. Sachsen, Sachsen-Anhalt u. Thüringen, Braunschweig 1994 (zit. als: Heimat und Welt S, SA, TH)

KAISER, E., Landeskunde von Thüringen; Erfurt 1933

KÖNIG, W., dtv-Atlas zur deutschen Sprache. Tafeln und Texte (dtv, 1680); München ⁸1991

KOHL, H., MARCINEK, J., und NITZ, B., Geographie der DDR (Studb. Geogr. f. Lehrer, 7); Gotha, Leipzig ⁴1981

KUHN, W., Geschichte der deutschen Ostsiedlung in der Neuzeit; 1. Bd. (Allg. Teil), 2. Bd. (Landschaftl. Teil), 3. Bd. (Karten), Köln, Graz 1955, 1957

MAERKER, L., und PAULIG, H., Kleine sächsische Landeskunde; Dresden 1993

MÄUSBACHER, R., und SEDLACEK, P. (Hrsg.), Freistaat Thüringen. Beiträge zur Landesforschung und Landesentwicklung (Jenaer Geogr. Schr., 1); Jena 1993

MÖLLER, H., u.a., Aus Deutschlands Mitte. Teil 3: Mitteldeutschland, Versuch begrifflicher Definitionen unter fachwissenschaftlichen Aspekten; Bonn ²1979

MÜNCHHEIMER, W., Die Neugliederung Deutschlands bei der Wiedervereinigung; Göttingen 1954

PENCK, A., Das Deutsche Reich; Wien, Prag, Leipzig 1887

Praxis Geographie; Sachsen (24/9, 1994); Sachsen-Anhalt (26/6, 1996); Thüringen (27/6, 1997)

PROTZE, N. (Mod.), Sachsen-Anhalt. Kleine Landeskunde; Braunschweig 1993

RICHTER, D., Deutschland im Geographieunterricht der 1990er Jahre; in: Praxis Geogr. 4 (1991), S. 8-10

ROTHER, K., Gedanken zur Gliederung und Terminologie Deutschlands. Das Beispiel „Mitteldeutschland"; in: GR 46 (1994), S. 728-730

Ders. (Hrsg.), Mitteldeutschland gestern und heute (Passauer Kontaktstud. Erdk., 4); Passau 1995a

RUTZ, W., SCHERF, K., und STRENZ, W., Die fünf neuen Bundesländer. Historisch begründet, politisch gewollt und künftig vernünftig?; Darmstadt 1993

SCHLIEPHAKE, K. (Hrsg.), Beiträge zur Landeskunde Südthüringens (Würzburger Geogr. Arb., 88); Würzburg 1994

SCHLÜTER, O., Mitteldeutschland als geographischer Raum; in: Mitteldeutschland auf dem Wege zur Einheit, hrsg. v. Landeshauptmann d. Prov. Sachsen, 2. Teil; Merseburg 1927, S. 17-33

Ders., Der Begriff Mitteldeutschland (Beitr. z. Landeskde. Mitteldtlds., Festschr. d. 23. Dt. Geogr.tags in Magdeburg); Braunschweig 1929, S. 7-13

SCHMIDT, H., und SCHOLZ, D., Die neuen deutschen Länder – Chancen und Probleme aus geographischer Sicht; in: BzdL 65 (1991), S. 65-82

SCHREPFER, H., Der Nordwesten (Landeskde. v. Dtld., Bd. I); Leipzig, Berlin 1935 (Nachdruck: Darmstadt 1969)

SPERLING, W., Landeskunde DDR. Eine annotierte Auswahlbibliographie (Bibliogr. z. region. Geogr. u. Landeskde. 1, 5 u. 8); München 1978. Erg.bd. 1978-1983, München 1984; Erg.bd. 1984-1986, Trier 1991

Ders., Der Beitrag von Ernst Neef (1908-1984) zur Regionalen Geographie Mitteleuropas und zur Landeskunde Sachsens; in: BzdL 59 (1985), S. 11-22

Statistische Jahrbücher: Deutsches Reich, Bundesrepublik Deutschland, DDR, Sachsen, Sachsen-Anhalt, Thüringen (diverse Bände)

STEINBERG, H.G., Der Begriff „Mitteldeutschland"; in: BzdL 39 (1967), S. 31-48

Ders., Pläne zur Neugliederung Mitteldeutschlands in den Jahren der Weimarer Republik (Veröff. d. Akad. f. Raumforsch. u. Landespl., Forsch.- u. Sitz.ber., 62; Histor. Raumforsch. 9); Hannover 1971, S. 149-216

Taschenatlas DDR. Geographie-Geschichte-Politik; Braunschweig 1990

Werte der Deutschen/unserer Heimat. Ergebnisse der heimatkundlichen Bestandsaufnahme in der DDR; Berlin 1957 ff.

Wirtschaftsatlas Neue Bundesländer; Gotha 1994

WOLF, H., Wandlungen des Begriffs „Mitteldeutschland"; in: SCHLESINGER, H. (Hrsg.), Festschr. f. F. v. Zahn, Bd. I (Mitteldt. Forsch., 50, I); Köln, Graz 1968, S. 3-23

ZEMMRICH, J., Landeskunde von Sachsen (Sammlung Göschen, 258); Leipzig 1923 (Neudruck: Berlin 1991)

8.2   Der Naturraum (Kap. 2)

BARSCH, H., Physische Geographie zwischen Ostsee und Erzgebirge 1949-1989; in: Geogr. Tb. 1991-92, S. 88-101

BERKNER, A., und SPENGLER, R., Die hydrogeographischen und wasserwirtschaftlichen Bedingungen in den neuen Bundesländern; in: GR 43 (1991), S. 580-589

BOHNSTEDT, H., Zum Klima Mitteldeutschlands; in: Mitt. d. Sächs.-Thür. Ver. f. Erdk. zu Halle a.S. 61/62 (1937/38), S. 88-100

BRAMER, H., u.a., Physische Geographie. Mecklenburg-Vorpommern, Brandenburg, Sachsen-Anhalt, Sachsen, Thüringen; Gotha 1991

BÜDEL, J., Die Rumpftreppe des westlichen Erzgebirges; in: Verhandl. u. wiss. Abhandl. d. 25. Dt. Geogr.tags Bad Nauheim 1934, Breslau 1935, S. 138-147

DUPHORN, K., Ist der Oberharz im Pleistozän vergletschert gewesen?; in: Eiszeitalter u. Gegenwart 19 (1968), S. 164-174

EISSMANN, L., Das Quartär der Leipziger Tieflandsbucht und angrenzender Gebiete um Saale und Elbe. Modell einer Landschaftsentwicklung am Rand der europäischen Kontinentalvereisung (Schr.reihe f. geol. Wiss., 2); Berlin 1975

ELLENBERG, H., Vegetation Mitteleuropas mit den Alpen in ökologischer Sicht; Stuttgart [4]1986

ERIKSEN, W., Die Häufigkeit meteorologischer Fronten über Europa und ihre Bedeutung für die klimatische Gliederung des Kontinents; in: Erdkunde 25 (1971), S. 163-178

FIRBAS, F., Spät- und nacheiszeitliche Waldgeschichte Mitteleuropas nördlich der Alpen; 2 Bde., Jena 1949 u. 1952

FLOHN, H., Witterung und Klima in Mitteleuropa (FzdL 78); Zürich [2]1954

FREYBERG, B. v., Thüringen. Geologische Geschichte und Landschaftsbild (Schr. d. Dt. Naturkundevereins, N.F.); Oehringen 1937

GANSSEN, R. und HÄDRICH, F. (Hrsg.), Atlas zur Bodenkunde (Meyers Großer Physischer Weltatlas, 1); Mannheim 1965

GELLERT, J. F., Grundzüge der physischen Geographie von Deutschland. 1. Bd.: Geologische Strukturen und Oberflächengestaltung; Berlin 1958

Ders., Neue morphogenetische Untersuchungen und Probleme in den sächsisch-thüringischen Rumpfgebirgen und in ihrem Vorland zwischen Elbe und Saale; in: Forschungen u. Fortschr. 39 (1965), S. 70-76

GOHL, D., Strukturen und Skulpturen der Landschaft. Die Methodik der Darstellung am Beispiel einer Karte von Deutschland (FzdL, 184); Bonn 1972

GOLDSCHMIDT, J., Das Klima von Sachsen; Berlin 1950

GRIMM, F., Das Abflußverhalten in Europa. Typen und regionale Gliederung; in: WVL, N.F. 25/26 (1968), S.18-180

HAASE, G., und SCHMIDT, R., Struktur und Gliederung der Bodendecke der DDR; in: PGM 119 (1975), S. 279-300

HAEFKE, F., Physische Geographie Deutschlands; Berlin 1959

HENDL, M., Grundriß einer Klimakunde der deutschen Landschaften; Leipzig 1966

HÖVERMANN, J., Morphologische Untersuchungen im Mittelharz (Göttinger Geogr. Abh., 2); Göttingen 1949

Ders., Die Periglazialerscheinungen im Harz (Göttinger Geogr. Abh., 14); Göttingen 1953, S. 7-44

HOPPE, E., und SEIDEL, G. (Hrsg.), Geologie von Thüringen; Gotha, Leipzig 1974

KAISER, E., Das Thüringer Becken (Geogr. Führer durch Thüringen II); Gotha 1954

KÄUBLER, R., Zur regionalen Rumpftreppendarstellung vom Lausitzer Gebirge bis zum Thüringer Wald und Harz; in: Hercynia N.F. 3 (1966), S. 1-13

Ders., Vergleichende Betrachtungen zu geomorphologischen Ergebnissen im höchsten Teil des Erzgebirges; in: Hercynia N.F. 6 (1969), S. 109-114

LIEDTKE, H., Die nordischen Vereisungen in Mitteleuropa (Erläuterungen zu einer farbigen Übersichtskarte 1 : 1 Mio.) (FzdL, 204); Trier ²1981

LIEDTKE, H., und MARCINEK, J. (Hrsg.), Physische Geographie Deutschlands; Gotha 1994

MANNSFELD, K., und RICHTER, H. (Hrsg.), Naturräume in Sachsen (FzdL, 238); Trier 1995

MARCINEK, J., Über das Abflußverhalten mitteleuropäischer Flüsse; in: Wiss. Z. d. Humboldt-Univ. Berlin, Math.-Nat. Reihe, 16 (1967), S. 351-358

Ders., Zur Entwicklung des Gewässernetzes im Raum der Deutschen Demokratischen Republik; in: GB 20 (1975), S. 192-214

MEUSEL, H., Pflanzengeographische Gliederung des mitteldeutschen Raumes; in: Mitt. d. Sächs.-Thür. Vereins f. Erdk. zu Halle a. S. 61/62 (1937/38), S. 1-87

Ders., Entwurf zu einer Gliederung Mitteldeutschlands und seiner Umgebung in pflanzengeographische Bezirke; in: Wiss. Z. Univ. Halle, Math.-Nat., 4 (1955), S. 637-642

MEYNEN, E., u.a. (Hrsg.), Handbuch der naturräumlichen Gliederung Deutschlands; Remagen 1952-1963 (mit Karte 1 : 1 Mio.)

MÜCKE, E., Zur Großformung der Hochfläche des östlichen Harzes; in: Hercynia N.F. 3 (1966), S. 221-224

NEEF, E., Die naturräumliche Gliederung Sachsens; in: Sächs. Heimatblätter 6 (1960), S. 219-228, 321-333, 409-422, 472-483 u. 565-579

Ders., Die geographische Differenzierung des Elbsandsteingebirges; in: Sächs. Schweiz, o.O. [Pirna] o.J. [1963], S. 14-25

PENCK, W., Die morphologische Analyse; Stuttgart 1924

PIETZSCH, K., Abriß der Geologie von Sachsen; Berlin ³1962

PRESCHER, H., Geologie des Elbsandsteingebirges; Dresden, Leipzig 1959

RICHTER, H., Das Vorland des Erzgebirges. Die Landformung während des Tertiärs; in: WVL, N.F. 19/20 (1963), S. 5-231

ROSENKRANZ, E., Geomorphologische Forschungen in Thüringen; in: GB 30 (1985), S. 133-149

ROTHER, K., Die eiszeitliche Vergletscherung der deutschen Mittelgebirge im Spiegel neuerer Forschungen; in: PGM 139 (1995 b); S. 45-52

SCHOTT, C., Die Blockmeere der deutschen Mittelgebirge (FzdL, XXIX/1); Stuttgart 1931

SCHRADER, E., Die Landschaften Niedersachsens. Ein topographischer Atlas; Neumünster ³1965

SCHULTZE, J.-H., Die naturbedingten Landschaften der Deutschen Demokratischen Republik (PGM Erg.-H., 257); Gotha 1955

SEIDEL, G., Das Thüringer Becken. Geologische Exkursionen (Geogr. Bausteine N.F., 11); Gotha, Leipzig 1978

SEIDEL, G. (Hrsg.), Geologie von Thüringen; Stuttgart 1995

STREMME, H., Die Böden der Deutschen Demokratischen Republik; Berlin 1951

UHLIG, H., Naturraum und Kulturlandschaft der Sächsischen Schweiz; in: HASSE, D., und STUTTE, H. L. (Hrsg.), Felsenheimat Elbsandsteingebirge; Wolfratshausen/Obb. 1979, S. 6-35

WAGENBRETH, O., und STEINER, W., Geologische Streifzüge. Landschaft und Erdgeschichte zwischen Kap Arkona und Fichtelberg; Leipzig 1982

WEBER, H., Einführung in die Geologie Thüringens; Berlin 1955

WILHELMY, H., Klimamorphologie der Massengesteine; Wiesbaden ²1981

8.3   Die ältere Entwicklung des Kulturraums (Kap. 3)

ABEL, W., Siedlungswesen und Grundbesitzverteilung in Ostdeutschland; in: GR 8 (1956), S. 393-400

BLASCHKE, K., Studien zur Frühgeschichte des Städtewesens in Sachsen; in: Festschr. f. W. Schlesinger, Bd. I, Köln, Wien 1973, S. 333-381

Ders., Die geschichtliche Leistung der Wettiner; in: Sächs. Heimatblätter 1989, S. 197-204

Ders., Geschichte Sachsens im Mittelalter; München 1990

Ders., Politische Geschichte Sachsens und Thüringens (Hefte z. bayer. Geschichte u. Kultur, 13); München 1991

BORN, M., Geographie der ländlichen Siedlungen. 1 Die Genese der Siedlungsformen in Mitteleuropa (Teubner Studb. d. Geogr.); Stuttgart 1977

DIETRICH, R., Das Städtewesen Sachsens an der Wende vom Mittelalter zur Neuzeit; in: RAUCH, W. (Hrsg.), Die Stadt an der Schwelle zur Neuzeit; Linz 1980, S. 193-226

DOUFFET, H., Erzgebirgische Bergstädte. Historische und städtebauliche Kennzeichnung; in: DOLGNER, H., Stadtbaukunst im Mittelalter; Berlin 1990, S. 182-186

GRINGMUTH-DALLMER, E., Zur Kulturlandschaftsentwicklung in frühgeschichtlicher Zeit im germanischen Gebiet; in: Z. f. Archäologie 6 (1972), S. 64-90

Ders., Siedlungshistorische Voraussetzungen, Verlauf und Ergebnisse des hochmittelalterlichen Landesausbaus im östlichen Deutschland; in: RÖSENER, W. (Hrsg.), Grundherrschaft und bäuerliche Gesellschaft im Hochmittelalter, Göttingen 1995, S. 320-358 (Veröff. d. Max-Planck-Inst. f. Geschichte, 115)

HECKMANN, H. (Hrsg.), Historische Landeskunde Mitteldeutschlands; Sachsen, Würzburg 1990 (a); Sachsen-Anhalt, Würzburg ²1990 (b); Thüringen, Würzburg 1991,

HIGOUNET, Ch., Die deutsche Ostsiedlung im Mittelalter (dtv, 4540); München 1990

KÄUBLER, R., Die erzgebirgischen Waldhufendörfer zur Zeit ihrer Entstehung; in: Wiss. Z. Univ. Halle, Math.-Nat., 12 (1963), S. 729-733

KÖTZSCHKE, R., Ländliche Siedlungen und Agrarwesen in Sachsen (FzdL, 77); Remagen 1953

KRATZSCH, K., Bergstädte des Erzgebirges. Städtebau und Kunst zur Zeit der Reformation (Münchner Kunsthistor. Abh., IV); München, Zürich 1972

KRENZLIN, A., Dorf, Feld und Wirtschaft im Gebiet der großen Platten und Täler östlich der Elbe (FzdL, 70); Remagen 1952

Dies., Historische und wirtschaftliche Züge im Siedlungsformenbild des westlichen Ostdeutschlands unter besonderer Berücksichtigung von Mecklenburg-Vorpommern und Sachsen (Frankfurter Geogr. Hefte, 27-29); Frankfurt/M. 1955

LEIPOLDT, J., Die Flurformen Sachsens; in: PGM 82 (1936), S. 341-345

Ders., Geschichtliche Leitlinien der Besiedlung des mittleren Erzgebirges; in: Beitr. z. Heimatgeschichte v. Karl-Marx-Stadt 12 (1965), S. 36-77

LIENAU, C., Die Siedlungen des ländlichen Raumes (Das Geogr. Seminar); Braunschweig ²1995

LUDAT, H. (Hrsg.), Siedlung und Verfassung der Slawen zwischen Elbe, Saale und Oder; Gießen 1960

NITZ, H.-J., Grenzzonen als Innovationsräume der Siedlungsplanung. Dargestellt am Beispiel der fränkisch-deutschen Nordostgrenze im 8. bis 11. Jahrhundert; in: Siedlungsforschung. Archäol.-Geschichte-Geogr. 9 (1991), S. 101-134

OGRISSEK, R., Dorf und Flur in der Deutschen Demokratischen Republik. Kleine historische Siedlungskunde (Enzyklopädie Tb., 10); Leipzig 1961

PATZE, H., und AUFGEBAUER, P. (Hrsg.), Thüringen (Hb. d. Histor. Stätten Dtlds., IX); Stuttgart ²1989

SCHLESINGER, W., Die Anfänge der Stadt Chemnitz und anderer mitteldeutscher Städte. Untersuchungen über Königtum und Städte während des 12. Jahrhunderts; Weimar 1952

Ders., Kirchengeschichte Sachsens im Mittelalter; 2 Bde., Köln, Graz 1962

Ders. (Hrsg.), Sachsen (Hb. d. Histor. Stätten Dtlds., VIII); Stuttgart 1965

Ders., Die mittelalterliche Ostsiedlung im Herrschaftsraum der Wettiner und Askanier; in: Deutsche Ostsiedlung in Mittelalter und Neuzeit (Stud. z. Deutschtum im Osten, 8); Köln, Wien 1971, S. 44-64

SCHLÜTER, O., Die frühgeschichtlichen Siedlungsflächen Mitteldeutschlands (Beitr. z. Landeskde. Mitteldtlds.); Berlin 1929, S. 138-154

Ders., Die Siedlungsräume Mitteleuropas in frühgeschichtlicher Zeit (FzdL, 63, 74 u. 110); Remagen 1952, 1953 u. 1958

SCHÖLLER, P., Die deutschen Städte (Erdkdl. Wissen, Beih. Geogr. Z., 17); Wiesbaden ²1980

SCHRÖDER, K. H., und SCHWARZ, G. Die ländlichen Siedlungsformen in Mitteleuropa (FzdL, 175); Bonn ²1978

SCHWINEKÖPER, B. (Hrsg.), Provinz Sachsen/Anhalt (Hb. d. Histor. Stätten Dtlds., XI); Stuttgart ²1987

SEEDORF, H. H., Der Harz. Landschaftsgenese und Bergbau in einem Mittelgebirge; in: GR 38 (1986), S. 251-258

WÜTSCHKE, J., Beiträge zur Ortsnamenforschung in Mitteldeutschland; in: Mitt. d. Sächs.-Thür. Vereins f. Erdk. zu Halle a. S. 59/60 (1935/36), S. 28-50

ZÜHLKE, D., Städtische Siedlungen im östlichen Erzgebirge. Eine historischgeographische Untersuchung unter Berücksichtigung der Einflußbereiche und Bedeutungsgrade von Kleinstädten; in: WVL N.F. 19/20 (1963), S. 207-341

8.4 Das Industriezeitalter (Kap 4).

BÄHR, J., Bevölkerungsgeographie (UTB, 1249); Stuttgart ²1992

BLASCHKE, K., Bevölkerungsgeschichte von Sachsen bis zur industriellen Revolution; Weimar 1967

Ders., Entwicklungstendenzen im sächsischen Städtewesen während des 19. Jahrhunderts (1815-1914); in: MATZERATH, H. (Hrsg.), Städtewachstum und innerstädtische Strukturveränderungen, Stuttgart 1984, S. 44-64

BÖHM, H., Bodenmobilität und Bodenpreisgefüge in ihrer Bedeutung für die Siedlungsentwicklung. Eine Untersuchung unter besonderer Berücksichtigung der Rechtsordnungen und der Kapitalmarktverhältnisse für das 19. und 20. Jahrhundert, dargestellt an ausgewählten Beispielen (Bonner Geogr. Abh., 65); Bonn 1980

BRICKS, W., und GANS, P., Raumordnung, Industrieansiedlung, Bevölkerungsbewegungen; in: HEIDEN, D., und MAI, G. (Hrsg.), Nationalsozialismus in Thüringen, Weimar, Köln, Wien 1995, S. 190-212

CZOK, K., Vorstädte und Vororte im Sog industrieller Entwicklung im 19. Jahrhundert – Leipzig und Prag im Vergleich; in: RAUSCH, W. (Hrsg.), Die Städte Mitteleuropas im 19. Jahrhundert, Linz/Donau 1983, S. 103-120

Die Pendelwanderung im mitteldeutschen Industriegebiet: in: Vierteljahreshefte z. Statistik d. Dt. Reichs 40 (1931), S. 132-148

FORBERGER, R., Die Manufaktur in Sachsen vom Ende des 16. bis Anfang des 19. Jahrhunderts (Schr. d. Inst. f. Geschichte, R. 1, Bd. 3); Berlin 1958

Ders., Die Industrielle Revolution in Sachsen 1800-1861; Berlin 1982

FRANK, F., Dresden-Hellerau; in: Geogr. heute 10 (1989), S. 22-31

FROEHNER, G., Wanderungsergebnisse im erzgebirgischen Industriegebiet und in der Stadt Chemnitz; (Diss.) Berlin 1908

FUGMANN, E. R., Der zentrale südöstliche Thüringer Wald als Standraum der Glashütten. Eine industriegeographische und -geschichtlichgenealogische Untersuchung; in: PGM 80 (1942), S. 8-16

GELDERN-CRISPENDORF, G. v., Die deutschen Industriegebiete, ihr Werden und ihre Struktur; Karlsruhe 1933

GORMSEN, N., Leipzig. Stadt, Handel, Messe. Die städtebauliche Entwicklung der Stadt Leipzig als Handels- und Messestadt; Leipzig 1996 (IfL: Daten-Fakten-Literatur, 3)

HENKEL, G., Der Ländliche Raum. Gegenwart und Wandlungsprozesse in Deutschland seit dem 19. Jahrhundert (Teubner Studb. d. Geogr.); Stuttgart 1993

HENNING, F. W., Wirtschafts- und Sozialgeschichte. Die Industrialisierung in Deutschland 1800-1914; Bd. 2, Paderborn u.a. ⁷1989

HOFFMANN, E., Gestaltungskräfte und Formen der Bodennutzung in Mitteldeutschland; in: Wiss. Z. Univ. Halle, Math.-Nat., 7 (1958), S. 267-276

HOFMEISTER, B., Stadtgeographie (Das Geogr. Seminar); Braunschweig ⁶1994

JOHN, J., Die Industrie in Thüringen Mitte der zwanziger Jahre und 1933 bis 1939; in: Jb. f. Regionalgeschichte 8 (1981), S. 18-52

KÄUBLER, R., Zur Frage der früheren Bewaldung des mittelsächsischen Altsiedelraumes; in: Beihefte f. Erdk. 1949, S. 19-37

KAUFHOLD, K. H., Das deutsche Gewerbe am Ende des 18. Jahrhunderts: Handwerk, Verlag, Manufaktur; in: BERDING, H., und ULLMANN, H. P. (Hrsg.), Deutschland zwischen Revolution und Restauration; Kronberg 1981, S. 311-327

Ders., Gewerbelandschaften in der frühen Neuzeit (1650-1800); in: POHL, H. (Hrsg.), Gewerbe- und Industrielandschaften vom Spätmittelalter bis ins 20. Jahrhundert; Stuttgart 1986, S. 112-202

KEHRER, G., Zur historisch-geographischen Entwicklung des Industriebezirkes Karl-Marx-Stadt; in: ZfdE 25 (1973), S. 133-141

KIESEWETTER, H., Industrialisierung und Landwirtschaft: Sachsens Stellung im regionalen Industrialisierungsprozeß Deutschlands im 19. Jahrhundert; Köln u.a. 1988

KÖLLMANN, W., Industrialisierung, Binnenwanderung und „Soziale Frage"; in: Vierteljahresschr. f. Sozial- u. Wirtsch.geschichte 46 (1959), S. 45-70

Ders., Bevölkerung in der industriellen Revolution. Studien zur Bevölkerungsgeschichte Deutschlands (Kritische Stud. z. Geschichtswiss., 12); Göttingen 1974

234

Literatur

LANGEWIESCHE, D., Wanderungsbewegungen in der Hochindustrialisierungsperiode. Regionale, interstädtische und innerstädtische Mobilität in Deutschland 1880-1914; in: Vierteljahresschr. f. Sozial- u. Wirtsch.geschichte 64 (1977), S. 1-40

MÜLLER, G., Die Industrialisierung der deutschen Mittelgebirge; Jena 1938

MÜLLER, J., Der mitteldeutsche Industriebezirk; Jena 1927

Ders., Die thüringische Industrie; Jena 1930

REULECKE, J. (Hrsg.), Die deutsche Stadt im Industriezeitalter. Beiträge zur modernen deutschen Stadtgeschichte; Wuppertal 1978

RICHTER, D., 100 Jahre chemische Großindustrie in Mitteldeutschland; in: GR 39 (1987), S. 614-623

RITTER, A. G., und TENFELDE, K., Arbeiter im Deutschen Kaiserreich 1871-1914 (Geschichte der Arbeiter und der Arbeiterbewegung in Deutschland seit dem Ende des 18. Jahrhunderts, 5); Bonn 1992

RÖLLIG, G., Wirtschaftsgeographie Sachsens; Leipzig 1928

SCHMIDT, U., Die Industrie als stadtbildender Faktor für Halle a. d. Saale. Eine ökonomisch-geographische Untersuchung; Halle 1960

SCHMIDT, W., Tourismus in der Oberlausitz; in: GR 46 (1994), S. 525-532

SCHOLZ, D., Die industrielle Agglomeration im Raum Halle-Leipzig zwischen 1850 und 1945 und die Entstehung des Ballungsgebietes; in: Hallesches Jb. f. Geowiss. 2 (1977), S. 87-116

SCHULZE, G., Entwicklung der Industrie Leipzigs von 1800-1945. Eine industriegeographische Untersuchung; Potsdam 1958

SCHULZE, H., Standortbildung- und Entwicklungsformen der nordwestsächsischen Industrie. Versuch einer historisch-geographischen Analyse der Standortgestaltung von 1850-1925 auf statistischer Grundlage; Leipzig 1956

SIEBER, S., Studien zur Industriegeschichte des Erzgebirges (Mitteldt. Forsch., 49); Köln, Graz 1967

STEINBERG, H. G., Das Ruhrgebiet und der „engere mitteldeutsche Industriebezirk". Ein historisch-geographischer Vergleich; in: BzdL 33 (1964), S. 203-225

THOMASIUS, K., The Influence of Mining on Woods and Forestry in the Saxon Erzgebirge up to the Beginning oft the 19th Century; in: GeoJournal 32.4 (1994), S. 103-125

TREUE, W., Gesellschaft, Wirtschaft und Technik Deutschlands im 19. Jahrhundert (Gebhardt, Hb. d. dt. Geschichte, 17); Stuttgart 71984

UHLIG, L., und WOLLKOPF, H.-F., Bevölkerungsentwicklung und Pendlerbewegung im Bezirk Leipzig; in: GB 26 (1981), S. 37-47

VOPPEL, K., Das Landschaftsbild des Erzgebirges unter dem Einfluß des Erzbergbaus: in: WVL, N.F. 9 (1941), S. 3-101

WAGENBRETH, O., und WÄCHTLER, E. (Hrsg.), Der Freiberger Bergbau; Leipzig 1986

Dies., Bergbau im Erzgebirge. Technische Denkmale und Geschichte; Leipzig 1990

WEISS, V., Bevölkerung und soziale Mobilität; Sachsen 1550-1880; Berlin 1993

8.5 Die DDR-Zeit (Kap. 5)

ALBRECHT, G. u. W., BENTHIEN, B., u.a.: Erholungswesen und Tourismus in der DDR; in: GR 43 (1991), S. 606-613

Autorenkollektiv, Die Landwirtschaft der DDR; Berlin 1980

BARTHEL, H., Braunkohlenbergbau und Landschaftsdynamik. Ein Beitrag zum Problem der Beeinflussung der Kulturlandschaft in den Braunkohlenrevieren, dargestellt am Beispiel des Zeitz-Weißenfelser Reviers (PGM Erg.-H., 270); Gotha 1962

BILLWITZ, K., u.a., Probleme der landeskulturellen Entwicklung im Raum Bitterfeld, Dübener Heide und Dessau-Wörlitz; in: Hercynia N.F. 13 (1976), S. 265-292

BOSE, G., Entwicklungstendenzen der Binnenwanderung in der DDR im Zeitraum 1953 bis 1970; in: GR 17 (1972), S. 187-204

BÜRGER, K., und TIEDT, H.-G., Entwicklung und Struktur der Bezirksstadt Gera; in: GB 33 (1988), S. 1-20

DDR Handbuch; hrsg. v. Bundesministerium für innerdeutsche Beziehungen, Köln 31984

DONDA, A., Die Bevölkerung der DDR im Spiegel der Statistik; in: Jb. f. Wirtsch.geschichte 1974, Teil I, S. 33-45

ECKART, K., Landwirtschaftliche Kooperation in der DDR. Eine geographische Untersuchung der Struktur und Entwicklung sozialistischer Landwirtschaftsbetriebe (Wiss. Paperbacks); Wiesbaden 1977

Ders., Industriestrukturveränderungen in Thüringen seit dem Zweiten Weltkrieg; in: Z. f. Wirtsch.geogr. 33 (1989), S. 124-135

ECKART, K., und SIEDENSTEIN, U., Die landwirtschaftliche Bodennutzung der DDR im Wandel. Eine Darstellung mit Hilfe der linearen Einfachregressionen; in: Z. f. Agrargeogr. 1 (1983), S. 45-66

ECKART, K., WOLLKOPF, H.-F., u.a., Landwirtschaft in Deutschland. Veränderungen der regionalen Agrarstruktur in Deutschland zwischen 1960 und 1992 (Beitr. z. Region. Geogr., 36); Leipzig 1994

FRANK, F., Plauen im Vogtland. Die Stadtentwicklung als Spiegel politischer und wirtschaftlicher Veränderungen; in: ROTHER, K. (Hrsg.), Mitteldeutschland gestern und heute, Passau 1995, S. 43-50 (Passauer Kontaktstud. Erdk., 4)

GÖSSMANN, W., Die Kombinate in der DDR; Berlin 1987

GOHL, D., Bevölkerungsverteilung und Struktur der Wirtschaftsräume der DDR. Veränderungen 1964-1974; in: GR 29 (1977), S. 262-269

GRIMM, F., und MAUL, CH., Untersuchungen zur Struktur des Pendlereinzugsbereiches der Stadt Torgau; in: GB 7 (1962), S. 69-84

GUMPERT, L., Die Magdeburger Börde – Entwicklung ihrer Agrarstruktur; in: ZfdE 32 (1980), S. 147-163

HAAS, H.-D., Die thüringische Glasindustrie – zwei Jahrzehnte in Wertheim am Main; in: GR 24 (1972), S. 225-235

HAASE, J., Bevölkerungsgeographische Auswirkungen der Standorte der chemischen Großindustrie Leuna und Buna; in: LEHMANN, E. (Hrsg.), Das Leipziger Land, Leipzig 1964, S. 423-466

HARTSCH, E., Der Fremdenverkehr in der Sächsischen Schweiz; in: WVL N.F. 19/20 (1963), S. 343-490

HOFMEISTER, B., Die Stadtstruktur. Ihre Ausprägung in den verschiedenen Kulturräumen der Erde (Erträge d. Forsch., 132); Darmstadt ³1996

HÖHN, Ch., MAMMEY, U., und WENDT, H., Bericht 1990 zur demographischen Lage: Trends in beiden Teilen Deutschlands und Ausländer in der Bundesrepublik Deutschland; in: Z. f. Bevölk.wiss. 16 (1990), S. 135-205

HOHMANN, K., Agrarpolitik und Landwirtschaft in der DDR; in: GR 36, 1984, S. 598-604

ILLGEN, K., Der Einzelhandel und seine räumliche Ordnung in der Deutschen Demokratischen Republik; in: BzdL 64 (1990), S. 25-47

KARGER, A., und WERNER, F., Die sozialistische Stadt; in: GR 34 (1982), S. 519-528

KEHRER, G., FEGE, B., und KURTH, J., Territoriale Aspekte der Kombinatsbildung in der DDR; in: Mitt. d. Geogr. Ges. d. DDR 1 (1983), S. 17-29

KEIDEL, TH., Untersuchungen zur Situation des Wohnumfeldes ostdeutscher Großsiedlungen am Beispiel Leipzig-Grünau; Leipzig 1996 (UFZ-Bericht, 16, Stadtökolog. Forschgn., 8)

LAMPADIUS, F., Beitrag zum Nachweis der Wertminderung des Waldes als Folge von Immissionseinwirkung; in: Abhandl. d. Sächs. Akad. d. Wiss. zu Leipzig, 52/3 (1974), S. 5-27

LEHMANN, E. (Hrsg.), Das Leipziger Land. Physisch-geographische und ökonomisch-geographische Studien (WVL, N.F. 21); Leipzig 1964

LUNGWITZ, K., Die Bevölkerungsbewegung in der DDR und der BRD zwischen 1945 und 1970 – eine komparative Untersuchung; in: Jb. f. Wirtsch.geschichte 1974, Teil I, S. 63-95

MÜLLER, K., Die mitteldeutsche Landwirtschaft 1945-1974. Ein agrarsozialgeographischer Beitrag zu ihrem Strukturwandel; Berlin 1975

PAUCKE, H., MÖLLER, D., und LUX, E., Ursache-Wirkungs-Beziehungen zwischen Industrie und Wald im Raum Bitterfeld; in: GB 24 (1979), S. 175-184

PECHAN, B., Landschaftsentwicklung und Umweltforschung. Die Bewertung der Natur im ökonomischen System der DDR; Berlin 1987

PETSCHOW, U., und MEYERHOFF, J., Umweltreport DDR; Frankfurt am Main 1990

RICHTER, D., Die sozialistische Großstadt. 25 Jahre Städtebau in der DDR; in: GR 26 (1974), S. 183-191

Ders., Zerbst, Neubrandenburg und Wittenberg; in: GR 36 (1984), S. 624-631

Ders., Dresden – Städtebauliche Entwicklung im 26er Ring; in: GR 46 (1994), S. 491-499

ROTHER, K., Eine Bemerkung zum heutigen Flurformengefüge im Thüringer Wald; in: BzdL 55 (1981), S. 55-65

ROUBITSCHEK, W., Entwicklung und regionale Differenzierung der Eigentumsformen in der Landwirtschaft der DDR; in: PGM 111 (1967), S. 279-288

Ders., Regionale Strukturen der Bodennutzung und geographische Typen der Landwirtschaft der DDR; in: PGM 128 (1984), S. 107-114

SCHERZINGER, A. und WILKENS, H., Regionalplanung und regionale Wirtschaftsstruktur in der Deutschen Demokratischen Republik (Dt. Inst. f. Wi.forsch., Sonderheft 128); Berlin 1979

SCHÖLLER, P., Wiederaufbau und Umgestaltung mittel- und nordostdeutscher Städte; in: Inform. d. Inst. f. Raumforsch. 11 (1961), S. 557-583

Ders., Stadtumbau und Stadterhaltung in der DDR; in: HEINEBERG, H. (Hrsg.), Innerstädtische Differenzierung und Prozesse im 19. und 20. Jahrhundert (Städteforsch. A, 26); Köln 1987, S. 439-471

SCHOLZ, D., Johanngeorgenstadt. Eine stadtgeographische Skizze; in: GB 5 (1960), S. 246-258

Ders., Die wirtschaftsräumliche Struktur der DDR; in: GB 16 (1971), S. 83-101

SCHRÖDER, K. H., Der Wandel der Agrarlandschaft im ostelbischen Tiefland seit 1945; in: Geogr. Z. 52 (1964), S. 289-313

SCHWARTAU, C., Umweltprobleme in einem alten Industrierevier – der Ballungsraum Halle-Leipzig; in: GR 39 (1987), S. 628-632

SEGER, M., und WASTL-WALTER, D., Die sozialistische Stadt im Mitteleuropa. Der Modellfall Halle a. d. Saale. Zustand und Struktur am Ende einer Epoche; in: GR 43 (1991), S. 570-579

SEHRIG, M., Der Bezirk Gera – ein ökonomisch-geographischer Überblick unter besonderer Berücksichtigung der Industriestruktur; in: ZfdE 40 (1988), S. 119-130

STEINBERG, H. G., Die Bevölkerungsentwicklung in beiden Teilen Deutschlands nach dem 2. Weltkrieg; in: GR 26 (1974), S. 169-174

Ders., Die Bevölkerungsentwicklung in Deutschland im Zweiten Weltkrieg mit einem Überblick über die Entwicklung von 1945 bis 1990; Bonn 1991

STORBECK, D., Soziale Strukturen in Mitteldeutschland. Eine sozialstatistische Bevölkerungsanalyse im gesamtdeutschen Vergleich (Wirtsch. u. Gesellsch. in Mitteldtld., 4); Berlin 1964

TOPEL, TH., Energie- und Industriezentren in der DDR; in: GR 36 (1984), S. 615-621

TÜMMLER, E., MERKEL, K., und BLOHM, G., Die Agrarpolitik in Mitteldeutschland und ihre Auswirkung auf Produktion und Verbrauch landwirtschaftlicher Erzeugnisse (Wirtsch. u. Gesellsch., 3); Berlin 1969

WALLERT, W., Sozialistischer Städtebau in der DDR; in: GR 26 (1974), S. 177-182

WIECZOREK, H.-H., Waldschäden in der DDR; in: GR 39 (1987), S. 610-613

8.6 Nach der Wiedervereinigung und Ausblick (Kap. 6 und 7)

BERGMANN, E., Räumliche Aspekte des Strukturwandels in der Landwirtschaft; in: GR 44 (1992), S. 143-147

BERKNER, A., Der Südraum Leipzig – Braunkohlenbergbau, Grundstoffindustrie und Folgelandschaftsgestaltung im Umbruch; in: BzdL 67 (1993), S. 35-53

Ders., Der Braunkohlenbergbau in Mitteldeutschland; in: ZfdE 47 (1995), S. 151-162

BOCHMANN, A., DRESLER, A. und TIETZE, W., Chemnitz in Sachsen entwickelt ein neues wirtschaftliches Profil; in: GeoJournal 37.4 (1995), S. 539-549

BRAUSE, G., und GRUNDMANN, L., Funktion und Struktur im Wandel – der Nordwesten der Stadtregion Leipzig; in: ER 2 (1994), S. 10-22

BREUSTE, J., Ökologische Aspekte der Stadtentwicklung Leipzigs; in: GR 46 (1994), S. 508-514

BRICKS, W., Fremdenverkehr in Thüringen – ein endogenes Entwicklungspotential; in: GR 48 (1996), S. 34-39

BUCHHOFER, E., und LEYKAUF, J., Einzelhandel im thüringischen Mittelzentrum Ilmenau. Bestand und Perspektiven (Marburger Geogr. Schr., 124); Marburg 1993

BÜTTNER, W., Strukturwandel im Niederlausitzer Braunkohlenrevier; in: ROTHER, K. (Hrsg.), Mitteldeutschland gestern und heute (Passauer Kontaktstud. Erdk., 4); Passau 1995, S. 61-70

DEN HARTOG-NIEMANN, E., und BOESLER, K.-A., Einzelhandelsstandorte des Verdichtungsraumes Leipzig im Spannungsfeld zwischen kommunaler Entwicklung und räumlicher Ordnung; in: Erdkunde 48 (1994), S. 291-301

DINKEL, R. H., und LEBOK, U., Außenwanderungen und Bevölkerungsentwicklung in Deutschland; in: GR 46 (1994), S. 128-135

DOBRITZ, J., und GÄRTNER, K., Bericht 1995 über die demographische Lage in Deutschland; in: Z. f. Bevölk.wiss. 20 (1995), S. 339-448

ECKART, K., und SEDLACEK, P. (Hrsg.), Räumliche Aspekte des wirtschaftlichen Strukturwandels in Thüringen (Jenaer Geogr. Schr., 3); Jena 1993

GANS, P., Bevölkerungsentwicklung der Städte in den neuen Bundesländern am Beispiel von Erfurt; in: GANS, P., und BRICKS, W. (Hrsg.), Thüringen: Zur Geographie des neuen Bundeslandes (Erfurter Geogr. Stud., 1); Erfurt 1993, S. 81-94

GANS, P., und KEMPER, F.-J. (Hrsg.), Mobilität und Migration in Deutschland (Erfurter Geogr. Stud., 3); Erfurt 1995

GANS, P., und OTT, Th., Dynamik und Probleme der Stadtentwicklung in Thüringen; in: GR 48 (1996), S. 25-32

GATZWEILER, C., Die ökologischen Folgen des Uranbergbaus in Thüringen und Sachsen; in: GR 45 (1993), S. 330-335

GEORGI, B., Braunkohlenabbau und Landschaftshaushalt. Das Beispiel der Niederlausitz; in: GR 46 (1994), S. 344-350

GÖRMAR, W., und MARETZKE, S., Siedlungsstruktur und regionale Bevölkerungsentwicklung; in: GR 44 (1992), S. 148-154

GRIMM, F.-D., Diskrepanzen und Verbundenheiten zwischen den deutschen, polnischen und tschechischen Grenzregionen an der Lausitzer Neiße („Euroregion Neiße"); in: ER 4 (1996), S. 1-14

GRUNDMANN, L., Probleme des Strukturwandels im Umland sächsischer Großstädte; in: ROTHER, K. (Hrsg.), Mitteldeutschland gestern und heute (Passauer Kontaktstud. Erdk., 4), Passau 1995, S. 21-31

GRUNDMANN, L., WOLLKOPF, M., und TZSCHASCHEL, S. (Hrsg.), Leipzig – ein geographischer Führer durch Stadt und Umland; Leipzig 1996

HAASE, G., und RUSKE, R., Standortkomplex Bitterfeld/Wolfen. Entwicklung und ökologische Probleme; in: GuSch 16 (1994), S. 25-32

HASENPFLUG, H., Umstrukturierung der Textilindustrie in der Oberlausitz; in: GR: 45 (1993), S. 516-521

HECKL, F. X., Die Entwicklung des Einzelhandels in den neuen Bundesländern; in: Praxis Geogr. 25 (1995), S. 22-25

HEISE, A., Das Mansfelder Land. Eine industrielle Problemregion in Ostdeutschland; in: Z. f. Wirtsch.geogr. 38 (1994), S. 92-100

HERFERT, G., Suburbanisierung der Bevölkerung in Großstadtregionen Sachsens. Erste Trends nach dem politischen Wandel 2 (1994), S. 10-19

Ders., Wohnsuburbanisierung in Verdichtungsräumen der neuen Bundesländer. Eine vergleichende Untersuchung im Umland von Leipzig und Schwerin; in: ER 4 (1996), S. 32-46

HÖNSCH, F., Der Leipziger Südraum – eine Region im Wandel; in: GR 44 (1992), S. 592-599

HOHN, U. und A., Großsiedlungen in Ostdeutschland. Entwicklung, Perspektivem und die Fallstudie Rostock-Groß Klein; in: GR 45 (1993), S. 146-152

JÜRGENS, U., Post-sozialistische Transformation der Einzelhandelsstrukturen in Leipzig; in: Erdkunde 48 (1994a), S. 302-313

Ders., Saalepark und Sachsenpark. Großflächige Einkaufszentren im Raum Leipzig-Halle; in: GR 46 (1994b), S. 516-523

Ders., Großflächiger Einzelhandel in den neuen Bundesländern und seine Auswirkungen auf die Lebensfähigkeit der Innenstädte; in: PGM 139 (1995), S. 131-142

JÜTTING, I., Hat die Elbe eine Chance? Überlegungen zum Zustand des Flusses unter ökologischen Gesichtspunkten; in: ZfdE 47 (1994), S. 370-374,

KÖHLI, J., Wohnungspolitik und Wohnungswirtschaft in den neuen Ländern; in: GR 45 (1993), S. 140-145

KOWALKE, H., Umstrukturierung der Industrie im Freistaat Sachsen; in: Standort, Z. f. Angew. Geogr. 3 (1992), S. 27-33

Ders., Wirtschaftsraum Sachsen; in: GR 46 (1994), S. 484-490

KRÖNERT, R., und ERFURTH, S., Landnutzung und Landschaftsverbrauch im mitteldeutschen Ballungsgebiet; in: GuSch 16 (1994), S. 18-24

LEHNIG, B., Die Oberlausitzer Heide- und Teichlandschaft. Eine Landschaft zwischen Bewirtschaftung und Naturschutz; in: Praxis Geogr. 26 (1996), S. 21-23

LÜCKEMEYER, M., Die Privatisierung des landwirtschaftlichen „volkseigenen" Vermögens in den neuen Bundesländern; in: Ber. üb. Landwirtsch. 70 (1992), S. 387-395

MEYER, G., Strukturwandel im Einzelhandel der neuen Bundesländer. Das Beispiel Jena; in: GR 44 (1992), S. 246-252

NAGEL, CH., Die Immissionssituation im mitteldeutschen Ballungsraum vor und nach der politischen Wende 1989; in: GuSch 16 (1994), S. 10-17

NEUMEISTER, H., u.a., Immissionsbedingte Stoffeinträge aus der Luft als geomorphologischer Faktor. 100 Jahre atmosphärische Deposition im Raum Bitterfeld (Sachsen-Anhalt); in: Geoökodynamik 12 (1991), S. 1-18

NIPPER, J., und NUTZ, M., Um-Bruch oder Um-Entwicklung? Veränderungen der Einzelhandelssituation in den Mittelstädten des Harzvorlandes sechs Jahre nach der Wende; in: ER 3 (1995), S. 15-24

OELKE, E., Aktuelle Entwicklungen in Sachsen-Anhalt; in: Praxis Geogr. 26 (1996), S. 4-10

OPP, CH., Umweltprobleme in Agrarlandschaften. Ergebnisse geoökologischer Untersuchungen in den neuen Bundesländern; in: GR 43 (1991) S. 597-605

Ders., Geographische Beiträge zur Analyse und Bewertung von Formen der Bodenbelastung im Halle-Leipziger Raum; in: BzdL 67 (1993), S. 67-84

PÖRTGE, K.-H., Naturraum und Umweltbelastung in Thüringen; in: GR 48 (1996), S. 46-52

PROSEK, P., Umweltbelastungen im Nordböhmischen Braunkohlenrevier; in: GR 46 (1994), S. 352-358

PÜTZ, R., Die City von Dresden im Transformationsprozeß. Analyse des Strukturwandels im Dresdner Einzelhandel vor und nach der Wende; in: BzdL 68 (1994), S. 325-357

Regionen an deutschen Grenzen. Strukturwandel an der ehemaligen innerdeutschen Grenze und an der deutschen Ostgrenze (Beitr. z. Region. Geogr., 38); Leipzig 1995

RITTER, G., und STEINAUER, A. (Mitarbeit), Der Einfluß von Grenzen auf industrieräumliche Entwicklungen. Das Fallbeispiel der Spielwarenindustrie im Raum Sonneberg-Neustadt; in: Geostudien 14 (1995), S. 123-144

RÖSSLING, H., Die Entwicklung der Landwirtschaft in Thüringen seit 1989; in: GANS, P., und BRICKS, W. (Hrsg.), Thüringen: Zur Geographie des neuen Bundeslandes (Erfurter Geogr. Stud., 1), Erfurt 1993, S. 135-l49

RUCHAY, D., Die Elbe – ein Fluß unter internationalem Schutz; in: Wasserwirtschaft/Wassertechnik (1994), S. 16-22

RUPPERT, H., Die Euregio Egrensis; in: ROTHER, K. (Hrsg.), Mitteldeutschland gestern und heute (Passauer Kontaktstud. Erdk., 4), Passau 1995, S. 61 -70

SCHMIDT, H., Strukturen und Prozesse auf dem Immobilienmarkt: Das Beispiel der neuen Bundesländer; in: Mitt. d. Österr. Geogr. Gesellsch. 135 (1993), S. 41-62

Dies., Leipzig zwischen Tradition und Neuorientierung; in: GR 46 (1994), S. 500-507

SCHOLZ, D., Die Entwicklung ländlicher Räume in den neuen Bundesländern; in: SCHAFFER, F. (Hrsg.), Innovative Regionalentwicklung. Festschr. f. K. Goppel, Augsburg 1993, S. 143-150

Ders., Wirtschaftsräumliche Strukturveränderungen in den neuen Bundesländern Sachsen und Thüringen zu Beginn der neunziger Jahre (Sitz. Ber. d. Sächs. Akad. d. Wiss. zu Leipzig, Phil.-hist. Kl., 133/6); Berlin 1994

SCHOLZ, H., Lage der Landwirtschaft in den neuen Bundesländern; in: Ber. üb. Landwirtsch. 70 (1992), S. 161-173

SCHRÖDER, E.-J., Die wirtschaftliche Erneuerung der sächsischen Automobilindustrie in der Raumordnungsregion Zwickau-Plauen; in: PGM 138 (1994), S. 77-84

SEDLACEK, P., Deindustrialisierung, Arbeitsmarkt und Industriepolitik in Thüringen; in: GR 48 (1996), S. 12- 17

SKROBLIN, M., Ökologische Probleme nach dem Abbau von Uranerz durch die Wismut im Raum Ronneburg; in: ZfdE 46 (1994), S. 161-169

STEINBACH, J., Raumentwicklung in der Bundesrepublik Deutschland nach der Wiedervereinigung und bei fortschreitender europäischer Integration; in: ER 2 (1994), S. 32-45

THÖNE, K.-F., Die agrarstrukturelle Entwicklung in den neuen Bundesländern. Zur Regelung der Eigentumsverhältnisse und Neugestaltung ländlicher Räume; Köln 1993

WEHNER, W., Hochleistungs- und Innovationszentrum für Mikroelektronik in Dresden – die Standortvorteile des Dresdner Wirtschaftsraumes; in: ZdfE 48 (1996), S. 58-63

WENDT, H., Von der Massenflucht zur Binnenwanderung. Die deutsch-deutsche Wanderung vor und nach der Wiedervereinigung; in: GR 46 (1994), S. 136-140

WIEGAND, ST., Landwirtschaft in den neuen Bundesländern; Kiel 1994

WIEST, K., Die Region Halle-Leipzig. Neugliederung und Kooperationsansätze; in: ER 1 (1993), S. 1-11

WILD, T., und JONES, PH., From peripherality to new centrality? Transformation of Germany's Zonenrandgebiet; in: Geography 78 (1993), S. 281-294

Dies., Spatial impacts of German unification; in: The Geographical Journal 160 (1994), S. 1-16

WOLLKOPF, M., Struktureller und sozialer Wandel in der thüringischen Landwirtschaft; in: GR 48 (1996), S. 18-24

9 Topographisches Namenverzeichnis

10 Sachwortregister

Das Geographische Seminar

Rainer Glawion / Hartmut Leser / Herbert Popp / Klaus Rother (Hrsg.)

LIEFERBARES PROGRAMM 1997

Ulrich Ante
Politische Geographie, 224 Seiten .... kart.   **16 0278**

Erik Arnberger
Thematische Kartographie, 245 Seiten .... kart.   **16 0300**

Deutscher Verband für Angewandte Geographie (DVAG)
Geographen und ihr Markt, 148 Seiten .... kart.   **16 0335**

Lothar Finke
Landschaftsökologie, 245 Seiten .... kart.   **16 0295**

Roswitha Hantschel, Elke Tharun
Anthropogeographische Arbeitsweisen, 202 Seiten .... kart.   **16 0301**

Günter Heinritz, Reinhard Wießner
Studienführer Geographie, 211 Seiten .... kart.   **16 0334**

Burkhard Hofmeister
Stadtgeographie, 258 Seiten .... kart.   **16 0298**

Burkhard Hofmeister
Gemäßigte Breiten, 215 Seiten .... kart.   **16 0313**

Hans-Jürgen Klink
Vegetationsgeographie, 240 Seiten .... kart.   **16 0282**

Wilhem Lauer
Klimatologie, 267 Seiten .... kart.   **16 0284**

Hartmut Leser
Geomorphologie, 217 Seiten .... kart.   **16 0294**

Cay Lienau
Die Siedlungen des ländlichen Raumes, 246 Seiten .... kart.   **16 0283**

Götz H.-G. v. Rohr
Angewandte Geographie, 237 Seiten .... kart.   **16 0302**

Dieter M. Richter
Geologie, 216 Seiten .... kart.   **16 0288**

Volker Seifert
Regionalplanung, 166 Seiten .... kart.   **16 0290**

Wolf-Dieter Sick
Agrargeographie, 254 Seiten .... kart.   **16 0299**

Gerhard Stiens
Prognostik in der Geographie, 223 Seiten .... kart.   **16 0337**

Uwe Treter
Die borealen Waldländer, 210 Seiten .... kart.   **16 0312**

Horst-Günter Wagner
Wirtschaftsgeographie, 222 Seiten .... kart.   **16 0296**

Friedrich Wilhelm
Hydrogeographie, 225 Seiten .... kart.   **16 0279**